AF465021

ANATOMIE

ET

PHYSIOLOGIE VÉGÉTALES

Rédigées conformément aux programmes officiels du 2 août 1880

POUR L'ENSEIGNEMENT DE LA BOTANIQUE

DANS LA CLASSE DE PHILOSOPHIE

Et à l'usage des candidats au baccalauréat ès lettres

PAR

H. BAILLON

Professeur à la Faculté de médecine de Paris

OUVRAGE CONTENANT 465 FIGURES INTERCALÉES DANS LE TEXTE

Dessins de A. FAGUET

PARIS

LIBRAIRIE HACHETTE ET Cie

79, BOULEVARD SAINT-GERMAIN, 79

1882

ANATOMIE

ET

PHYSIOLOGIE VÉGÉTALES

ANATOMIE

ET

PHYSIOLOGIE VÉGÉTALES

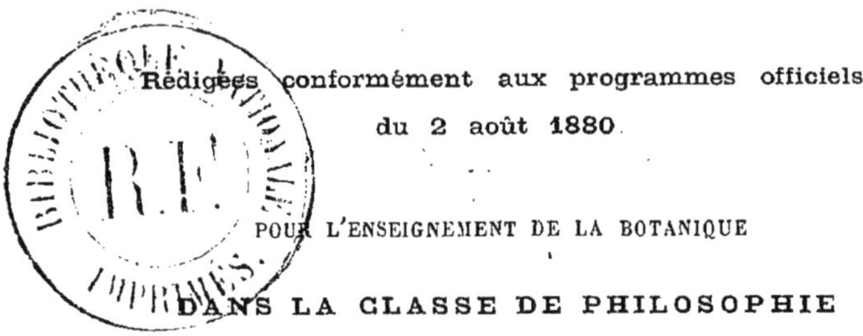

Rédigées conformément aux programmes officiels
du 2 août 1880

POUR L'ENSEIGNEMENT DE LA BOTANIQUE

DANS LA CLASSE DE PHILOSOPHIE

PAR

H. BAILLON

Professeur à la Faculté de médecine de Paris

OUVRAGE CONTENANT 465 FIGURES INTERCALÉES DANS LE TEXTE

PARIS

LIBRAIRIE HACHETTE ET Cie

79, BOULEVARD SAINT-GERMAIN, 79

1882

A M. A. TRECUL

J'ai songé à vous dédier ce petit travail un jour que je vous entendis exprimer en termes émus et patriotiques le douloureux sentiment que vous inspire l'état où languit chez nous la Botanique, science autrefois française par excellence et dont nos compatriotes ont porté si haut le drapeau.

Si humble et si élémentaire qu'il soit, ce livre doit porter votre nom : d'abord, parce qu'en bonne justice, ce nom devrait être inscrit presque à chacune de ses pages; puis, parce que nos enfants, auxquels il est destiné, y puiseront peut-être le goût d'une science que leurs pères avaient faite si grande et à laquelle vous avez consacré votre vie entière ; enfin, parce qu'on peut proposer comme un salutaire exemple à ceux de nos fils qui se destinent à la carrière scientifique, votre existence uniquement appliquée à la recherche de la vérité.

Ceux qui vous connaissent savent, en effet, que le travail est votre seule loi, travail sans relâche et sans défaillance ; ils savent que l'injustice et l'intrigue sont sans prise sur vous ; que le devoir et le désintéressement sont vos seuls mobiles; que vous n'auriez jamais consenti à élever votre fortune scientifique en dépouillant autrui, soit de sa place, son gagne-pain, soit de ses travaux ; ils savent que votre science est, comme votre caractère, simple, droite et vraie ; que vos affirmations sont sincères et vos découvertes réelles.

*

Voilà pourquoi vous êtes pour les vrais amis de la science l'objet d'une profonde admiration; pourquoi la jeunesse française ne saurait que gagner à vous imiter ; et pourquoi je vous prie de me permettre de placer sous l'égide de votre nom respecté un ouvrage qui n'a été écrit que pour elle.

H. BAILLON.

Au Jardin botanique de la Faculté de médecine, le 1er septembre 1881.

PROGRAMME

EXTRAIT DU PLAN D'ÉTUDES POUR L'ENSEIGNEMENT SECONDAIRE CLASSIQUE DANS LES LYCÉES ET LES COLLÈGES (CLASSES DE LETTRES)

CLASSE DE PHILOSOPHIE

Anatomie et Physiologie végétales

ANATOMIE

Éléments anatomiques (cellule, fibre, vaisseau).

Tissus considérés :

Dans la tige (dicotylédones, monocotylédones, cryptogames vasculaires) ;

Dans la racine (dicotylédones, monocotylédones) ;

Dans la feuille (nervures, épidermes, parenchymes symétrique et asymétrique), stomates ;

Dans l'anthère et le pollen ;

Dans l'ovaire, l'ovule, le style, le stigmate, le fruit et la graine.

MORPHOLOGIE GÉNÉRALE

Origine des parties de la fleur.

Métamorphoses de la feuille ascendante et descendante.

Loi de symétrie florale.

PHYSIOLOGIE

Fonctions de nutrition. — Absorption des matériaux nutritifs, sève ascendante, sève nourricière, transpiration, respiration, transformations des matières absorbées, assimilation et désassimilation. Formation de substances organiques et organisées, à l'aide de substances inorganiques.

Fonction chlorophyllienne.

Excrétions diverses.

Mode d'accroissement des tiges et des racines des végétaux.

Mouvement et sensibilité dans les végétaux.

Fécondation. — Actes préparatoires, actes essentiels; phénomènes consécutifs.

Chaleur développée à l'époque de la fécondation.

Germination. — Conditions intrinsèques à la graine.

Conditions extérieures essentielles (eau, air, chaleur) et accessoires (électricité, alcali végétal, acides, chlore, ozone, etc.).

ANATOMIE

ET

PHYSIOLOGIE VÉGÉTALES

ANATOMIE VÉGÉTALE

On sait que les plantes les plus élevées en organisation, celles que l'on nomme *Phanérogames*, se composent généralement d'une *racine* ou axe descendant, et d'une *tige* ou axe ascendant [1], et que cette dernière porte des appendices, qui sont des *feuilles* plus ou moins modifiées, puis une ou plusieurs *fleurs*, auxquelles doit succéder un *fruit*, contenant des *graines*. Dans ces graines se trouve au moins un *embryon végétal*, c'est-à-dire une jeune plante qui, en grandissant, deviendra semblable à celle dont elle est issue.

D'autre part, on sait aussi que dans les plantes qu'on nomme *Cryptogames* et qui, la plupart du temps, sont considérées comme inférieures aux précédentes, la tige peut exister; mais que souvent aussi elle est remplacée par une masse de forme variable, qui prend les noms de *thalle*, *fronde*, etc., et qui, dépourvue de feuilles véritables et distinctes de la tige, porte, entre autres, les organes destinés à reproduire la plante et qu'on nomme *spores*. Ces spores sont aussi des embryons végétaux et se trouvent le plus souvent renfermés dans des sacs nommés *sporanges*, *thèques*, etc.

Les thalles ou autres supports analogues sont formés, à l'état adulte, d'un grand nombre de petites cavités dites *cellules*, ou bien d'un petit nombre, ou même d'une seule de ces cellules, parfois

1. Voyez le *Traité élémentaire de Botanique organographique*, pour la classe de quatrième, de H. Baillon.

très grande et très compliquée de forme, mais bien plus souvent très petite, microscopique et de forme très élémentaire.

Toute cellule, comme toute plante ou tout organe d'une plante, quel qu'il soit, a commencé, autant que nous permettent de l'affirmer nos connaissances actuelles, par être une petite masse de matière organisée, azotée, molle, vivante, et que l'on a désignée sous le nom de *Phytoblaste*.

PHYTOBLASTE

A. — Premier état.

Le *Phytoblaste* est au début représenté par une petite masse, en apparence homogène, de forme variable, mais à contours arrondis, mousses ; ou globuleuse, ou plus ou moins allongée, quelquefois même filiforme, ou plus ou moins irrégulière, d'une substance molle, semi-fluide, qui a été, à une certaine époque, comparée à de la gélatine, ou bien à du mucilage, quoiqu'elle n'ait point du tout la composition de ce dernier, mais seulement à cause de sa consistance de gelée, de glu visqueuse, et aussi de sa teinte souvent opaline.

Cette masse est en réalité formée d'une substance protéique, qua ternaire, contenant de l'oxygène, du carbone, de l'hydrogène et de l'azote, plus des matières minérales très diverses parmi lesquelles on a surtout distingué le soufre, le phosphore, quelques métaux, etc. Cette substance a reçu le nom de *Protoplasma*, et la masse qu'elle forme ici a été nommée *Protoblaste*.

Le protoplasma est, suivant M. Huxley, « la base physique de la vie, » et « une substance commune à tous les êtres vivants », et de plus « une unité, non pas seulement idéale et théorique, mais encore réelle, physique et matérielle ». Considéré dans les végétaux, nous l'avons appelé « la substance animale des plantes ». Tous ses caractères sont, en effet, ceux d'une matière animale.

Il est incolore ou hyalin, plus rarement teinté. Il jouit de propriétés endosmotiques très développées. L'eau le pénètre facilement; elle peut même dans certains cas le dissoudre en partie. Les matières colorantes le pénètrent rarement et difficilement quand il est vivant; mais quand il meurt, il s'en imbibe facilement, et même il les accumule et les condense dans sa masse; il en est de même de beaucoup d'autres substances dissoutes dans l'eau.

Traité par la plupart des acides concentrés, il est dissous par eux, mais souvent après s'être coloré d'une façon particulière : par l'acide sulfurique, en rouge pâle ou brunâtre ; par l'acide chlorhydrique, en rose ou en violet; quelquefois par l'acide azotique, en jaune pâle. Traité par ce dernier acide, puis lavé, il devient d'un jaune bien tranché par l'action de la potasse et de l'ammoniaque; et l'on admet que cette couleur est celle de la *Xanthoprotéine:* ce qui prouverait la nature protéique, albuminoïde, du protoplasma.

L'azotate acide de mercure colore le protoplasma en rouge foncé, et le sulfate de cuivre, puis la potasse, le teintent en violet.

Mais ce qu'il y a de plus remarquable, parce que ce sont bien là les réactions d'une matière *animale*, les solutions alcalines concentrées, de potasse et surtout d'ammoniaque, dissolvent plus ou moins rapidement le protoplasma, ou, le rendant soluble dans l'eau, l'y font bientôt disparaître.

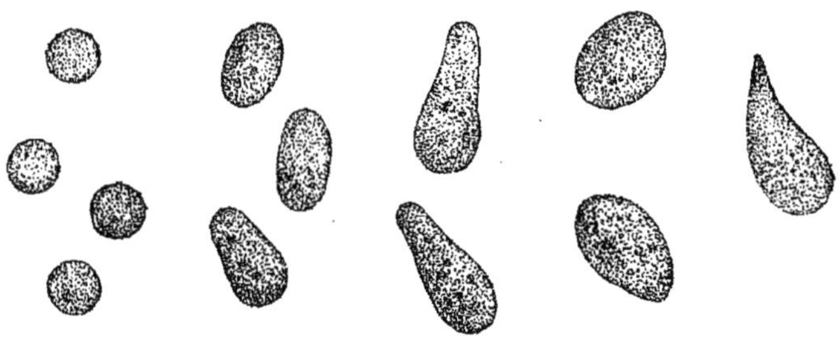

FIG. 1. — Phytoblastes de formes diverses (Anthérozoïdes non ciliés), formés d'un protoplasma homogène ou renfermant des microsomes.

L'alcool, l'hydrate de chloral, la chaleur déterminent plus ou moins rapidement la coagulation du protoplasma : autre caractère commun aux principes albuminoïdes d'origine animale.

Le protoplasma est *élastique*. Sa masse, contractée dans certaines circonstances et réduite de volume, reprend son volume primitif quand on la traite d'une façon convenable et peut encore, sous certaines influences, se contracter de nouveau.

Le protoplasma *se nourrit*. Vivant, il *absorbe* et *assimile* des aliments et décompose d'autres substances qu'il *désassimile*.

Il *respire;* c'est-à-dire qu'il opère des échanges de gaz avec les milieux ambiants; c'est lui qui accomplit, comme nous le verrons, les phénomènes de la véritable respiration des plantes.

Il *absorbe* donc des gaz provenant des milieux ambiants ; il absorbe aussi des liquides et, comme nous l'avons vu, certaines substances dissoutes dans ces liquides, mais non pas toutes également ou indifféremment.

Il *combine* certains de ces matériaux constituants avec des éléments comburants, tels que l'oxygène; et il en résulte qu'il *produit de la chaleur*, *de la phosphorescence*, *des courants électriques*.

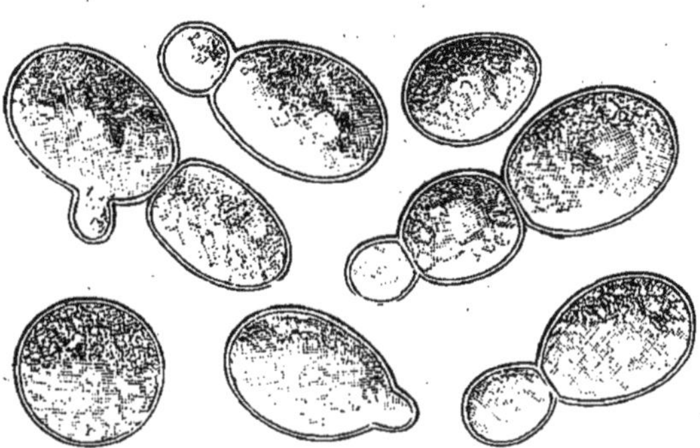

FIG. 2. — Levure de bière, dont le protoplasma bourgeonne, et dont les masses, d'abord simples, deviennent ainsi composées.

Il est manifestement influencé, dans l'accomplissement de ses fonctions de nutrition, par la lumière, la chaleur, l'électricité, la pesanteur, l'humidité, etc.

Il est doué d'*évolutilité*, grandit, s'accroît et meurt. On ne sait pas encore comment il naît; mais plusieurs auteurs admettent qu'il peut se former spontanément dans une matière déjà organisée.

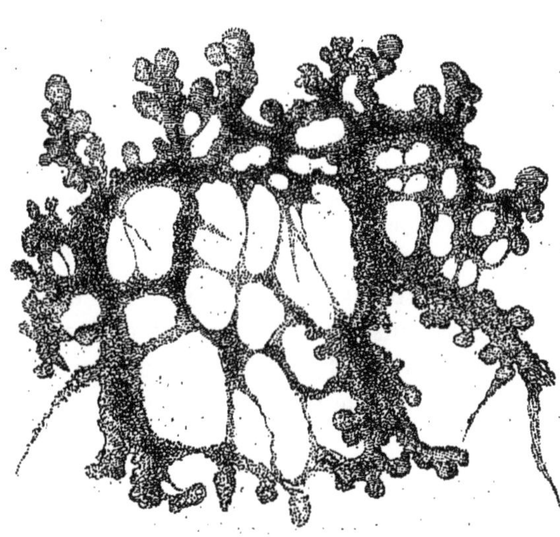

FIG. 3. — *Myxomycète*. Phytoblaste locomobile.

Ce qu'il y a de certain, c'est que des masses protoplasmiques nouvelles peuvent se produire sous l'œil de l'observateur dans du protoplasma déjà existant et vivant. Celui-ci se scinde et se segmente, bourgeonne (fig. 2), à la façon de certaines masses animales. Deux ou plusieurs masses distinctes de protoplasma peuvent s'allier et se confondre pour produire ainsi une nouvelle masse protoplasmique, ayant parfois des propriétés très différentes de celles auxquelles elle doit son origine.

La *contractilité* du protoplasma a été admise; et, quoique la valeur de cette expression ait été l'objet de longues discussions, il est certain qu'il *change de forme*, présente des saillies et des rentrées, des prolongements passagers, des *mouvements* qu'on a comparés à ceux des Amibes (et qu'on nomme *amiboïdes*), et qu'il *change de place*, notamment dans les *Myxomycètes* (fig. 3), singuliers Champignons qui voyagent, englobant et engluant les corps qu'ils rencontrent sur leur passage, rampant sur le sol ou sur divers

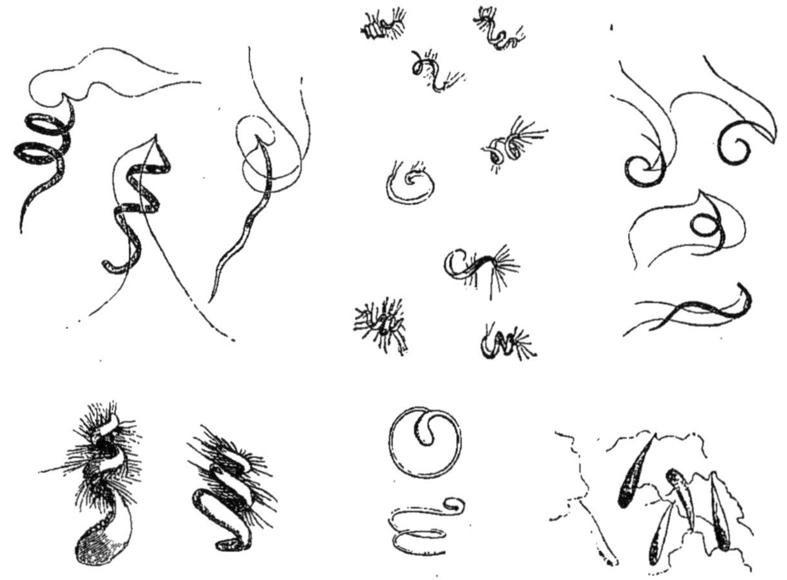

FIG. 4. — Anthérozoïdes d'Algues, de Mousses, de Fougères, etc. (phytoblastes locomobiles, au moyen de cils vibratiles).

objets qu'ils enlacent de leurs prolongements transitoires et changeants; si bien que certains savants ont jadis proposé de les ranger parmi les animaux, sous le nom de Mycétozoaires : ce qui semble inadmissible aujourd'hui, leur mode de reproduction étant identique à celui des végétaux.

Il y a des phytoblastes réduits à une petite masse de protoplasma, en apparence homogène, qui sont doués de *locomotilité*. Tantôt les organes extérieurs du mouvement nous échappent et la force motrice siège probablement dans la masse même du phytoblaste ; et tantôt, au contraire, ces organes sont des rames saillantes, en forme de *cils*, dits *vibratiles*, qui sont empruntées à la substance protoplasmique, proéminent au dehors et sont douées de mouvements propres et variés, mouvements dont le résultat est le déplacement du phytoblaste. Les corps fécondateurs Anthérozoïdes de certaines Cryptogames, notamment de nombreuses Algues, des Fougères, des Mousses, etc., sont dans ce cas (fig. 4). Deux ou plusieurs de ces cils vibratiles les portent vers les organes à féconder ; après quoi, les cils disparaissent ; les petits phytoblastes meurent, se comportant absolument en cela comme les spermatozoïdes des animaux, qui ne sont point des animaux ; pas plus que les corps fécondateurs dont nous parlons ne sont des végétaux, puisqu'ils ne se reproduisent pas eux-mêmes. Ce ne sont que des masses protoplasmiques, homogènes ou non, dont la durée, comme la fonction, est nécessairement passagère. L'ammoniaque et la potasse les dissolvent complètement.

Bien des faits prouvent, de plus, aux yeux des physiologistes les plus accrédités, que le protoplasma est doué d'une certaine *sensibilité;* il y a des phytoblastes mobiles qui se dirigent constamment vers la lumière; d'autres qui la fuient quand elle est trop vive. Certaines masses de protoplasma, captives dans les cavités naturelles des plantes, se comportent absolument de même. Elles changent de place sous certaines influences et reprennent leur situation primitive quand ces influences extérieures ont cessé d'agir. C'est au protoplasma que sont dus les mouvements des feuilles qui s'étalent ou se replient suivant que la plante est à la lumière ou dans l'obscurité; c'est également lui qui produit les mouvements des organes fécondateurs vers ceux dont ils doivent assurer la fécondité. Sans doute la sensibilité de la plante est souvent très obscure, comme sa locomotilité, et le même fait existe aussi chez certains animaux inférieurs ; on observe parfois néanmoins dans la plante, comme l'a dit C. Bernard, « le mouvement approprié à un but déterminé, les apparences, en un mot, du mouvement volontaire. »

B. — Dans un deuxième état, le phytoblaste n'est plus réduit à la substance protoplasmique du protoblaste.

Tant que la masse du phytoblaste est peu développée, qu'elle n'a pas à fournir une longue carrière, qu'elle n'a qu'une fonction passagère à remplir, ou bien quand la vie est latente en elle, engourdie pour ainsi dire (et cet état de repos peut être dans une plante de très longue durée), cette masse peut bien demeurer sensiblement homogène, c'est-à-dire uniquement formée de la substance protoplasmique solide ou semi-fluide que nous venons d'examiner

Mais quand la vie du phytoblaste s'active, lorsque, sous l'influence de certaines causes extérieures, notamment d'une température suffisamment élevée et d'une quantité convenable d'eau, il commence à se nourrir et à s'accroître, le liquide qui le pénètre ne s'unit pas également et d'une façon indéfinie à ses molécules. Séparé d'elles, il forme dans leur substance, qu'il désagrège et dont il écarte les éléments, des amas aqueux, d'abord peu considérables, puis de plus en plus larges, qui refoulent en des points variables la substance protoplasmique (fig. 5, 6 S et 7). On distingue alors de celle-ci, dans le phytoblaste, ces amas d'un liquide qui prend le nom de *Suc cellulaire*. Ce n'est pas généralement de l'eau pure ; mais, au contact du protoplasma, l'eau dissout plus ou moins abondamment les matériaux solubles que celui-ci renferme. Si ce sont des sels, par exemple, elle peut les dissoudre en quantité assez considérable pour pouvoir

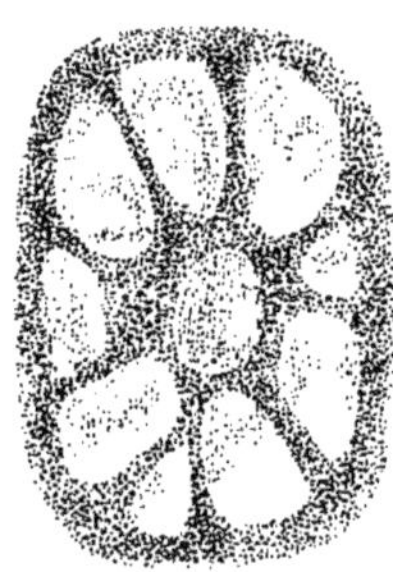

FIG. 5. — Phytoblaste, homogène d'abord, puis pénétré par de l'eau qui le divise et s'accumule en certains points et qui finalement, formant des amas de Suc cellulaire, sépare les unes des autres les traînées intérieures du protaplasma.

ensuite, lorsqu'elle disparaît en partie, les laisser déposer à l'état de cristaux (fig. 75 Ch, Cm, Cn, Cr, Cs) ; et il en est probablement de même de certaines matières organiques qu'elle peut également retenir pendant un temps variable en dissolution.

Au lieu de s'amasser en lacs inégaux dans la substance protoplasmique, le suc cellulaire peut bien, et c'est là le cas *maximum* de son évolution, ne former au centre du phytoblaste qu'un seul réservoir, limité de toutes parts par la substance protoplasmique qui lui forme une sorte de coque complète. C'est cette dernière enveloppe qu'on a nommée *Utricule primordiale azotée* (fig. 5 ; 6 A) ; de sorte que dans le deuxième état du phyloblaste, que nous considérons actuellement, il est représenté par une utricule primordiale, de substance protéique, et par un amas central de suc cellulaire, ou bien encore par plusieurs amas de ce suc ; auquel cas ces lacs secondaires sont séparés les uns

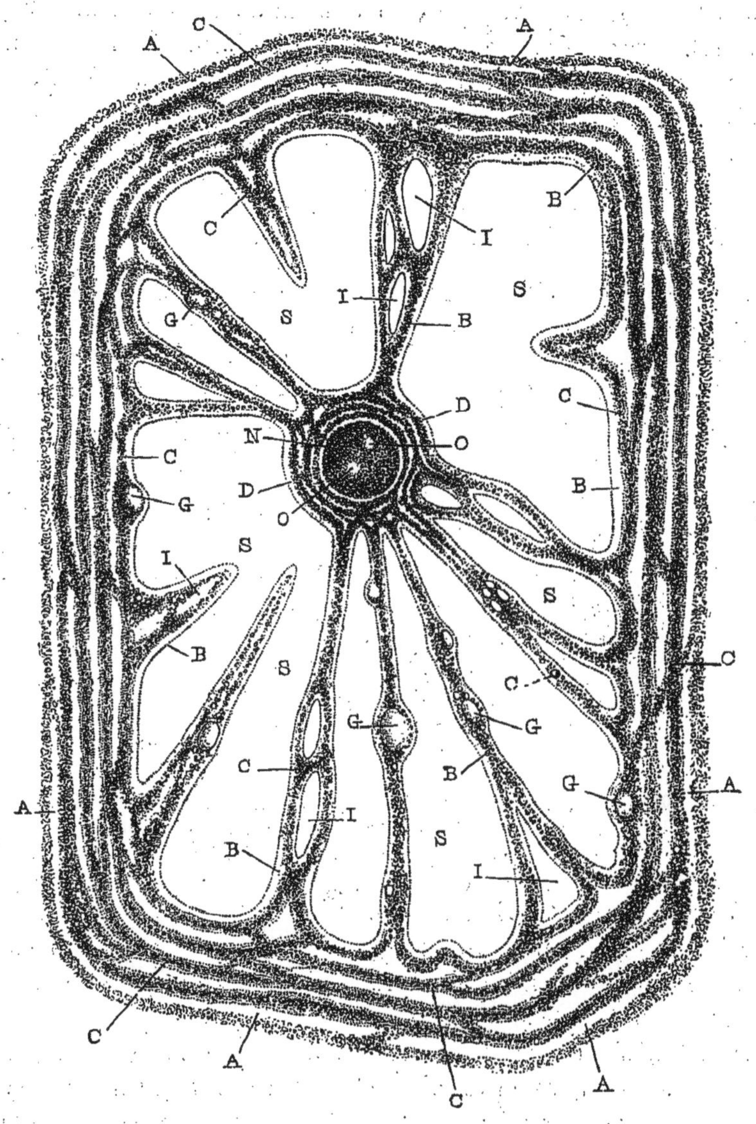

Fig. 6. — Schema d'un phytoblaste libre. Au pourtour de sa masse, l'utricule primordiale azotée, AAA, avec ses vaisseaux anastomosés entre eux, formant plusieurs couches CCC, et dans lesquels circule le fluide nourricier. A l'intérieur, elle envoie des traînées, BBB, libres ou anastomosées entre elles, dans lesquelles le fluide nourricier trace des courants anastomosés, CCC. Il renferme des microsomes, dont quelques-uns plus gros, GGG, distendent les parois. Entre ces traînées, les réservoirs du Suc cellulaire, SSS. Les bras intérieurs aboutissent en partie à la zone enveloppant le noyau, N, avec ses nucléoles, OO DD, zone périnucléaire dans laquelle il y a aussi des courants anastomosés.

des autres par des cloisons d'une substance identique à celle de l'utricule primordiale. Ces cloisons sont tantôt complètes et continues, tantôt incomplètes et réduites à des cordons, des brides, des traînées, souvent nommés *rubans protoplasmiques*, et sur la constitution desquels nous reviendrons forcément un peu plus loin.

C. — Dans un troisième état, le phytoblaste se construit une demeure, ou enveloppe protectrice, un Phytocyste.

Il y a de grandes analogies entre les corpuscules mobiles fécondateurs des Cryptogames dont nous avons parlé (p. 5, 6, fig. 4) et les corpuscules par eux fécondés et qu'on nomme *Spores*. Ces derniers

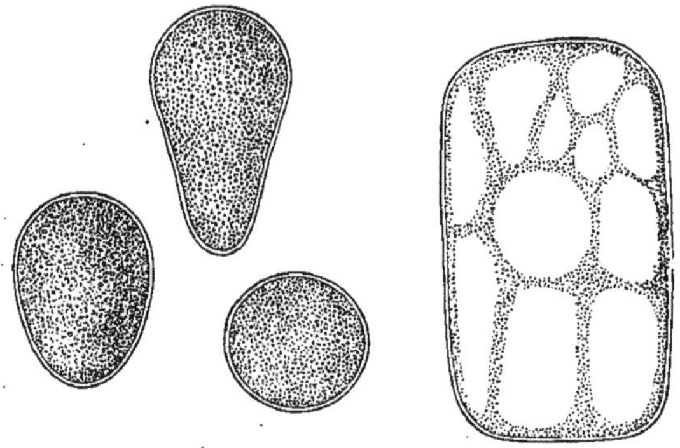

Fig. 7. — Phytoblastes, de forme variable, entourés de leur phytocyste (Spores de Cryptogames). Phytoblaste plus âgé, également entouré de son phytocyste et pénétré par un liquide aqueux (Suc cellulaire) qui forme dans son intérieur des amas inégaux intérposés aux traînées protoplasmiques.

sont fréquemment mobiles comme les premiers, et dans les Algues, par exemple, on les voit souvent nager dans les eaux douces ou salées, au sortir de la plante-mère qui les a produits. Ils ont parfois aussi des organes locomoteurs à leur surface, c'est-à-dire des cils vibratiles, au nombre de deux, quatre (fig. 20), ou même en nombre indéfini, et toute leur surface extérieure peut même en être recouverte (fig. 15). Mais le rôle de ces spores n'est pas éphémère, car elles tiennent aussi lieu de semences pour les plantes qui les produisent. Se fixant sur un corps solide et perdant leurs organes locomoteurs, elles germent et reproduisent une autre plante. Aussi se fabriquent-elles de bonne heure une enveloppe protectrice (fig. 7). Celle-ci est élaborée par le protoplasma du phytoblaste, et se dépose, molécule à molécule, dans ses couches les plus superficielles. Elle constitue donc bientôt une sorte d'armure ou de carapace extérieure, sécrétée par le phytoblaste, de la même façon que les Mollusques, Zoophytes, etc., se fabriquent une enveloppe extérieure, abondante en matières inorganiques, telles que calcaire, silice, etc. Ici la plus grande partie de cette enveloppe est constituée par de la cellulose, c'est-à-dire par un principe ternaire ($C^6H^{10}O^5$); mais cette dernière substance étant déposée de la façon que nous venons de dire, est forcément, de même que le test des Mollusques, Crustacés, etc., auquel nous l'avons comparée, mélangée d'une certaine proportion, peu considérable d'ailleurs, de la matière organique du phytoblaste.

Nous avons nommé cette sorte de test un *Phytocyste*, et nous verrons bientôt que le phytocyste est extrêmement variable quant à sa taille, sa forme, son épaisseur, sa résistance, sa durée, les dimensions et la configuration des solutions de continuité de sa paroi.

Les anciens botanistes l'ont appelé Paroi cellulaire. Quand le phytoblaste abandonne ce phytocyste, ou quand il meurt et se réduit à de minces restes, absolument comme un animal inférieur qui meurt dans son enveloppe protectrice ou l'abandonne pour aller vivre dans une demeure plus spacieuse, le phytocyste vidé ne renferme souvent plus que des liquides ou des gaz, et représente alors une sorte de sac, de cellule ou de vésicule, que l'on étudiait seule autrefois, sans s'occuper beaucoup du phytoblaste qui l'avait fabriquée et qui l'habitait d'abord : à peu près comme les anciens malacologistes étudiaient plutôt les coquilles que l'animal qu'elles renfermaient.

La paroi du phytocyste est perméable à un grand nombre de liquides, soit parce que, peu épaisse, elle se laisse imbiber par eux, soit parce que, devenue plus résistante, elle présente en grand nombre des solutions de continuité, des pores ou des fentes, etc., dont il sera ultérieurement question.

Souvent d'une grande minceur, d'une transparence à peu près parfaite et appliqué exactement sur le phytoblaste, le phytocyste ne se distinguerait point de lui s'il ne possédait des réactions caractéristiques, qui sont celles de la cellulose. Traité par le chloro-iodure de zinc, il se colore en violet quelquefois rougeâtre. Par l'action de l'acide sulfurique et de la teinture alcoolique d'iode, il devient bleu ou plus ou moins violacé. Il est gonflé, puis dissous par le réactif de Schweiger, qui est une solution d'oxyde de cuivre ammoniacal. Et surtout, caractère négatif d'une grande importance, puisqu'il nous sert à distinguer la substance végétale du phytocyste de la matière animale du phytoblaste, toutes les variétés de cellulose sont insolubles dans une solution concentrée d'ammoniaque, à froid ou à chaud.

D. — Dans un quatrième état, il y a formation, dans l'utricule primordiale azotée, des organes de la circulation du phytoblaste.

Dans le cas d'un réservoir unique et central pour le suc cellulaire, l'utricule primordiale ne forme qu'un sac plus ou moins épais et continu, doublant le phytocyste formé de cellulose. On peut séparer nettement l'une de l'autre ces deux vésicules emboîtées, en coagulant, par l'alcool, la solution alcoolique d'iode ou tout autre réactif coagulant, le protoplasma, le sac phytoblastique, qui revient alors sur lui-même, s'éloigne de la paroi de cellulose, se ride ou se crispe quelquefois énergiquement, à peu près comme une vessie tendue de caoutchouc revient sur elle-même en se dégonflant (fig. 14, 189). Il y a beaucoup de substances dont la plus mince proportion dissoute dans l'eau produit ce résultat; le phytoblaste est d'ailleurs tué par ces réactifs.

La paroi de l'utricule primordiale azotée n'est pas égale en densité dans ses différentes couches. Sa substance passe graduellement, des deux surfaces vers le centre, de la consistance solide à un état demi-solide, muqueux, puis tout à fait liquide. Nous ne pouvons cependant, dans l'état actuel de nos connaissances, admettre que la composition fondamentale du protoplasma soit différente dans ces diverses couches, et il y a tous les passages gradués du protoplasma solide de la surface au protoplasma liquide et bien plus mobile de la profondeur. Le premier joue à l'égard du dernier le rôle de paroi solide et maintenant prisonnier un liquide en mouvement [1].

Ce liquide, en effet, dans un phytoblaste vivant, a la propriété de se déplacer dans diverses directions, maintenu par la barrière du protoplasma solide. Comme il est d'ordinaire d'une limpidité parfaite, ses mouvements circulatoires ne seraient pas facilement visibles, s'il ne contenait souvent en suspension des corps solides ou *microsomes* (fig. 1-3, 6 G). Peu importe pour le moment la nature, variable d'ailleurs, de ces microsomes. Constatons seulement que le sens et la rapidité variables de leurs mouvements (fig. 8, 9) indiquent la direction et la vitesse des courants du protoplasma liquide. Les

1. On pourrait peut-être employer ici une comparaison tirée de l'observatiou de ces rivières qui, après les chaleurs de l'été, sont réduites à de minces filets d'une eau plus ou moins bourbeuse, à laquelle la boue du fond, plus auvre en cau, forme une paroi solide, mais d'une composition en somme analogue à celle du liquide qui continue de circuler

plus petits des microsomes sont d'ailleurs d'ordinaire plus rapidement et plus facilement entraînés que les plus gros ; et même quand ceux-ci sont très volumineux, ils peuvent soulever, pour se glisser avec peine, entre elle et la paroi extérieure de l'utricule pimordiale, la paroi intérieure de ce même organe, fort amincie et tendue en pareil cas, mais

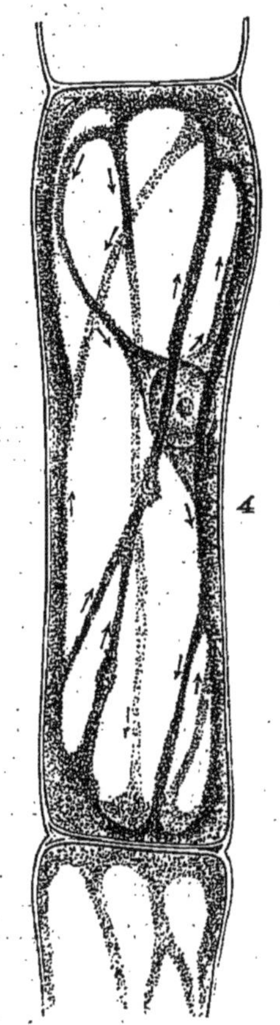

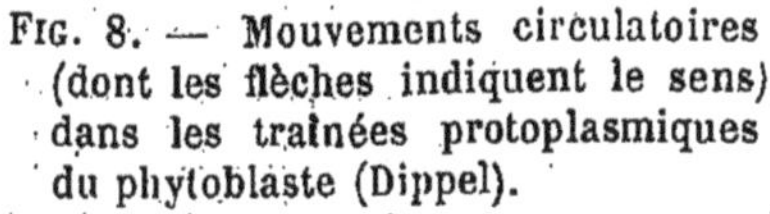
Fig. 8. — Mouvements circulatoires (dont les flèches indiquent le sens) dans les traînées protoplasmiques du phytoblaste (Dippel).

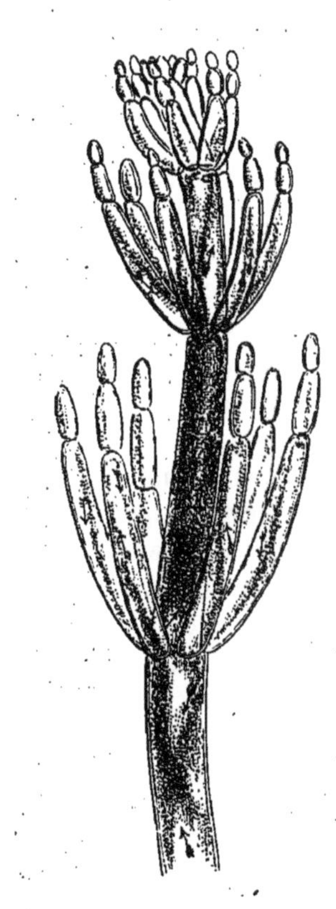

Fig. 9. — *Chara*, dont les phytocystes tubuleux sont le siège d'une circulation intra-protoplasmique (les flèches indiquent le sens des courants).

finissant généralement par laisser avancer un peu plus loin le ou les microsomes qui la soulèvent. Maintenue par le phytocyste, la paroi extérieure de l'utricule primordiale azotée ne peut naturellement céder.

Comme il peut y avoir dans une même utricule primordiale plusieurs de ces zones liquides, séparées les unes des autres par des parois de protoplasma plus solide (fig. 6, CCC), cette utricule peut présenter à la fois, dans son épaisseur, plusieurs courants de liquides superposés, courants dont les directions sont ou parallèles entre elles, ou souvent inverses les unes des autres (fig. 6-9).

E. — Dans un cinquième état, il se forme des saillies et des prolongements intérieurs de l'utricule primordiale azotée.

La cavité, unique et remplie de suc cellulaire, du phytoblaste peut être remplacée par plusieurs réservoirs secondaires. En pareil cas, des lames de protoplasma persistent, comme nous l'avons vu, et séparent ces réservoirs les uns des autres (fig. 5, 7). Ils sont souvent fort inégaux, et, de plus, leur forme et leurs dimensions varient d'un moment à l'autre; ce qui tient à des modifications continuelles dans la forme des cloisons de séparation. Ces modifications sont dues à l'extrême plasticité de la substance protoplasmique.

Mais, grâce à cette plasticité, des rubans ou des brides, d'épaisseur et de directions très variables, peuvent se produire dans la cavité centrale du phytoblaste. De la face interne de l'utricule primordiale azotée naissent ces saillies, ces bras, qui s'allongent vers l'intérieur (fig. 6 BB), de la même façon que des bras extérieurs se produisent dans tous les sens, nous l'avons vu, chez les Myxomycètes. Le phytocyste oppose, bien entendu, à ces expansions, une barrière infranchissable en dehors; elles ne peuvent donc que proéminer vers l'intérieur. Elles peuvent s'y rejoindre entre elles et souvent convergent vers un ou plusieurs centres communs, sous forme de traînées, de cordons inégaux en longueur et en épaisseur. Il est rare, en effet, que le centre de fusion des rubans, quand il est unique, occupe exactement le centre de figure du phytoblaste. Et encore, l'occupât-il à un moment donné, si grande est la mobilité plastique de tous les cordons qui s'y rejoignent, qu'il change lui-même presque constamment de place dans les phytoblastes bien vivants. Souvent même il est appliqué contre l'utricule primordiale azotée elle-même, se confondant avec elle par un de ses côtés; si bien qu'alors les brides protoplasmiques, ou du moins certaines d'entre elles, peuvent répondre par leur longueur aux diamètres mêmes du phytocyste.

La substance et la structure de ces rubans et saillies diverses sont, autant que nous pouvons en juger, identiques à celles de l'utricule primordiale. Leur consistance est d'autant plus grande qu'on se rapproche davantage de leurs surfaces, et leur intérieur est occupé par un ou plusieurs courants de protoplasma liquide, marchant, au cas où ils sont multiples, ou dans un même sens, ou dans des directions opposées (fig. 6-9), et allant tous se jeter dans les grands courants liquides de l'utricule primordiale azotée. La direction de ces courants se trouve également indiquée par celle des microsomes qu'ils tiennent en suspension; et quand quelques-uns de ceux-ci sont assez volumineux pour faire saillie à la surface des cordons, tendant fortement au-dessus d'eux la fine paroi qui les maintient (fig. 6 G), ils ont passé, aux yeux de certains physiologistes, pour être, non pas intérieurs, mais extérieurs aux canaux dont sont creusées les brides phytoblastiques, et pour se mouvoir comme en rampant à leur surface, maintenus contre elle par une force attractive, peu explicable du reste, il faut le reconnaître.

A l'état où nous l'observons maintenant, le *phytoblaste*, renfermé ou non dans son *phytocyste*, s'est donc bien compliqué comme organisation; il comprend (fig. 6) : une *utricule primordiale azotée* périphérique, un ou plusieurs réservoirs de suc cellulaire, et souvent des *processus* ou *rubans* intérieurs de cette utricule. De plus, celle-ci et ses prolongements intérieurs renferment dans leur épaisseur un *liquide nourricier*, de nature protoplasmique, maintenu dans un ou plusieurs canaux dans lesquels il circule.

LES PHYTOBLASTES A NOYAU

Outre les parties que nous venons d'énumérer, le phytoblaste peut posséder un *Noyau*, ou *Nucleus*, ou *Cytoblaste* (fig. 6, O; 10-13), qui paraît en général de très bonne heure dans sa substance. Son rôle n'est pas encore bien connu, et a même été considéré comme absolument nul; et cela probablement parce qu'il y a beaucoup de plantes inférieures où on ne l'a pas observé, ou plutôt où l'on n'a pas observé l'organe qui tient sa place alors qu'il n'apparaît pas; car il est probable que son rôle physiologique est d'une importance capitale, et que là où l'on n'a pu l'apercevoir, ses fonctions sont remplies par quelque autre partie homologue.

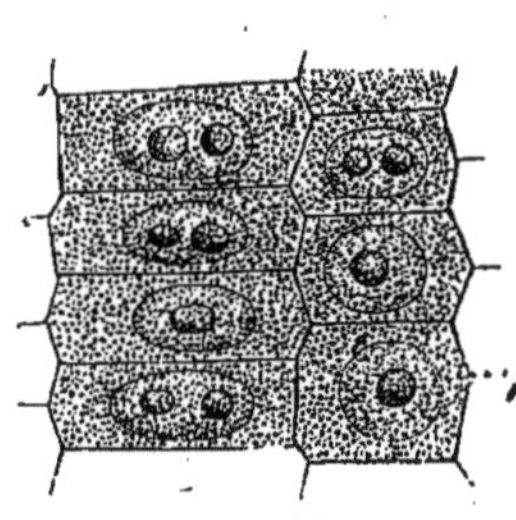

Fig. 10. — Phytocystes-cellules d'un bulbe, remplis par le phytoblaste, avec noyau et nucléoles à l'intérieur de ceux-ci (Sachs).

Le noyau n'a pas été jusqu'ici rencontré dans un certain nombre de Cryptogames; il existe dans les Mousses, les Cryptogames vasculaires et toutes les Phanérogames. C'est une masse, sphérique ou à peu près au début, formée de substance protéique et qui ne présente alors que peu de différences avec la masse protoplasmique du phytoblaste. Ses réactions sont à peu près celles du protoplasma. Cependant il absorbe plus énergiquement que lui la plupart des matières colorantes ; il les condense davantage et prend en les accumulant une teinte plus foncée. L'action de l'acide acétique concentré, qui finit par dissoudre le protoplasma après l'avoir rendu transparent, donne ordinairement, au contraire, au noyau de la netteté et un aspect brillant.

Grand d'abord, relativement au phytocyste dans lequel il se trouve, le noyau cesse de bonne heure de s'accroître, tandis que, la cellule grandissant longtemps, la disproportion entre l'un et l'autre va s'ac-

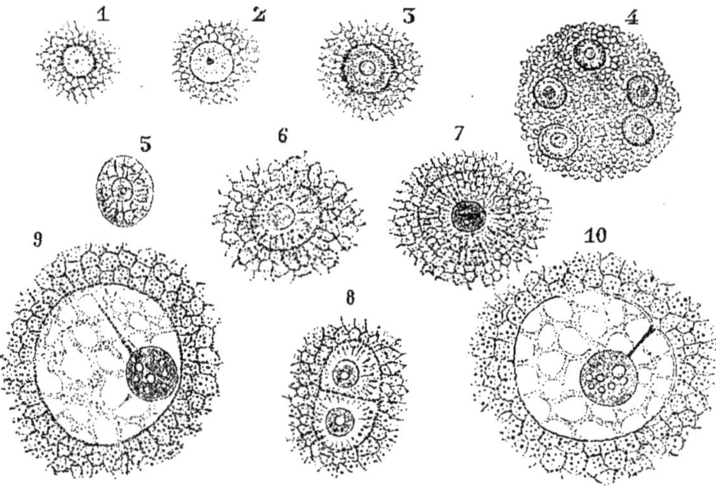

FIG. 11.— Multiplication de cellules, dite autrefois libre, dans le sac embryonnaire d'un Haricot (Strasburger). Etats successifs indiqués par les chiffres 1-10.

centuant. Homogène en apparence au début, il devient bientôt d'autant plus dense qu'on se rapproche davantage de sa surface. Puis il se développe dans son intérieur un, deux, ou même un plus grand nombre de *nucléoles* brillants (fig. 6 O, 8, 10, 13).

On ne connaît bien ni la nature ni les fonctions de ces nucléoles. Il se produit aussi dans la substance du noyau des vacuoles dont le nombre devient avec l'âge de plus en plus considérable; si bien qu'il en peut devenir criblé, comme une écumoire. On a quelquefois vu des courants dans sa substance. Quand il absorbe, après sa mort, une grande quantité d'eau ou de quelques autres liquides, sa couche superficielle distendue se soulève et finit par éclater.

Il est toujours enveloppé par la substance protoplasmique du phytoblaste, et il occupe normalement l'îlot de cette substance qui se trouve au point de confluence des rubans tendus au travers de la cellule. Aussi quand cet îlot, au lieu d'être plus ou moins central, se trouve être adhérent à l'utricule primordiale (fig. 8, 13), le noyau est enchâssé dans une saillie interne, continue avec celle-ci.

Cette couche de protoplasma qui entoure le noyau, peut contenir des canaux dans lesquels circule le fluide nourricier; leur cavité se trouve, aussi bien que celle des vaisseaux de l'utricule primordiale, en communication avec les vaisseaux des rubans protoplasmiques (fig. 6).

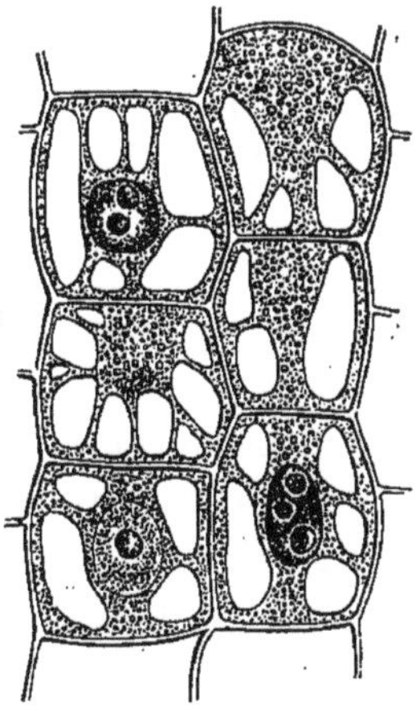

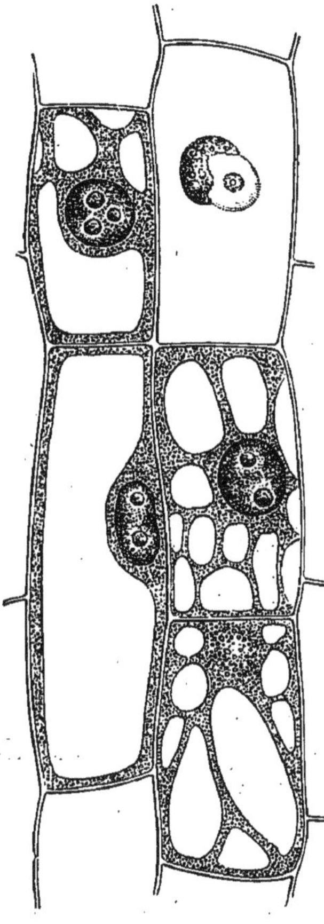

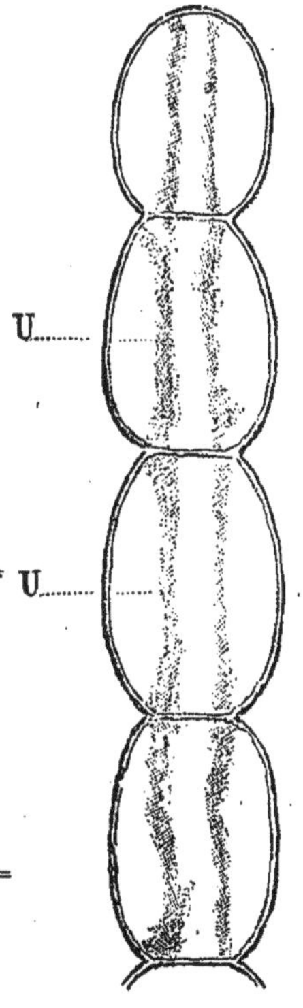

Fig. 12 et 13. — Phytocystes à divers âges, contenant les divisions protoplasmiques du phytoblaste et les réservoirs de suc cellulaire interposés, avec un noyau central ou pariétal, renfermant des nucléoles (Sachs).

Fig. 14. — *Tradescantia.* Poil de l'étamine, le phytoblaste contracté.

Le même liquide peut donc pénétrer, par l'intermédiaire de ces rubans, de la zone vasculaire périnucléaire dans celle de l'utricule primordiale azotée, et réciproquement.

Mais comme, grâce à la plasticité de toute la substance protoplasmique du phytoblaste, ses divisions sont toutes éminemment mobiles et changeantes, le centre nucléaire peut être incessamment déplacé, et le noyau voyage dans les divers départements de la cellule, mobilisé par la résultante des tractions diverses de ces cordons. Sous la même influence (et probablement aussi en vertu d'une force qui réside en lui-même), il change plus ou moins complètement de forme, devient, de sphérique qu'il était, ovoïde, ou plus ou moins allongé, ou en même temps aplati comme une semelle.

Il y a des phytoblastes à deux ou plusieurs noyaux. Nous verrons comment le nombre des noyaux peut s'accroître et comment, par exemple, un seul noyau se divise en deux autres, quand nous étudierons le mode de multiplication des phytocystes et des phytoblastes.

Arrivés au plus haut état de complication que ces derniers puissent présenter, nous trouvons donc dans leur intérieur :

Une utricule primordiale, azotée, protoplasmique (fig. 6, AA);

Une utricule périnucléaire, également protoplasmique (D) ;

Des rubans ou traînées de substance protoplasmique, unissant l'une à l'autre ces deux utricules (BB);

Des cavités vasculaires, creusées dans ces utricules et ces rubans, et contenant le liquide nourricier (CC);

Le suc ou sève cellulaire baignant les organes précédents (SS, II);

Et enfin, le noyau (N), formé d'une substance protoplasmique particulière et renfermant souvent un ou plusieurs nucléoles (OO).

LES TRAVAUX DU PHYTOBLASTE

Le phytoblaste est, dans le végétal, le seul agent producteur. Tant qu'il vit, se nourrit, assimile et désassimile, il fabrique des matériaux divers : les uns destinés à être conservés, emmagasinés dans quelque portion de sa masse même ; les autres destinés à être disséminés, transportés, à l'état soluble ou à l'état de gaz, dans les autres parties de la plante et même dans les milieux ambiants. Outre sa demeure, son enveloppe protectrice, le phytocyste, qu'il se construit dans un grand nombre de cas, et le suc cellulaire auquel il donne des qualités particulières, il fabrique : des matières colorantes ou pigmentaires, de la fécule, de l'inuline, des matières sucrées, gommeuses, tanniques, grasses, aleuriques, des essences, des résines, gommes-résines, oléo-résines, du latex, des acides, des alcaloïdes, des sels, cristallisés ou non, des cristalloïdes, etc. Nous allons passer en revue ces principaux produits de fabrication du phytoblaste.

A. — Phytocyste.

Un phytoblaste s'enveloppant, ainsi que nous l'avons dit, d'une enveloppe protectrice de cellulose, fabriquée par lui, extraite par lui

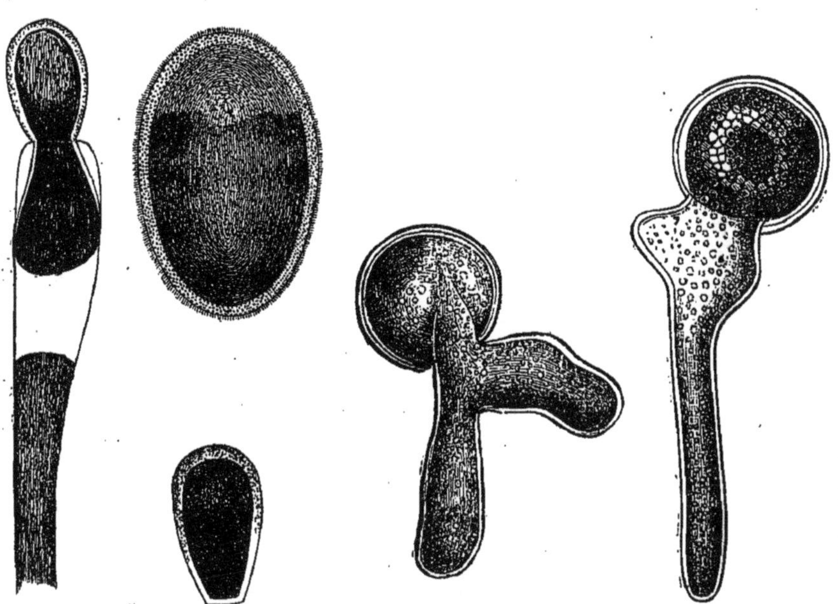

FIG. 15-19. — *Vaucheria*. Phytocyste-spore à divers âges, ellipsoïde d'abord, puis ramifié pendant la germination, mais toujours unique.

de ses matériaux nutritifs, puis déposée molécule à molécule vers sa surface ; si ce phytoblaste est supposé sphérique et que la membrane

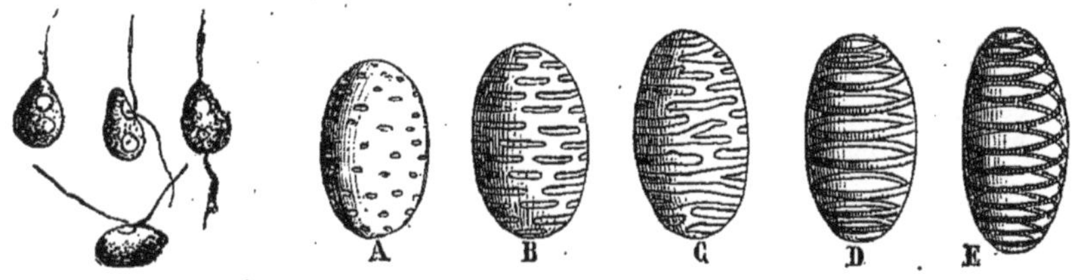

FIG. 20. — Phytocystes-cellules, locomobiles à l'aide de cils vibratiles (Zoospores d'Algues).

FIG. 21. — Phytocystes-cellules, à dessins divers dus à des solutions de continuité ou à des épaississements de la paroi cellulosique : A, ponctué ; B, rayé ; C, réticulé ; D, annelé ; E, spiralé.

cellulosique qui l'entoure demeure mince, flexible, transparente ou à peu près, extensible dans une certaine limite, afin de pouvoir suivre dans son accroissement le corps vivant contenu, on obtient ce qu'on appelle depuis longtemps une *Cellule* végétale.

Si ce sac s'allonge un peu plus dans un sens que dans l'autre, de façon à devenir ovoïde, oblong, ellipsoïde, etc., on le désigne encore d'ordinaire sous le nom de *cellule*, ovoïde, ellipsoïde, oblongue, etc.

Si, tout en s'allongeant, il est pressé par un sac semblable à lui, à droite et à gauche, par exemple, de façon à devenir cylindrique ou

FIG. 22.
Phytocystes scléreux.

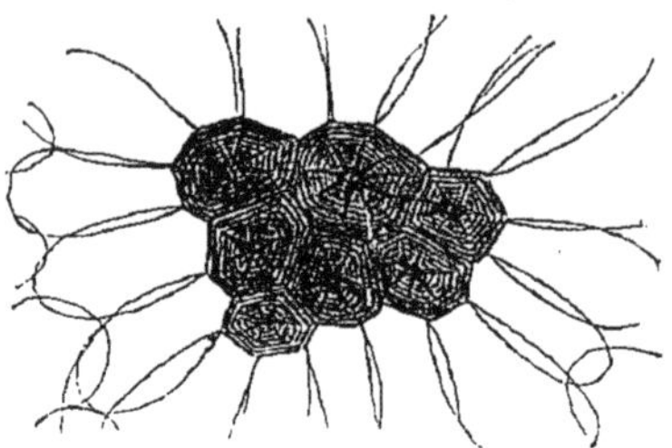

FIG. 23.
Phytocystes scléreux, formant une masse dure au centre d'une pulpe composée de phytocystes mous (pierres de la chair des poires).

FIG. 24. — Phytocystes-cellules tubuleux, à extrémités planes.

FIG. 25. — Phytocystes-fibres du bois.

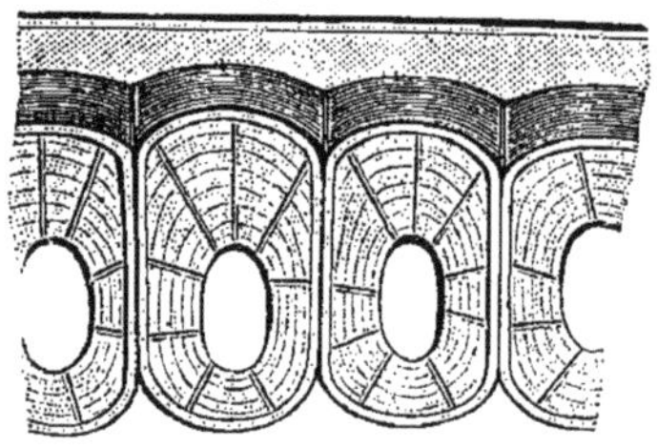

FIG. 26. — Phytocystes scléreux, à paroi inégalement épaissie et ponctuée (Sachs).

à peu près, tout en étant terminé en haut et en bas par une cloison plane, on l'appelle encore *cellule*, dans les ouvrages classiques.

Si, pressé de même de divers côtés, il devient un polyèdre à un nombre variable de faces, c'est actuellement aussi une *cellule*.

Si, tout en conservant les formes précédentes, notamment la forme polyédrique, il épaissit énormément sa paroi, de façon à ce qu'elle devienne ligneuse, scléreuse, osseuse, pierreuse même, sa cavité qui est occupée par le phytoblaste demeurant relativement petite, il est d'usage de le nommer encore *cellule*.

Puis, par un singulier vice de langage, passé aujourd'hui dans la

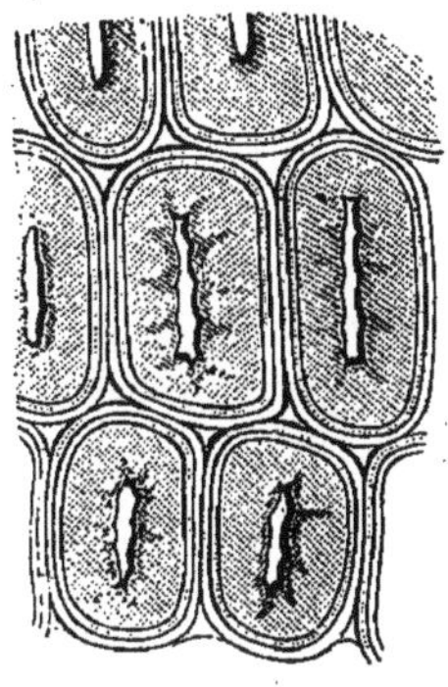

Fig. 27. — Phytocystes-fibres de liber, coupés en travers.

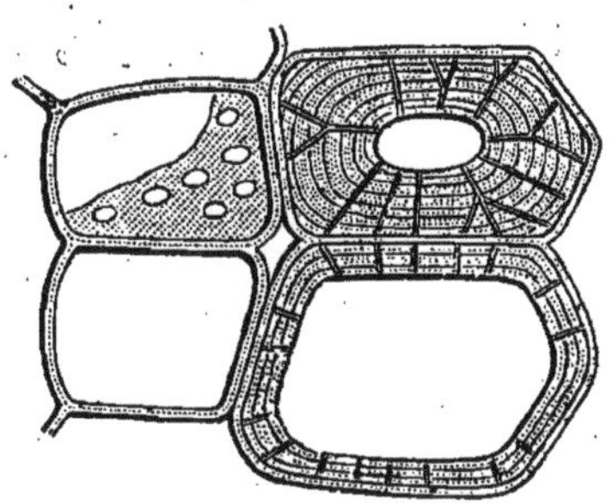

Fig. 28. — Phytocystes scléreux et ponctués, dont la paroi s'est inégalement épaissie (Sachs).

coutume, si la paroi de ce sac, en même temps qu'il s'allonge comme un fuseau, avec ses extrémités plus ou moins aiguës et confi-

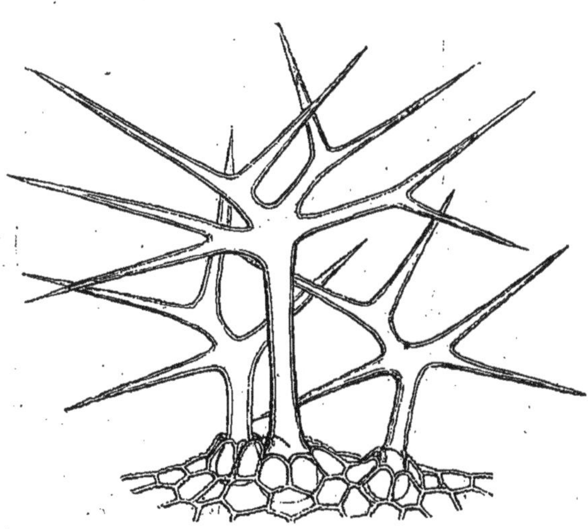

Fig. 29. — Phytocystes-poils rameux d'une Crucifère (*Arabis*).

gurées en pointe, régulière ou oblique, si, dis-je, sa paroi s'épaissit comme dans le cas précédent, sa cavité devenant d'autant plus étroite, la plupart des traités élémentaires le nomment *fibre* (fig. 25).

Ce ne sont cependant toutes là que des modifications de forme et de consistance d'un seul et même élément, le *phytocyste*. Aussi croyons-nous devoir modifier les expressions qui précèdent :

1° Le phytocyste à paroi mince et dans lequel un des diamètres ne prédomine pas sur tous les autres, est un *Phytocyste-cellule* (on

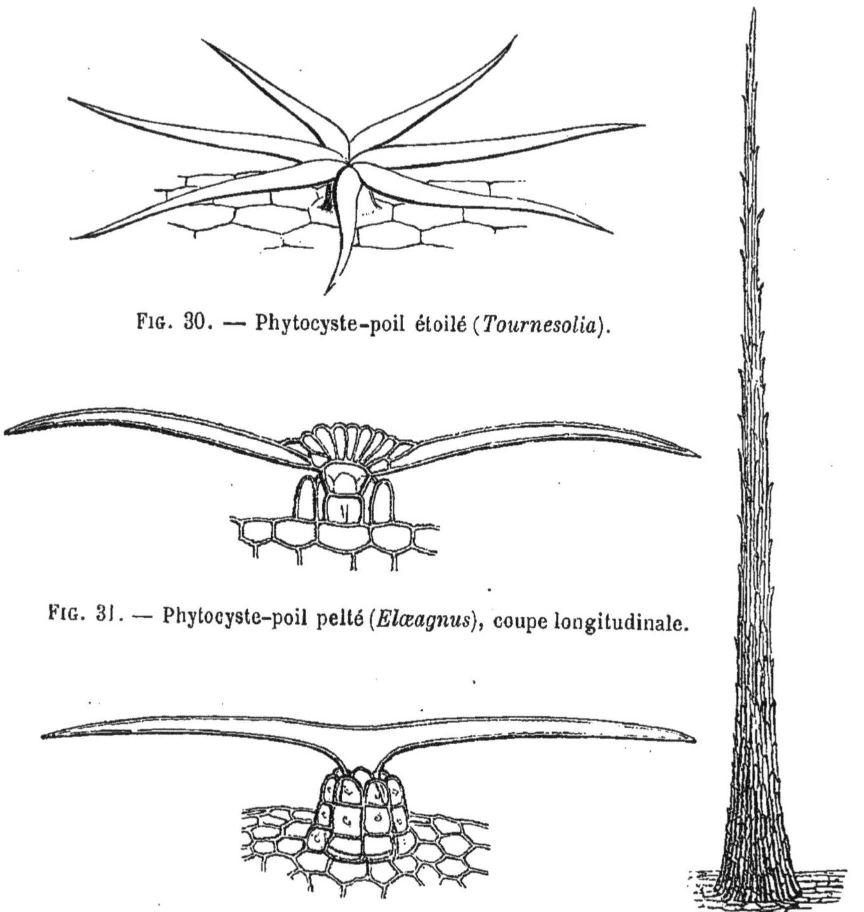

FIG. 30. — Phytocyste-poil étoilé (*Tournesolia*).

FIG. 31. — Phytocyste-poil pelté (*Elæagnus*), coupe longitudinale.

FIG. 32. — Phytocyste-poil en navette (*Bunchosia*), entouré à sa base d'une gaine épidermique.

FIG. 33. — Phytocyste-poil polycystique (*Papaver*).

peut ajouter les épithètes de sphérique, ovoïde, tabulaire, polyédrique, avec tel ou tel nombre de faces, et même, parce que ces dispositions se présentent, celles de rameux, étoilé, rayonné, etc.).

2° Le phytocyste de même forme, dans lequel la paroi devient dure et épaisse (fig. 22, 23, 26-28), sera pour nous un *Phytocyste-sclérule* (avec les épithètes de ligneux, subéreux, osseux, pierreux, sans compter celles qui en peuvent indiquer la forme).

3° Le phytocyste qui s'allonge dans un sens et dans lequel un diamètre l'emporte sur tous les autres (c'est souvent le diamètre vertical), est un *Phytocyste-tubule* (une épithète peut indiquer que sa coupe transversale est circulaire, aplatie, polygonale, etc.) (fig. 24).

4° Le phytocyste qui s'allonge comme le précédent, sa paroi devenant en même temps épaisse et résistante (fig. 25), est un *Phytocyste-fibre* (avec épithète indiquant les caractères de forme de sa coupe transversale, de ses extrémités, la consistance de sa paroi, etc.).

5° Un phytocyste libre de toutes parts, sauf par sa base, et qui proémine, soit à la surface des plantes, soit dans certaines de leurs

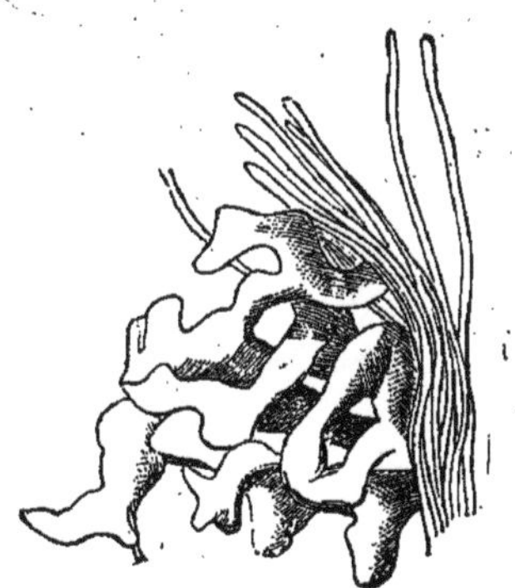

FIG. 34. — Phytocystes (de Seynes) de formes très irrégulières et de consistance très variable (*Lepiota*).

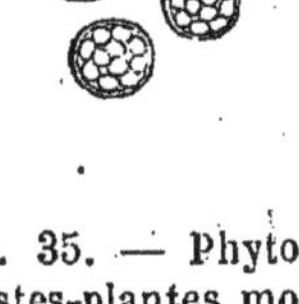

FIG. 35. — Phytocystes-plantes monocystiques (*Protococcus*).

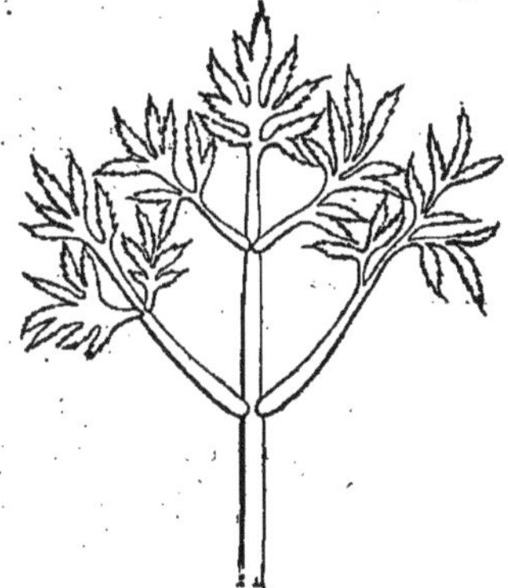

FIG. 36. — Phytocyste-plante monocystique, ramifié et comme formé de branches et de feuilles (*Valonia*).

cavités, est un *Phytocyste-poil* (fig. 29-33); en Allemagne, on l'appelle aussi *Trichôme;* il y en a de toutes les formes.

6° Il y a même un *Phytocyste-plante*, c'est-à-dire qu'une seule cellule peut représenter à elle seule une plante entière, et non pas seulement une plante microscopique et très simple de forme (fig. 35), mais même une plante très ramifiée, avec des organes ayant la forme de tiges, d'autres la forme de frondes, de feuilles, etc., comme il arrive dans les *Vaucheria* (fig. 15-19), les *Acetabularia*, *Caulerpa*, *Valonia* (fig. 36), certaines Mucorinées, etc.

A son premier âge, la paroi du phytocyste, encore mince, flexible, transparente, est formée (outre la substance protoplasmique) de cellulose pure ou à peu près. Des sels, de la silice, des matières colorantes, etc., peuvent ensuite la pénétrer. Quand elle s'épaissit beaucoup, elle le doit en général à un dépôt de ce qu'on a appelé du *ligneux*, parce que c'est là la matière principale qui donne au bois ses qualités. Le ligneux est de composition ternaire, comme la cellulose, et ces deux substances se relient l'une à l'autre par tous les intermédiaires possibles. Les diverses espèces chimiques analogues à la cellulose, qu'on a distinguées à tort par des noms tirés de ceux des éléments dans lesquels on les trouve, n'ont, au point de vue de la physiologie végétale, aucune raison d'être conservées.

Dans les portions extérieures, parfois très épaisses, du phytocyste,

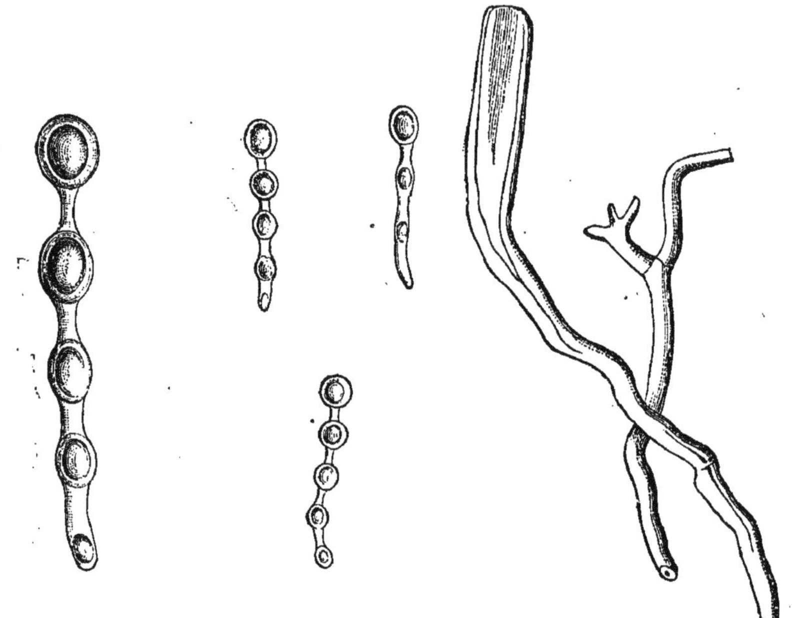

Fig. 37. — *Aspergillus.* Phytocystes-spores en chapelet, avec étranglements tubuleux, à divers états de développement (de Seynes).

Fig. 38. — *Polyporus.* Phytocystes à paroi épaisse, allongés et irréguliers (de Seynes).

assez souvent la consistance du tissu diminue beaucoup, en sorte que ces couches extérieures sont molles, presque gélatineuses quelquefois. C'est là ce qu'on a considéré comme une *matière intercellulaire*, distincte des parois mêmes des phytocystes. Elle abonde quelquefois dans les Algues. Mais elle se relie par toutes les transitions possibles aux couches plus profondes et plus dures du phytocyste. La matière intercellulaire des auteurs n'existe réellement pas.

Quoique la cellulose et le ligneux se déposent dans la paroi du phytocyste par intussusception, molécule à molécule, ainsi que nous l'avons dit plus haut, cette paroi présente souvent des couches concentriques plus ou moins nettes, plus ou moins nombreuses; c'est ce qui avait jadis donné lieu à l'opinion que des dépôts se produisent en ces points les uns sur les autres, à la façon d'un sédiment. L'inégalité de densité et de dureté des couches tient à ce qu'à des moments divers de la pénétration du phytocyste par ces substances, il y a des variations dans le nombre, le degré de rapprochement, de cohésion des molécules de ces matières déposées et dans la proportion de l'eau qui avec elles constitue la paroi.

Celle-ci est souvent striée de diverses façons et les stries, ordinairement fines, sont de divers degrés et prennent des directions variables (fig. 39). L'existence de ces stries tient à la même cause : l'inégalité de proportions et de cohésion des matières solides et liquides qui se déposent simultanément dans la paroi.

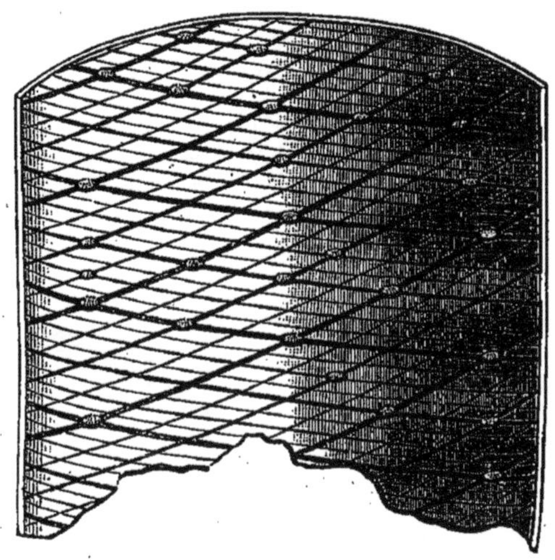

FIG. 39. — Stries de divers ordres sur la paroi d'un phytocyste (Dutailly).

Épaississements inégaux, taches, dessins et solutions de continuité de la paroi du phytocyste.

Un phytocyste peut épaissir sa paroi plus d'un côté que de l'autre (fig. 42). Dans ceux qui occupent la surface des plantes, par exemple, le côté libre s'accroît souvent bien plus que les autres. Ces épaississements extérieurs peuvent être circonscrits et, dans ce cas, ils sont souvent nombreux. Par exemple, dans les grains de pollen des plantes, qui ne sont que des phytocystes, on observe souvent des bosses extérieures, des saillies coniques, des aiguilles, des lames proéminentes (fig. 40, 41) ; elles sont dues à des épaississements localisés de la paroi cellulaire.

Des épaississements analogues peuvent se produire à l'intérieur ; ils sont le plus souvent mousses, obtus (fig. 45, 75). Dans les phytocystes anguleux qui constituent ce qu'on a nommé le *Collenchyme* (fig. 43, 44),

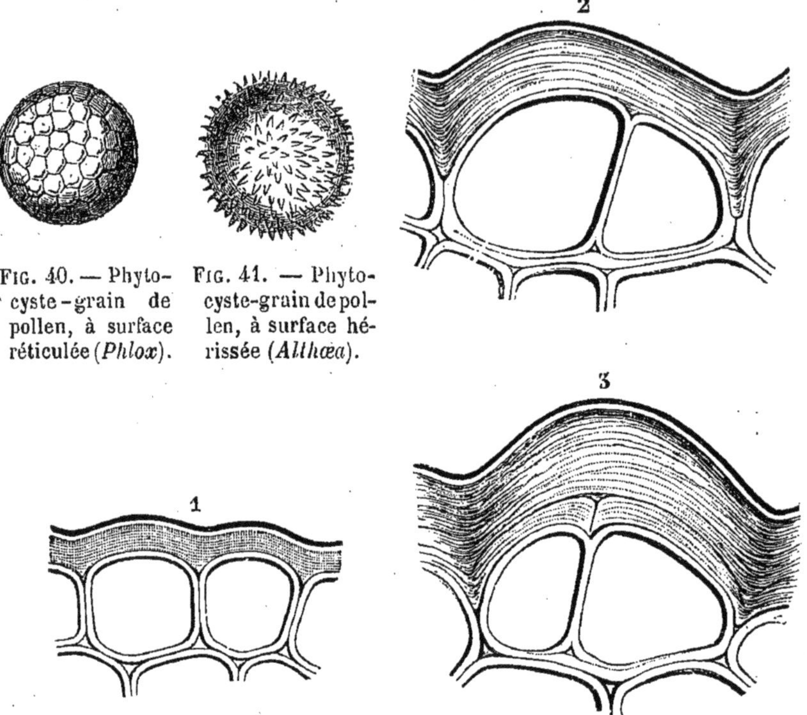

Fig. 40. — Phytocyste-grain de pollen, à surface réticulée (*Phlox*).

Fig. 41. — Phytocyste-grain de pollen, à surface hérissée (*Althæa*).

Fig. 42. — *Gui*. Phytocystes de l'épiderme, à divers âges successifs (1-3) ; la paroi superficielle, libre, s'y est beaucoup plus épaissie que les autres.

les parois s'épaississent souvent beaucoup au niveau des angles, et cela aussi bien parfois en dehors qu'en dedans.

Si l'on observe par transparence un phytocyste à parois ainsi inégalement épaissies, on conçoit que les points les plus épais paraissent plus opaques que les autres.

C'est assez souvent suivant une série de bandes annulaires parallèles, que se fait l'épaississement. Le phytocyste est alors dit *annelé*, et il est évident que, vu par transparence, il donnera l'apparence d'anneaux alternativement clairs et opaques (fig. 21, D).

Souvent aussi les anneaux d'épaississement sont interrompus

d'espace en espace. On peut par la pensée en rétablir la continuité annulaire, alors même que les fragments d'anneaux sont à peine plus longs que larges; et c'est à des phytocystes portant de pareilles marques qu'on a donné le nom de *rayés* (fig. 21, B).

Au lieu d'être parallèles, les cercles d'épaississement peuvent se

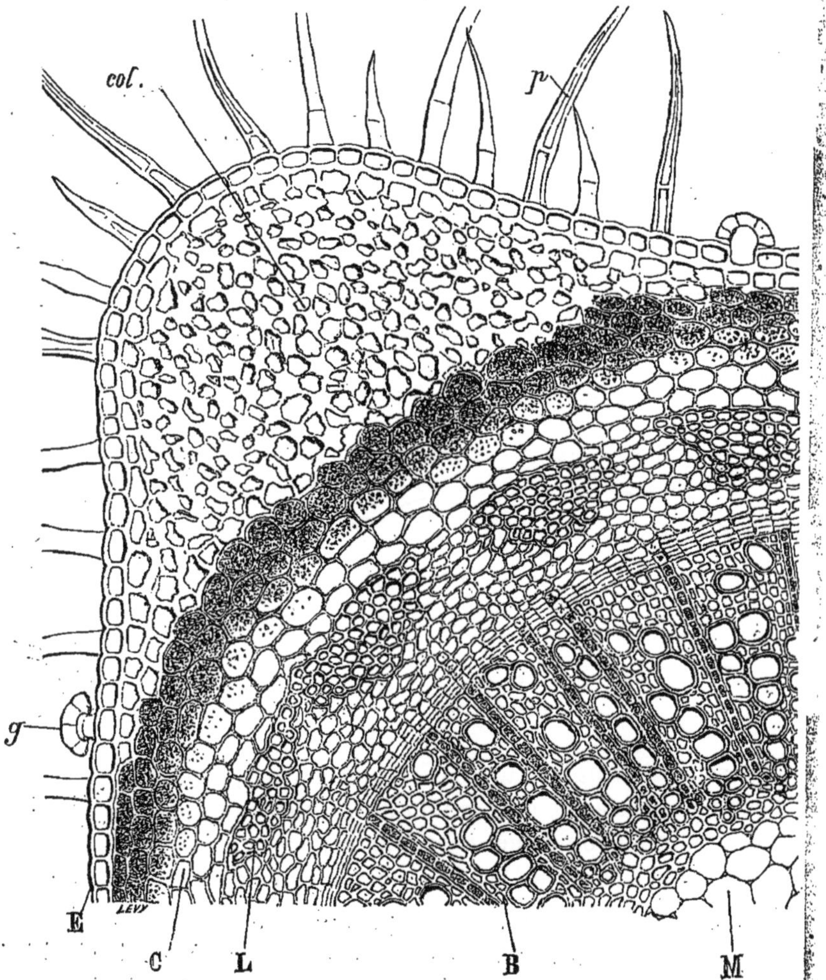

FIG. 43. — *Ortie blanche.* Tige, coupe transversale. Le collenchyme, *col*, occupe, sous forme de colonnes verticales épaisses, ses quatre angles.

continuer les uns avec les autres de façon à former une spirale continue : le phytocyste est alors *spiralé* (fig. 21, E). Entre les tours de la spirale, la paroi non épaissie demeure peu résistante. Elle peut là se scinder, tandis que les tours plus épais de la spire se séparent les uns des autres, sont *déroulables* (fig. 108), mais ils n'étaient pas primitivement indépendants. Le cordon d'épaississement prend le nom de *Spiricule.* Les molécules de substance solide sont souvent inégalement réparties dans les divers points de son épaisseur; plus abondantes, ordinairement, vers sa périphérie qui est plus dense et plus résistante, plus raréfiées vers son intérieur. Son centre même peut n'être occupé que par le protoplasma primitif de la membrane; si bien que celui-ci se résorbant, le centre de la spiricule constitue une sorte de canal (fig. 45).

Dans plusieurs Cactées, les anneaux ou les tours de spire peuvent

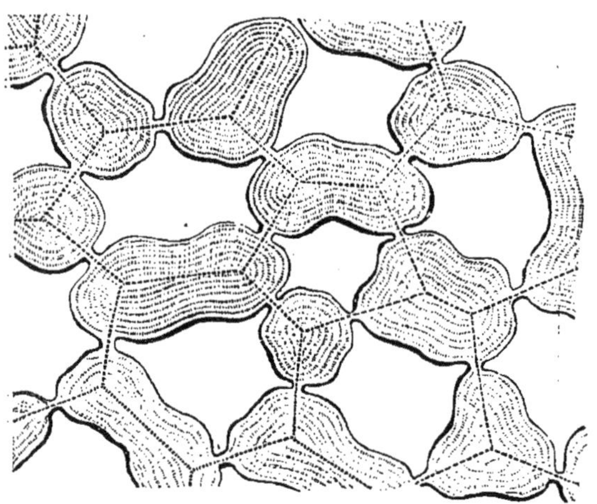

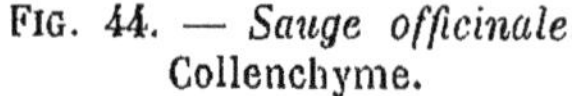

FIG. 44. — *Sauge officinale.* Collenchyme.

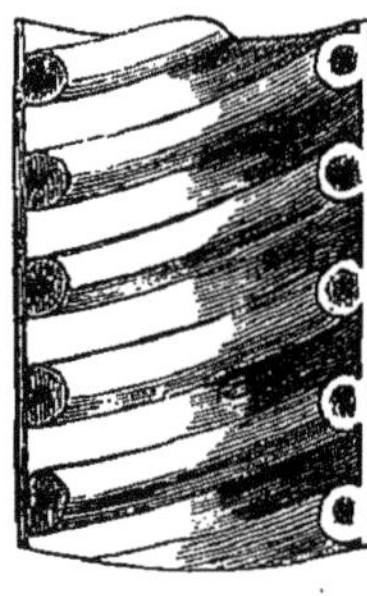

FIG. 45. — Portion de trachée.

être aplatis et très saillants dans l'intérieur du phytocyste, au point de figurer des sortes de cloisons ou de diaphragmes portant seulement une très étroite ouverture vers leur centre.

Au lieu d'être parallèles, les tours de spire ou les anneaux peuvent s'envoyer entre eux des branches ramifiées de communication; auquel cas le phytocyste devient *réticulé* (fig. 21, C, 84).

Un même phytocyste peut d'ailleurs être, en ses différentes régions, surtout s'il est très allongé, annelé, rayé, spiralé et réticulé.

Le cas le plus fréquent de tous est celui où la membrane du phytocyste s'épaissit également partout, sauf en des points très restreints, au niveau desquels la minceur primitive persiste, toute membrane pouvant même complètement disparaître. En ce cas, les taches ponctiformes que portent les parois sont dues, contrairement à ce que nous venons de voir, non à des épaississements, mais à des défauts d'épaississement ou à des solutions de continuité. Celles-ci son destinées à permettre la pénétration facile des liquides dans la cavit' du phytocyste, qui est, en pareil cas, dit *ponctué* (fig. 21, A, 84).

Les ponctuations sont tantôt exactement circulaires et tantôt allongées en boutonnière, en fente transversale ou oblique.

Assez souvent elles sont *aréolées*, c'est-à-dire que, vue de face,

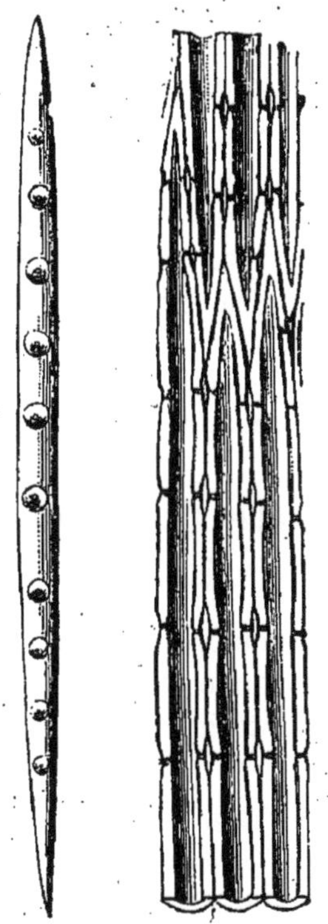

Fig. 46. — *Sapin*. Phytocystes-fibres du bois, à ponctuations aréolées ; l'une des fibres entière, isolée, et les autres coupées longitudinalement.

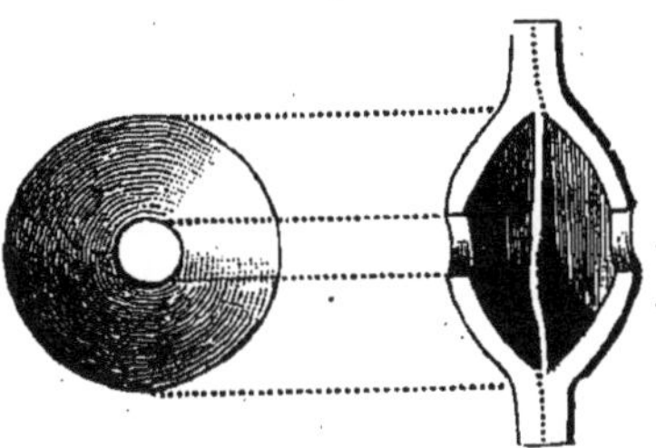

Fig. 47. — *Sapin*. Ponctuation aréolée, vue de face et en section longitudinale.

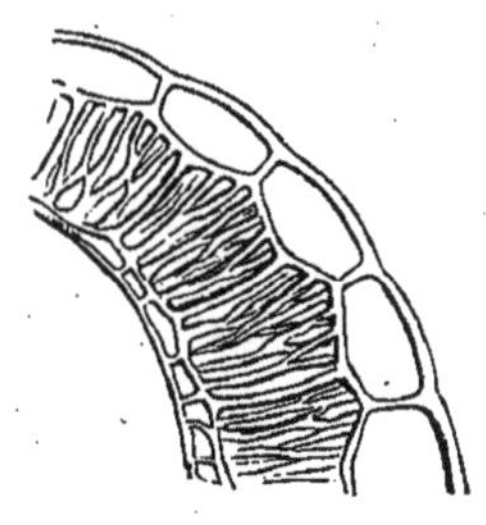

Fig. 48. — Phytocystes dits cellules fibreuses d'anthère, à épaississements irrégulièrement réticulés.

l'ouverture ponctiformé apparaît entourée d'une aréole claire, à la quelle elle est d'ordinaire concentrique. Vu de profil, au contrair le canal qui traverse toute l'épaisseur du phytocyste apparaît com formé de deux portions, de diamètre fort inégal. L'une d'elles, ord nairement l'intérieure, est étroite, tandis que l'extérieure est relat vement large, dilatée. La largeur de l'aréole représente la différen entre les deux orifices du canal dont la paroi du phytocyste est pe forée. Les ponctuations aréolées sont connues depuis longtemps dai les Conifères (fig. 46), quoiqu'on les observe, mais moins développées, dans le bois d'un grand nombre d'autres arbres. Sur sa coupe transversale, l'aréole apparaît sous la forme d'une lentille biconvexe. Quand cette cavité est jeune, on y voit une cloison mince et plus ou moins longtemps persistante, qui la divise en deux moitiés (fig. 47).

Certains phytocystes présentent, au moins en plusieurs points de leur paroi, des solutions de continuité analogues aux ponctuations non aréolées, mais rapprochées les unes des autres au point de former une sorte de crible ou de grillage (fig. 109). Nous reviendrons sur ces phytocystes, ordinairement tubuleux, abondants dans certaines tiges, et qu'on a nommés *criblés* et *grillagés*.

Nous verrons aussi, quand nous étudierons le mode de production des phytocystes, que le phytoblaste peut, dans l'intérieur d'un phytocyste déjà existant, fabriquer, autour de masses définies de protoplasma qui lui sont intérieures, des revêtements de cellulose comparables à ceux qu'il a déposés d'abord à sa propre périphérie.

B. — Suc ou Sève cellulaire.

Nous avons vu le phytoblaste, à l'époque où il est pénétré par de l'eau venue du dehors, se creuser d'un ou plusieurs réservoirs dans lesquels ce liquide s'accumule (fig. 6, II, SS). En le supposant représenté d'abord par de l'eau pure, on comprend qu'au contact, soit de la paroi profonde de l'utricule primordiale azotée, soit des bras ou des rubans que celle-ci envoie dans l'intérieur, l'eau se charge de tout ce que le protoplasma laisse exsuder et qu'elle peut dissoudre : produits organiques de désassimilation, sels, matières colorantes solubles, etc. C'est là ce qui constitue la *Sève* ou *Suc cellulaire*. Celui-ci reçoit de plus des matières solubles ou dialysables qui lui sont apportées par des éléments voisins et qui souvent sont alimentaires. De sorte que la composition du suc cellulaire est variable suivant les phytoblastes observés et suivant aussi le moment où on les observe. Le suc cellulaire représente donc le milieu le plus immédiat avec lequel les liquides contenus dans les vaisseaux du protoplasma peuvent accomplir les échanges nécessaires à la vie de la plante.

Tous les principes dissous dans le suc cellulaire, et qui s'y accumuleraient en une proportion dépassant leur solubilité, peuvent se déposer dans ce liquide qu'ils saturent, et se déposent soit à l'état amorphe, soit à l'état de cristaux quand il s'agit de sels, etc.

Le suc cellulaire renferme aussi des gaz en dissolution; ce sont, généralement, en proportions diverses, les gaz constituants de l'atmosphère. A partir d'un certain âge, la quantité de ceux-ci devient considérable, relativement à celle du liquide qui va diminuant; si bien que les cavités qui contenaient ce dernier ne sont plus enduites d'humidité que sur la paroi; tout le reste est rempli par des gaz libres, qui, finalement, peuvent seuls occuper la cavité.

C. — Amidon ou fécule.

Les éléments constitutifs de la cellulose (Oxygène, Hydrogène et Carbone), que les phytoblastes n'emploient pas à se construire un phytocyste, ils en font en majeure partie de l'*Amidon* ou *Fécule*, matière de composition identique et insoluble dans les liquides du phytoblaste. Aussi se dépose-t-elle dans sa substance et y demeure-t-elle emmagasinée, comme aliment de réserve, jusqu'au moment où, rendue soluble d'une façon que nous ignorons encore, et transformée en général plus ou moins directement en matière sucrée, elle peut être transportée dans les plantes à des distances variables et aller de nouveau, en un point plus ou moins éloigné de son lieu de production, former de nouvelles réserves d'amidon insoluble.

A cet état, l'amidon forme des *grains*, ordinairement microscopiques et de formes très variées (fig. 49-56), qu'on reconnaît facilement, en général à l'aide de réactions caractéristiques, dont voici les principales :

Une teinture d'iode légère les colore en bleu plus ou moins violacé, et souvent même noirâtre quand elle est trop concentrée.

Le chloro-iodure de zinc les teinte aussi en violet, puis les gonfle et les déforme.

Un grand nombre de substances diverses : le chlorure de calcium, l'ammoniure de cuivre, l'acide chromique, beaucoup d'acides dilués, la diastase, la salive, la pepsine, la bile, etc., dissolvent plus ou moins complètement et plus ou moins rapidement les grains d'amidon.

Il y a des grains d'amidon *simples;* d'autres sont ou *agrégés*, ou *composés*.

1. Grains simples.

Les plus petits connus parmi les grains d'amidon utilisés par l'homme, ont de deux à trois millièmes de millimètre de diamètre; mais il y en a de beaucoup plus exigus parmi ceux qu'on n'extrait pas spécialement des plantes pour un usage quelconque.

Les plus gros connus mesurent jusqu'à près de deux centièmes de

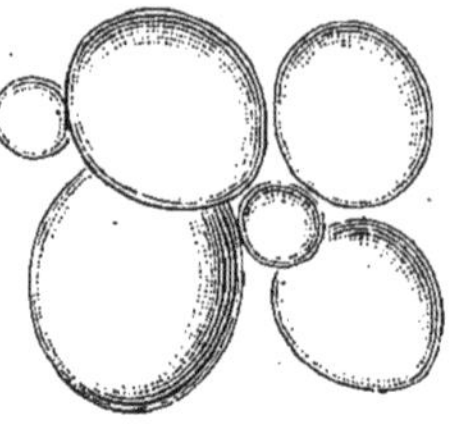

Fig. 49. — Fécule d'*Arrow-root*. Grains homogènes.

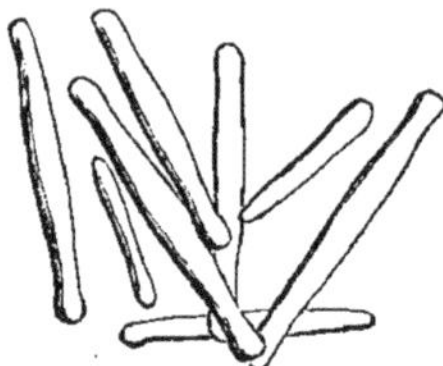

Fig. 50. — Fécule d'*Euphorbe*, en bâtonnets.

Fig. 51.— Fécule à grains dits composés (*Manioc*).

millimètre. Mais c'est une erreur de croire que les grains d'amidon d'une espèce donnée ont une taille invariable ou à peu près.

Il y a peu de grains à peu près sphériques parmi les grains simples. Le plus souvent ils sont plus ou moins comprimés, aplatis dans un sens. Les plus réguliers sont ceux d'un grand nombre de nos céréales (Blé, Orge, Seigle); ils ont la forme d'un disque ou d'une

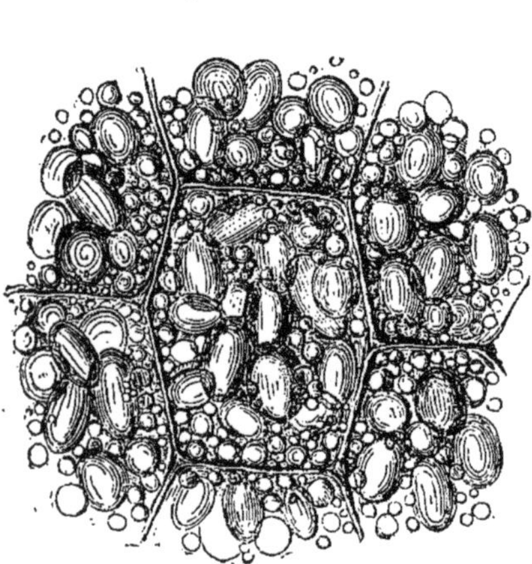

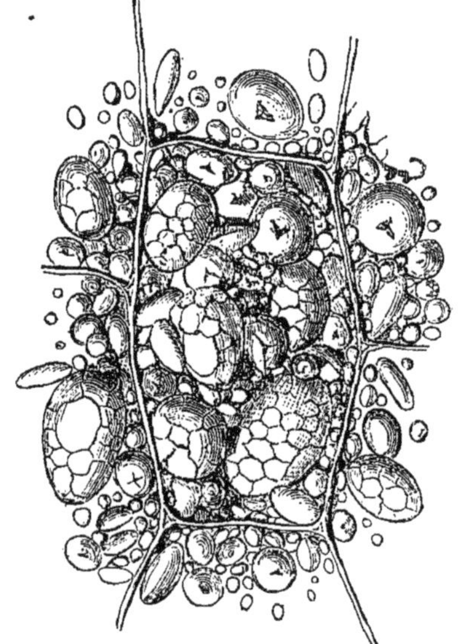

Fig. 52, 53. — Fécule de Graminées (*Blé*, *Avoine*).

lentille biconvexe, à contour nettement circulaire (fig. 54). Dans les graines légumineuses (Pois, Haricots, Fèves), ils ont, en outre, presque toujours un grand diamètre, de façon à devenir ellipsoïdes (fig. 55). Dans la Pomme de terre, ils sont ovoïdes ou plus ou moins irréguliers (fig. 56). Le Riz, le Maïs ont des grains polyédriques.

2. Grains agrégés.

Plusieurs grains, semblables à ceux dont nous venons de parler, notamment ceux qui sont polyédriques, irréguliers ou presque sphériques, peuvent, après s'être formés isolément, se réunir en une masse commune. On admet des grains *agrégés* de fécule de Pomme de terre. Il y en a souvent dans les fécules alimentaires d'origine exotique que nous employons : le Tapioca ou Manioc (fig. 51), l'Arrow-root, le Sagou. On a dit que certains grains de l'Avoine, arrondis ou polyédriques, s'agglomèrent ainsi en masses ellipsoïdes (fig. 53). Il ne faut pas confondre ces aggrégations avec les grains composés.

3. Grains composés.

Ceux-ci ne sont pas des grains d'abord libres, qui se seraient ensuite rapprochés les uns des autres. En général, ils se comportent au début comme s'ils devaient être simples. La Pomme de terre (fig. 56) offre les meilleurs exemples connus de ce qui se passe alors. Après qu'autour d'un centre protoplasmique commun il s'est formé un grain déjà gros, ayant déjà une enveloppe amylacée, formée d'une, deux ou quelques couches concentriques, la masse protoplasmique centrale se partage en plusieurs noyaux de formation nouvelle, et chaque noyau sert de centre à un nouveau grain intérieur. Autant il y a de ces nouveaux centres, autant de grains intérieurs aux premières couches constitueront le *grain composé*. Il y a même dans la Pomme de terre une modification de ce mode de formation, d'où résulte ce qu'on a appelé des grains demi-composés. On a distingué parmi les grains composés ceux qui sont formés de deux à quatre grains élémentaires, petits et à peu près ronds (Manioc), et ceux qui sont formés de grains plus petits, entourant un grain plus volumineux (Sagou).

Formation des grains d'amidon.

Sans nous occuper pour le moment du mode de production de l'amidon, établissons que s'il existe déjà dans la plante à un état de dissolution que nous ne connaissons pas encore bien, il s'amasse de préférence dans certains organes qui servent de réservoirs alimentaires, notamment dans les portions souterraines, rhizomes et racines; dans les tiges aériennes ; dans le fruit; dans les graines, tantôt dans leur embryon et tantôt dans l'albumen qui l'accompagne. C'est dans le protoplasma du phytoblaste qu'il se dépose d'abord, sous forme de petites masses arrondies. Elles siègent dans l'utricule primordiale, dans les rubans et les bras intérieurs, dans l'îlot qui est occupé par le nucléus. Souvent aussi elles occupent l'intérieur des masses protoplasmiques qui sont colorées en vert par la chlorophylle ; et l'on

FIG. 54. — Fécule de Blé.

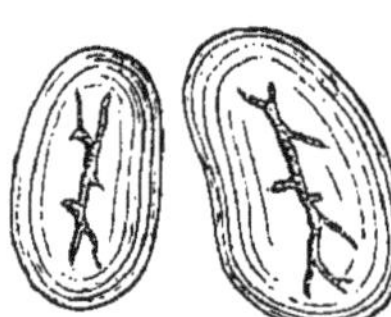

FIG. 55. — Fécule de Haricot.

FIG. 56. — Fécule de Pomme de terre, dans les phytocystes du tubercule.

a même admis que, dans ce cas, la matière amylacée se fabrique de toutes pièces en ce lieu.

Formé dans le protoplasma, le grain d'amidon demeure enveloppé par lui pendant tout le temps qu'il s'accroît, et souvent même bien au delà de cette époque; après quoi, le mince revêtement protoplasmique qui l'entoure peut finir par disparaître.

Beaucoup de théories contraires ont été proposées pour expliquer le mode de formation du grain. On peut admettre, je crois, qu'il se dépose molécule à molécule dans une masse de substance protoplasmique, de la même façon que la cellulose se dépose pour constituer le phytocyste. Des couches successives, souvent très inégales en consistance et en épaisseur, se produisent dans la substance du grain. Ces inégalités et cette apparente stratification sont dues à des différences dans la quantité d'eau qui s'interpose à tel ou tel moment entre les molécules de la matière amylacée. Pour une même raison, les différentes couches dont nous parlons sont elles-mêmes décomposées en couches secondaires, inégalement denses et inégalement opaques. D'une manière générale, cependant, les couches les plus intérieures du grain sont les plus riches en eau et les moins denses.

Il y a des grains d'amidon à contenu transparent et homogène (fig. 49). Mais dans un grain régulier, à peu près sphérique ou lenticulaire, comme dans celui du Blé, par exemple (fig. 54), le centre moins dense apparaît parfois sous forme d'une tache à peine opaque, autour de laquelle se disposent des couches assez régulièrement disposées et séparées par de fines lignes circulaires. La tache centrale a reçu le nom assez impropre de *Hile*[1]. Dans un grain elliptique, comme celui des Haricots (fig. 55), des Pois, le hile prend la forme d'une fente dirigée suivant le grand axe du grain, et les couches concentriques sont à peu près parallèles au contour de la surface. Dans les grains polyédriques, le hile est assez souvent polyédrique ou étoilé, et dans les grains irréguliers, comme celui de la Pomme de terre (fig. 56), cette tache est irrégulière, excentrique, parfois même rapprochée de la surface et entourée de ce côté par des portions de couches plus minces que celles qui se trouvent de l'autre côté du grain. Si ces couches présentent une solution de continuité là où elles sont le moins épaisses, il devient alors possible que la tache du hile corresponde réellement à la surface extérieure du grain.

Résorption de l'amidon.

Les grains d'amidon ont une période d'état succédant à leur accroissement. Une fois leur maximum de développement atteint, ils peuvent demeurer immobiles pendant une période extrêmement longue. Les grains allongés de certaines Euphorbiacées (fig. 50), qui sont plongés, non dans le protoplasma, mais dans le suc laiteux de ces plantes, continuent seuls, croît-on, à s'accroître tant qu'ils occupent ce milieu nourricier. Mais, dès qu'avec une certaine dose d'humidité, une matière dissolvante de l'amidon intervient, à son contact ce dernier se dissout, se transformant en substance sucrée, qu'entraînent les liquides de la plante. Dans les graines à embryon ou à albumen amylacé, au moment où elles germent, la diastase produit normalement

1. Si bien qu'on serait tenté de la confondre avec le hile ou ombilic des organes animaux ou végétaux, qui est, on le sait, un point d'attache, une cicatrice superficielle. Mais, pour être dans le vrai, il faut, au sujet de la structure des grains d'amidon, admettre à peu près l'inverse de tout ce qu'on dit de leurs caractères dans la plupart des traités classiques de chimie où ils sont étudiés.

cet effet. La salive et un grand nombre de liquides acides ou alcalins servent artificiellement à produire des effets analogues. En traitant un grain d'amidon par la salive, par exemple, à une température de 45 à 50 degrés, on voit une partie de ce grain se dissoudre, tandis qu'une autre partie, une sorte de squelette, qui conserve ordinairement la forme du grain, ne se dissout pas et résiste ensuite à l'action de l'eau bouillante, et même à celle de la teinture d'iode, qui ne la colore plus en bleu. Cette sorte de carcasse, très délicate, est formée de *Cellulose amylacée*, et l'on a conservé pour la portion soluble le nom de *Granulose*. Celle-ci disparaît, au contact des dissolvants, d'une façon très variable, bizarre quelquefois, et le squelette préservé peut présenter alors des formes extrêmement diverses, au détail desquelles il serait superflu de s'arrêter.

D. — Inuline.

Dans certaines plantes, les phytocystes contiennent, au lieu d'amidon, de l'*Inuline* (fig. 57), qui paraît y jouer le même rôle, qui a la même composition chimique, et qui tire son nom de sa présence dans l'*Inula Helenium* ou Grande-Aunée. C'est une plante de la famille des Composées, famille dans laquelle se trouvent beaucoup d'autres espèces qui en renferment, notamment le Grand-Soleil, le Topinambour qui est un autre Soleil, et les racines des Dahlias. On dit l'avoir aussi trouvée dans quelques Campanulacées, plantes d'une famille à tous égards très voisine des Composées, dans plusieurs Cryptogames, etc.

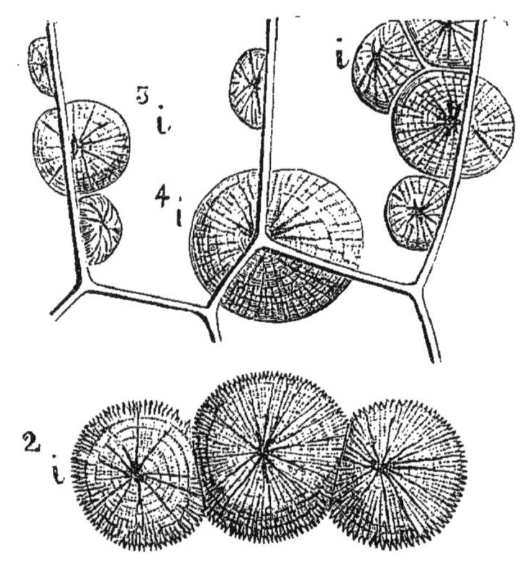

FIG. 57. — Inuline. *ii*. Sphéro-cristaux divers. 2. Ils sont complets et adhérents les uns aux autres. 3-4. Sphéro-cristaux divisés par une ou plusieurs parois de cellules voisines.

Elle est soluble dans le suc cellulaire; mais, sous l'influence de la dessiccation, elle se précipite en masses arrondies d'un aspect particulier. L'alcool, la glycérine la précipitent également.

C'est surtout dans les parties souterraines des plantes citées plus haut que l'Inuline abonde. Pour l'observer, on peut employer l'eau, qui ne la dissout pas à froid, mais seulement à chaud, et qui la laisse déposer de la solution en se refroidissant ; mais il est plus commode de faire sécher en partie les organes qui la contiennent ou de les laisser tremper dans l'alcool. On en coupe alors des tranches minces qu'on peut placer dans la glycérine, à laquelle il convient souvent d'ajouter un peu d'acide acétique. On aperçoit de la sorte les masses d'Inuline, tantôt amorphes ou irrégulièrement sphériques, mamelonnées, et tantôt groupées en segments de sphères qu'on a nommés *sphéro-cristaux*, parce qu'ils paraissent formés d'un grand nombre d'aiguilles rayonnantes et venant se terminer à la surface même de la sphère. Il y a dans un même phytocyste, ou des sphères complètes, ou des segments qui sont complétés par d'autres quartiers placés dans des cavités voisines ; si bien que les parois interposées à deux ou plusieurs phytocystes voisins peuvent traverser aussi les sphéro-cristaux dans le sens de leur rayon (fig. 57, 4, *ii*). Cette structure de l'Inuline est au fond totalement différente de celle de la fécule, dont elle n'a pas les réactions. L'iode ne la colore pas en bleu, mais seulement, et d'une façon inconstante, en jaune ; et il n'y a aucun réactif qui lui donne d'une manière certaine une coloration particulière.

E. — Matières colorantes.

Les diverses parties des plantes doivent leur coloration si variable :

Ou à des gaz. — Ainsi les parties des feuilles ou des fleurs qui sont d'un blanc de lait opaque, doivent cette apparence à des gaz contenus dans les phytocystes. Si l'on expulse ces gaz, par pression ou autrement, la partie devient entièrement incolore et transparente.

Ou à des liquides. — Les organes teintés en rose, en rouge clair, en violet, en bleu, renferment le plus souvent dans leurs phytocystes des liquides transparents dans lesquels ces matières colorantes existent à l'état de dissolution aussi parfaite que possible.

Ou à des solides. — Les couleurs jaune ou rouge sombre, brique ou brunâtre, sont ordinairement dues à des masses solides en suspension ; ce sont souvent des corpuscules protoplasmiques teintés ; mais la matière colorante n'est pas ici dissoute dans un liquide. C'est surtout le cas pour la couleur la plus ordinaire des organes de végétation, tiges herbacées, feuilles, calices, ovaires, etc., c'est-à-dire pour celle de la substance verte nommée *Chlorophylle*.

F. — Chlorophylle.

La *Chlorophylle* proprement dite est une substance colorante ou pigmentaire, que l'on a nommée aussi *Pigment chlorophyllien* et qu'on pense avoir obtenue à l'état de matière cristallisée [1]. Mais elle a, dans les phytocystes, un support emprunté au phytoblaste. Ce sont, ou la masse unique et continue du phytoblaste, ou des masses partielles, microscopiques, de protoplasma, teintées, soit en totalité, soit partiellement, par le pigment vert. On a souvent donné le nom de *grains* de chlorophylle aux masses fragmentaires de protoplasma ainsi colorées; ce sont en réalité des corps fort complexes. L'alcool, par exemple, qui peut dissoudre et entraîner le pigment vert, ne laisse plus que la substance protoplasmique décolorée et en même temps coagulée, rendue de la sorte plus ou moins opaque.

Il y a bien des plantes qui ne possèdent point de pigment chlorophyllien; ce sont surtout les Champignons, un certein nombre d'Algues et beaucoup de végétaux parasites. Dans un grand nombre de plantes qui ne paraissent pas vertes, notamment dans certaines Algues rouges ou brunes, le pigment vert peut exister cependant; mais il est masqué par une substance d'une autre couleur et paraît tout à coup quand on vient à détruire celle-ci. Dans les plantes supérieures, beaucoup de feuilles sont vertes profondément, qui paraissent rouges ou brunes, parce que leurs couches superficielles sont formées d'éléments remplis de pigment rouge.

C'est dans la substance du phytoblaste que se produit le pigment chlorophyllien, soit dans l'utricule primordiale azotée (fig. 58), soit dans les traînées intérieures du protoplasma (fig. 75, Cl), soit encore dans la zone protoplasmique qui entoure le noyau, soit peut-être dans l'épaisseur même du noyau. Dans la plupart des cas, la lumière paraît nécessaire à cette production. On admet cependant que cet agent peut être remplacé par une certaine quantité de chaleur; il y a des parties des plantes complètement soustraites à l'action de la lumière, comme par exemple des embryons qui occupent l'intérieur de graines et de fruits impénétrables à toute lumière, et qui cependant possèdent une coloration verte pouvant être due à la chlorophylle.

Il y a beaucoup de cas où la chlorophylle disparaît totalement des

1. Elle renfermerait, d'après M A. Gautier : carbone, 73,97; hydrogène, 9,80; oxygène, 10,33; azote, 4,15; phosphates et cendres, 1,75. M. Hoppe-Seyler lui a trouvé aussi une composition très voisine de celle-ci.

plantes soumises à une obscurité complète et où elle reparaît dans ces mêmes plantes alors qu'on les éclaire de nouveau. Cependant il y a aussi des organes verts des végétaux qui pâlissent quand on les expose à une lumière trop vive et qui reverdissent dans une obscurité relative ; nous avons déjà dit et nous redirons que le protoplasma teinté en vert par la chlorophylle peut, dans certaines circonstances,

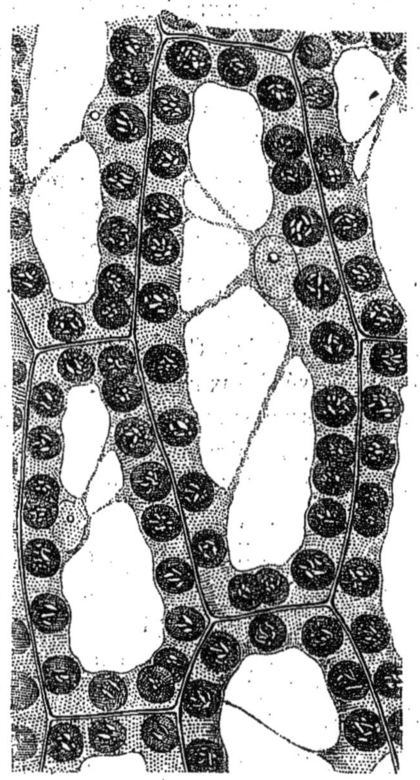

FIG. 58. — Chlorophylle. Grains formés dans l'épaisseur de l'Utricule primordiale azotée des phytocystes de la feuille d'une Mousse (*Funaria*).

fuir la lumière et se réfugier, pour éviter son action trop vive, dans les régions les moins éclairées du phytocyste.

Les portions du protoplasma qui verdissent par le dépôt de chlorophylle ont souvent la forme de petites sphères ou de polyèdres à arêtes plus ou moins vives, qui se dessinent en jaune d'abord, puis en vert plus ou moins intense dans l'épaisseur d'une des zones du phytoblaste dont nous avons parlé (fig. 58). Ces sphérules sont souvent au début plus molles que le reste de la substance protoplasmique ; puis elles durcissent davantage dans leur portion périphérique. L'eau peut les pénétrer et y former des amas intérieurs qui les gonflent. Très souvent aussi il se produit dans leur intérieur des grains d'amidon.

La configuration de ces corpuscules est d'ailleurs fort variable. Dans certaines Algues, ils ressemblent à des bâtonnets ; dans d'autres, à des lamelles, à des étoiles ; dans d'autres encore, à des rubans aplatis, spiralés, irrégulièrement déchiquetés sur les bords (fig. 75, Cly).

Les substances bleue et jaune que les chimistes ont indiquées comme constituant la matière verte de la chlorophylle, ne sont que des produits artificiels et n'ont pas d'importance. On croit aujourd'hui la chlorophylle dissoute dans une substance cireuse à laquelle on a donné le nom d'*Hypochlorine* et qui, d'abord molle et pâteuse, peut ensuite cristalliser en aiguilles d'un rouge brun. Elle manque rarement dans les parties vertes des plantes, s'y développe cependant, pense-t-on, après la chlorophylle, et ne se forme généralement pas en dehors de l'influence de la lumière.

Les fonctions du pigment chlorophyllien seront étudiées plus loin et différenciées de celles du protoplasma qui lui sert de support; mais nous pouvons dire dès à présent qu'on n'a pas encore vu, que nous sachions, l'acide carbonique de l'atmosphère décomposé par des organes végétaux entièrement dépourvus de pigment chlorophyllien.

G. — Matières sucrées.

Un grand nombre de phytocystes renferment des substances sucrées, et elles s'y trouvent pendant la vie de la plante à l'état de dissolution. Du protoplasma où elles se sont formées, elles passent dans le suc cellulaire qui les tient en dissolution et qui peut sous cette forme les laisser sortir du phytocyste, soit pour être excrétées à l'air libre, soit pour passer dans des phytocystes voisins. On croit, à l'heure qu'il est, que ces matières sucrées sont produites par des modifications de l'amidon, de l'inuline, de la cellulose, du tannin, etc., que renferment les phytocystes; et l'on a même admis que la matière sucrée peut être transformée de nouveau en amidon; de sorte qu'elle est un moyen de transport des matériaux nutritifs d'un point à l'autre de la plante. Dans les fruits non mûrs, où le tannin abonde, il est plus tard remplacé par une proportion variable de matière sucrée. Dans ceux qui, comme les Bananes, ne sont sucrés qu'à leur complète maturité, on ne trouvait guère auparavant que de la fécule.

Les substances sucrées s'accumulent d'ailleurs à l'état de matériaux de réserve dans certaines parties des plantes, et c'est là qu'on va les chercher pour notre usage. Les organes dans lesquels s'amasse ainsi le sucre peuvent être les racines, comme il arrive dans la Betterave, et l'on sait que c'est surtout, dans cette plante, de la *Saccharose* ($C^{12} H^{22} O^{11}$), quoiqu'elle y soit accompagnée d'une certaine quantité de *Sucre interverti*. On a pensé, mais sans pouvoir en donner une explication satisfaisante, que ces sucres pourraient bien provenir d'une transformation de la matière amylacée qui abonde primitivement dans la plante. Le sucre interverti pouvant subir la fermentation alcoolique, celle-ci se produit quelquefois dans la plante, et il y a des tissus végétaux normaux dans lesquels on a constaté la présence de l'alcool.

Les tiges des plantes peuvent aussi devenir réservoirs de sucre. Les plus connues sont celles de la Canne à sucre, qui contient la matière sucrée ou *Saccharose* dans une sorte de moelle intérieure ; de l'Érable à sucre, de l'Amérique du Nord ; du Sorgho à sucre ; des Palmiers dits à sucre, riches aussi, à une époque antérieure, en matière amylacée ; des Frênes, notamment des Frênes dits à fleurs, qui, dans le midi de l'Europe, fournissent la Manne, riche en *Mannite* ($C^6 H^{14} O^6$) et en *Fraxine* ($C^{16} H^{18} O^{10}$) ; du Mélèze, qui donne la Manne de Briançon ; des *Eucalyptus*, qui produisent la Manne d'Australie, matière riche en *Eucaline*, etc.

Les fruits mûrs contiennent souvent de la *Saccharose*, qui a été observée dans les pommes, poires, pêches, abricots, prunes, framboises, melons, citrons, ananas, dattes, etc., et du *Sucre interverti*, formé de *Glucose* ($C^6 H^{12} O^6$) et de *Lévulose* ($C^6 H^{12} O^6$). Dans les Bananes, nous avons vu tout à l'heure que la matière sucrée prend en abondance, à l'époque de la maturation, la place de la fécule.

H. — Matières gommeuses.

Ces substances peuvent être étudiées comme contenues dans les phytocystes, parce qu'elles peuvent se produire dans leur cavité par transformation, par exemple, des masses amylacées ; mais elles pourraient l'être aussi comme produits de la paroi même du phytocyste, car très souvent c'est cette partie qui s'altère, s'épaissit, se gonfle et perd les caractères de la cellulose pour prendre ceux d'une gomme soluble ou insoluble. Le type de cette dernière est la Gomme-Adragante, produite par le gonflement des parois de nombreux phytocystes-cellules de la tige et des branches de plusieurs Astragales orientaux.

On considère cette transformation comme résultant d'une maladie, mais cette maladie existe, dans certaines localités, sur tous les pieds qu'on rencontre d'Astragales à Adragante. Une fois formée, la matière gommeuse molle passe, comme par une filière, au travers des trous ou des fentes qui se produisent comme par éclatement dans l'écorce, et vient faire saillie au dehors sous la forme de cylindres ou de plaques qui bientôt se solidifient. Ces gommes ne se dissolvent pas dans l'eau, mais s'y gonflent et s'y délitent de façon à former un mucilage. Les Pruniers, les Pêchers et les Cerisiers produisent assez souvent dans nos pays, sous l'influence d'une cause morbide, une gomme de qualité inférieure, dite *nostras*, qui est employée par certaines industries et qui est en partie seulement insoluble dans l'eau froide. Elle se produit, d'après M. Trécul, le plus éminent, pour ne pas dire le seul des anatomistes de notre pays, principalement à la suite de pluies abondantes et par le fait d'une nutrition trop riche, dans la couche génératrice. Un certain nombre de jeunes phytocystes de cette couche sont résorbés, et il se forme de la sorte une cavité; ou bien une lacune analogue est le résultat de la destruction de plusieurs vaisseaux. C'est au pourtour de cette excavation que la gomme se produit longtemps après, sous forme de masses incolores, plus tard colorées, souvent mamelonnées. Ensuite, la gomme plus ou moins diffluente s'extravase dans les anfractuosités qu'elle rencontre, notamment dans l'écorce interne. Ailleurs, la gomme se forme dans de véritables chapelets de phytocystes, dont la paroi de cellulose se gonfle, produit une protubérance de substance homogène et blanche; cette protubérance grossit, en produit une semblable; celle-ci, une troisième, et ainsi de suite. Pendant la formation de ces dernières, celle qui est née la première se creuse, puis la seconde, la troisième, et ainsi de suite. Successivement aussi les cloisons de séparation se résorbent, et finalement on n'a plus qu'une cavité à compartiments incomplètement séparés par des cloisons en voie de résorption.

Les gommes dites arabique, du Sénégal, etc., qui sont transparentes, solubles dans l'eau froide, sont produites, également sous une influence morbide, par plusieurs Acacias de l'Afrique tropicale et méridionale ou de l'Inde. Molles et liquides à un certain moment, ces gommes sortent par des fentes de l'intérieur de la tige, coulent le long du tronc et descendent même souvent en masses plus ou moins volumineuses jusque dans le sable qui entoure le pied de l'arbre.

Les *Mucilages* peuvent avoir une origine analogue; ils se forment souvent spontanément et lentement, à la façon des gommes, dans les tiges de certaines plantes, le Tilleul, la Mauve, la Guimauve, etc.

M. Trécul a fait voir que ces substances ne sont pas toujours le produit d'une altération des membranes cellulaires ou de l'amidon; mais « qu'elles sont souvent un élément physiologique comme la cellulose ou l'amidon; qu'elles constituent même des cellules spéciales qui ont leur végétation particulière, qui forment des couches concentriques comme la cellulose ». Dans les Malvacées, les phytocystes

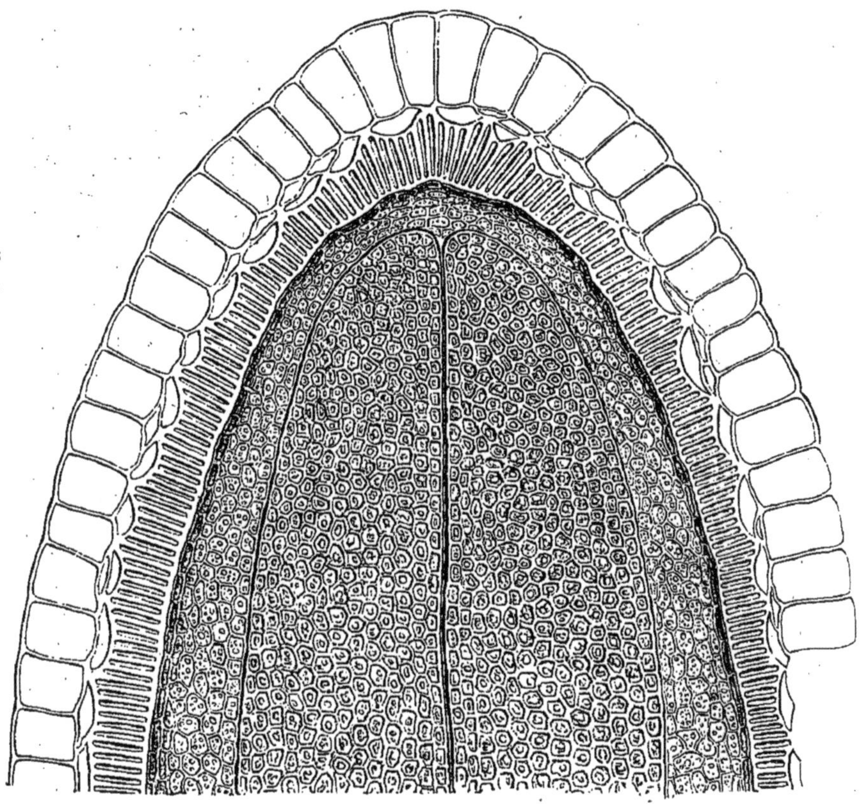

Fig. 59. — *Lin.* Coupe transversale de la graine, après le contact de l'eau qui a dilaté les phytocystes superficiels. Formation du mucilage.

renferment souvent ce mucilage à l'état muqueux; il se répartit autour de la cavité, alors que celle-ci grandit. Sa surface interne peut s'y délimiter nettement. Ailleurs il croît en épaisseur et se partage en strates concentriques, qui apparaissent d'abord vers la circonférence. Puis il peut de la sorte s'avancer vers le centre et remplir complètement le phytocyste, traversé par des canaux perpendiculaires à la surface, comme une paroi de cellulose. Dans les Tilleuls, ces diverses strates ont leur végétation propre et deviennent très épaisses. Les phytocystes à mucilage peuvent être isolés, mais ils peuvent aussi se disposer en séries; et si, dans ce cas, ils viennent à se liquéfier, il se forme spontanément de véritables canaux gommeux. M. Trécul a vu encore se former dans des cellules à mucilage un ou plusieurs « nucleus, d'abord homogènes, dans lesquels se montre bientôt une petite cavité centrale, qui grandit à mesure que ces nucleus ou jeunes cellules mucilagineuses s'accroissent. »

Mais souvent aussi on détermine leur formation artificielle et rapide par l'action de l'eau sur les phytocystes. Les graines des Lins, des Plantains, des Moutardes, des Coings et d'un grand nombre d'autres plantes développent ainsi en quelques instants, au contact de l'eau, une couche gommeuse et molle qui rappelle la Gomme Adragante gonflée. Dans le Lin, par exemple (fig. 59), une couche superficielle de phytocystes qui recouvre la graine, s'épaissit au contact de l'eau avec la rapidité de la foudre. Chacun des phytocystes grandit considérablement, sans changer d'abord de forme et de consistance. Puis les parois s'épaississent en se ramollissant; l'eau les pénètre en abondance; elles se brisent, se délitent et se dissolvent même en partie; leurs fragments ainsi modifiés constituent un nuage visqueux de mucilage dans lequel on retrouve longtemps encore des fragments de la paroi primitive des phytocystes.

Dans certaines plantes, notamment dans les Algues, l'action de l'humidité ne gonfle et ne ramollit de la sorte qu'une portion de l'épaisseur du phytocyste, c'est-à-dire les couches les plus extérieures, qui sont hyalines et parfois légèrement granuleuses. On les dit *gélifiées*, et cette portion qui a subi le phénomène de la gélification était jadis considérée comme une substance dite *intercellulaire*, sécrétée, pensait-on, par les parois des phytocystes dans des espaces interposés, primitivement vides, mais qui n'existe réellement pas.

I. — Matières tanniques.

Un certain nombre de glucosides, plus ou moins analogues au *tannin* ($C^{14} H^{10} O^{9}$), se rencontrent dans les phytocystes de beaucoup de plantes. Ces phytocystes sont quelquefois spéciaux. On les colore en noir plus ou moins violacé en les traitant par un sel ferrique. Le tannin est formé par le protoplasma, mais il est dissous par la sève cellulaire et transporté par elle à des distances variables dans la plante. Il s'amasse souvent dans certaines portions des écorces (Chêne), ou des fruits (Prunes, Pommes), puis se change, dans ces derniers, en sucre à l'époque de la maturité. Ailleurs, il se transforme en amidon ou en d'autres corps ternaires, glucosides ou autres.

M. Trécul a donné comme exemples de production du tannin, les organes de végétation des Légumineuses. En traitant ces plantes par une solution de sulfate de fer, il a vu de nombreux réservoirs à tannin devenir d'un bleu plus ou moins foncé dans certaines écorces, ou en dehors du liber, ou sur les côtés de ses faisceaux, ou même en dedans de ces faisceaux. Ailleurs ou en même temps, il y en a dans la moelle. On en a vu aussi dans les éléments de l'épiderme, du collenchyme, etc. Dans les jeunes pousses des *Schotia*, etc., toutes les cellules de la tige bleuissent par la macération dans le sulfate de fer. Très ordinairement les phytocystes à tannin qui accompagnent les faisceaux libériens, sont disposés en séries longitudinales, formant une sorte de vaisseau moniliforme. Ces mêmes réservoirs peuvent contenir le latex, et il y a aussi du tannin dans les phytocystes à latex du Houblon, du Chanvre, du Sureau, du Bananier, etc. M. Trécul en conclut avec raison que le tannin, aussi bien que le latex en général, représente un aliment de réserve pour les plantes, aliment assimilable comme le sucre ou la fécule.

J. — Matières grasses.

On peut réunir sous ce titre les huiles, graisses et cires végétales qui sont fabriquées par les phytoblastes et qui se déposent dans leur intérieur ou à la surface même des phytocystes. Les huiles se présentent sous forme de gouttes, ordinairement bien arrondies, fortement réfringentes (fig. 75, H), disparaissant dans les dissolvants ordinaires des matières grasses, comme l'éther, ou l'alcool qui dissout incomplètement la plupart d'entre elles. Peu volumineuses, les gouttelettes d'huile se reconnaissent assez ordinairement à la teinte rouge foncé qu'elles prennent au contact d'une teinture alcoolique d'Orcanette. Dans un grand nombre de phytoblastes isolés (Algues, Champignons, etc.), les premiers corpuscules qu'on distingue, au milieu de la gangue générale constituée par le protoplasma, sont le plus souvent de petits amas brillants de matière grasse.

Les matières grasses solides sont des graisses ou des beurres, formant souvent, comme les huiles elles-mêmes, des substances de réserve qui s'accumulent dans des organes déterminés des plantes.

Ces organes peuvent être les tiges qui, dans certains arbres exotiques, renferment des réservoirs d'huiles plus ou moins impures.

Ce sont quelquefois les fruits, dont la portion charnue renferme de l'huile, comme dans l'Olivier, certains Lauriers, le Palmier africain qui produit l'huile de Palme (*Elæis guineensis*).

Ce sont plus souvent les graines; et, dans ce cas, les matières grasses se rencontrent, ou dans l'embryon, ou dans l'albumen, ou dans l'une et l'autre de ces parties constituantes de la semence.

Les huiles de Colza, de Navette, de Caméline, de Radis, de Cotonnier, de Faîne (fruit du Hêtre), de Noyer, de Noisetier, d'Amandes douces ou amères, de Chènevis, d'Arachide ou Pistache de terre, etc., et le Beurre de Cacao sont contenus dans l'embryon charnu des graines de ces plantes.

L'albumen renferme la matière grasse dans le Pavot (Huile d'Œillette), le Muscadier (Beurre de Muscade), l'*Elæis guineensis*, etc.

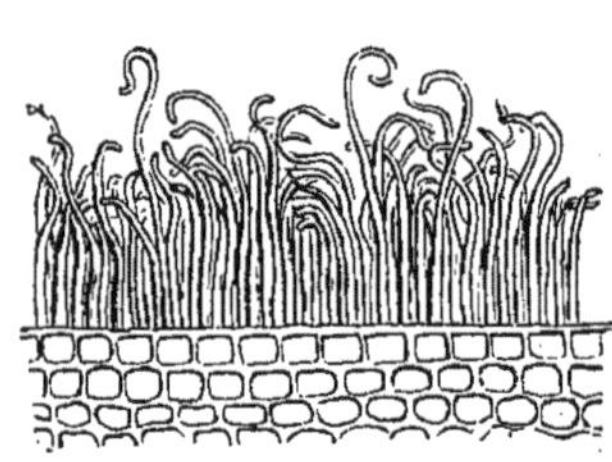

FIG. 60. — *Canne à sucre*. Cire en bâtonnets courbes.

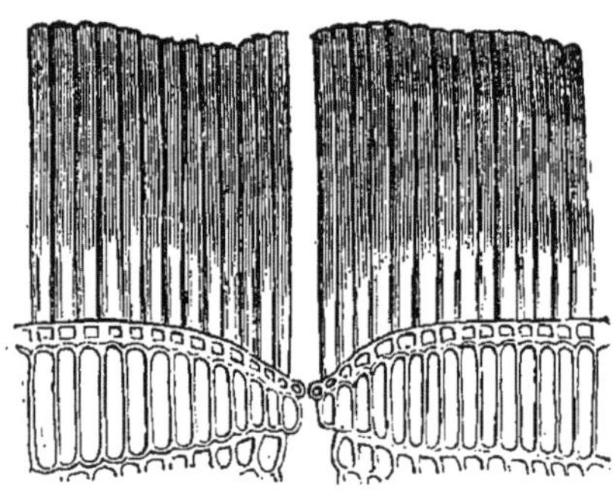

FIG. 61. — *Klopstockia*. Cire en plaques à la surface des feuilles.

Il y a de l'huile à la fois dans l'albumen et l'embryon de la graine du Lin, du Ricin, des Médiciniers, des *Croton*, de l'Argan, etc.

Les matières cireuses (fig. 60, 61, 75, Ci), plus ou moins mélangées de substances grasses, se trouvent à la surface de plusieurs organes. Ce sont notamment les feuilles, comme dans les Palmiers à cire de l'Amérique du Sud, qu'on a nommés *Ceroxylon* et *Klopstockia* (fig. 61). Ces derniers portent dans leur pays le nom de *Carnauba;* leur cire est employée aux mêmes usages que celle des abeilles; on la détache en abondance de la surface des feuilles. Les Graminées (fig. 60) ont souvent une couche cireuse à la surface de leurs feuilles, de même que beaucoup d'autres plantes dans lesquelles cette surface est blanche ou glauque, couverte d'une poussière sur laquelle glissent les gouttes d'eau. Cette couche est abondante dans certains *Eucalyptus*, Aulx, Choux, Érables, Aloès, Capucines, Rosiers, Ronces, etc.

La surface des fruits peut être enduite en quantité variable de cette *fleur* cireuse, comme nous le voyons sur les Prunes, certaines Framboises, Raisins, etc. Dans les *Myrica*, qui ont tiré de là le nom de Ciriers, elle forme une couche épaisse à la surface des fruits. On les fait bouillir dans l'eau pour en détacher la matière grasse qui surnage et qu'on emploie à fabriquer des bougies. Dans l'Amérique du Nord, ce sont principalement les *Myrica cerifera* et *pensylvanica* qui servent à cet usage. Au Cap, ce sont les *M. serrata, Burmanni, cordifolia, quercifolia, Kraussiana*, dont la substance cireuse est en partie comestible et nourrit même les habitants, aux époques de disette.

Les phytocystes qui constituent l'enveloppe superficielle de certaines graines peuvent fabriquer de grandes quantités de matière grasse, assez analogue au suif. Tels sont les semences du Gluttier à suif qui, au Japon et en Chine, servent à fabriquer des chandelles.

Bien plus ordinairement, comme dans les feuilles, les matières cireuses s'accumulent dans les parois plus ou moins cuticularisées des phytocystes aplatis qui forment l'épiderme; elles s'y déposent par intussusception en petites masses qu'on fait fondre par la chaleur et qui sortent en gouttelettes, laissant des vacuoles là où elles étaient déposées. Ailleurs, la substance cireuse sort spontanément de la membrane et vient s'amasser à la surface libre, sous forme de couches lamineuses ou granuleuses ou de bâtonnets implantés perpendiculairement sur la surface, et tantôt libres ou unis latéralement les uns aux autres (fig. 61) dans une étendue variable.

On a considéré les matières cireuses comme un produit de transformation de l'amidon, de la cellulose. Les corps gras amassés en réserve dans les tissus végétaux y peuvent être lentement brûlés et transformés en eau et en gaz; on pense aussi qu'ils contribuent à former de la cellulose, des acides végétaux, du tannin, des matières colorantes, et qu'eux-mêmes résultent de la transformation de la fécule, de l'inuline, du sucre et d'autres aliments ternaires contenus dans les phytocystes.

K. — Cristalloïdes.

La substance protoplasmique du phytoblaste peut se réunir en masses cristalliformes auxquelles on a donné le nom de *Cristalloïdes* (fig. 75, Co). Le protoplasma dans lequel s'observent ces corps est ordinairement riche en matière grasse. Ces masses peuvent affecter des formes géométriques, polyédriques, extrêmement régulières.

Aussi M. Trécul a-t-il depuis longtemps désigné ces masses sous le nom de *cristaux organisés*. Ils ont des faces planes, des angles et des arêtes nets, comme des cristaux inorganiques, et représentent des cubes, des tétraèdres, des octaèdres, ou des solides plus compliqués, suivant les plantes dans lesquelles on les examine. Ils sont le plus souvent incolores et parfois teintés; leurs réactions chimiques et les colorations qu'ils présentent sous l'influence de divers réactifs sont celles du protoplasma. Ce sont donc des masses albuminoïdes à forme cristalline. Ils se laissent imbiber par certaines substances, et se gonflent ainsi, quelquefois énormément. Leur substance est généralement moins dense au centre que vers la surface, et on les a même considérés comme formés de deux matières, mélangées et inégalement solubles. Ils existent quelquefois dans les organes des plantes en végétation, par exemple chez les Clandestines; mais le plus souvent ils ne s'observent que dans les amas emmagasinés de matériaux nutritifs, comme dans les graines, les rhizomes, les tubercules, etc. Ils sont le plus souvent entourés d'une couche, quelquefois considérable, de substance protoplasmique, attaquable par l'eau, tandis qu'eux-mêmes résistent plus ou moins énergiquement à l'action de ce dissolvant. Il en résulte que leurs formes cristallines apparaissent parfois très nettement lorsque l'eau a enlevé cette sorte de croûte amorphe qui les recouvrait. Il y en a dans la fronde de certaines Algues, dans les albumens huileux de beaucoup de semences (Ricin, *Bertholletia*), et de colorés dans les pétales et les péricarpes de certaines Phanérogames. Dans les grains d'*Aleurone*, dont nous allons parler, la masse principale, le corps du grain, est souvent formée d'un cristalloïde, entouré d'une gangue albuminoïde à contours arrondis, qui disparaît par l'action de l'eau ou de quelque autre réactif et laisse voir les formes anguleuses du cristalloïde (fig. 63, 75, AC). Il y a des familles de plantes, comme celle des Euphorbiacées, où il est constant que le grain d'aleurone renferme un ou plusieurs cristalloïdes; dans d'autres, comme les Ombellifères, etc., leur présence est une exception. On doute que les cristalloïdes s'accroissent par intussusception; et, en suivant leur développement dans plusieurs Euphorbiacées, M. Pfeiffer les a vus paraître à peu près en même temps que les globides des grains d'aleurone, dont il va être question, puis être enveloppés avec eux de la masse trouble qui leur est extérieure dans le phytocyste. Leurs formes anguleuses sont nettement tranchées dès le début. Ils sont dissous dans les graines en germination; de sorte que ce sont des aliments albuminoïdes de la jeune plante, doués d'une forme cristalline particulière.

L. — Aleurone.

Très souvent, dans les organes qui servent de réservoir aux matériaux alimentaires des plantes, notamment dans les graines, soit dans leur albumen, soit dans leur embryon, il se forme des cristalloïdes qui, au lieu d'être libres et nus, sont enveloppés d'une couche de matière albuminoïde à contours courbes. Si, comme il arrive souvent, l'eau dissout cette enveloppe, le cristalloïde apparaît avec ses formes anguleuses, résistant beaucoup mieux ou même totalement à l'action dissolvante de l'eau. Pour bien observer l'ensemble dans son intégralité, il ne faut donc pas employer l'eau, mais une huile incolore, ou la glycérine, par exemple. En plaçant dans ces liquides une tranche mince de l'albumen huileux d'une graine telle que celle du Ricin, par exemple (fig. 62, 75, A), on voit dans les phytocystes dont elle est formée, des grains d'aleurone, ovoïdes, réfringents, grisâtres, dont toute la couche extérieure est formée de protoplasma. Cette couche étant dissoute par l'addition d'une petite quantité d'eau, on aperçoit dans la portion la plus grosse de l'ovoïde le cristalloïde à arêtes nettes, qui se trouve mis à nu, et de plus, vers l'extrémité la plus étroite, une sphérule opaque, blanchâtre, qui a reçu le nom d'*albine* ou de *globide* et qui était, comme le cristalloïde, englobée dans la gangue protoplasmique (fig. 63, 75, AC). Ainsi formé, un grain d'aleurone peut être considéré comme complet ; mais il y en a qui sont incomplets, en ce sens que l'albine y fait défaut, ou que le cristalloïde lui-même manque ; il y en a aussi dans lesquels les globides sont nombreux et relativement peu volumineux.

D'après M. Rafinesque[1], « l'aleurone paraît dans les plantes être plus répandue que l'amidon ; on la trouve dans toutes leurs parties, jusque dans le bois, l'écorce et les racines. Les graines en renferment surtout ; les grains d'aleurone s'y trouvent mêlés à ceux d'amidon, ou bien existent à l'exclusion de ces derniers, et peuvent former la partie la plus considérable et la plus essentielle de l'albumen ; tel est le cas pour les graines oléagineuses.

L'aleurone se présente ordinairement, au microscope, sous la forme de petits grains ovoïdes ou arrondis, en général réguliers ; et, à s'en tenir là, elle a un aspect qui la rapproche de l'amidon ; mais, outre la façon dont elle se comporte à l'égard des réactifs, les parti-

1. *Dictionnaire de Botanique* de H. Baillon, I, 95.

cularités de sa structure suffisent presque toujours à l'en distinguer facilement. D'autres fois, du reste, le contour du grain aleurique peut être sinueux ou même formé de lignes brisées qui lui donnent une apparence cristalline toute spéciale (*Chelidonium majus*, *Sambucus*, etc.). Les dimensions des grains sont très variables, et dans la même plante, et dans des plantes différentes. M. Hartig assigne à leur diamètre une longueur oscillant entre $0^{mm},00125$ et $0^{mm},0375$; elle sera, pour citer quelques exemples, de $0^{mm},0075$ dans les grains ordinaires, et jusqu'à $0^{mm},030$ dans les *solitaires* du *Lupinus luteus*; de $0^{mm},0225$ dans le *Linum usitatissimum*; de $0^{mm},0280$ dans les *solitaires* de la Vigne, etc. M. Hartig a nommé *solitaire* le gros grain qu'on rencontre parmi les grains moyens qui remplissent une cellule, dans le *Corylus*, le *Bertholletia*, etc., et *grain comblant*, celui qui remplit à lui seul la cellule (*Myrtus*, *Juglans*, etc.). L'aleurone est généralement incolore; elle peut cependant présenter une teinte grisâtre ou jaunâtre, et quelquefois une couleur beaucoup plus nette : elle est verte dans le *Pistacia*, par exemple; bleu indigo dans les cellules marginales des cotylédons des *Matthiola parviflora* et *incana*, etc.; rose-rouge dans certaines espèces d'*Hibiscus*; jaune dans le *Lupinus luteus*; brune enfin dans une espèce d'*Arachis*. D'après M. Trécul, la couleur est en quelque sorte surajoutée aux principes de l'aleurone. — *Structure*. Les auteurs ont chacun créé une théorie sur la constitution de cette formation, mais se sont accordés, sauf un seul, à reconnaître qu'elle forme une vésicule. D'après M. Hartig, le grain serait une vésicule entourée de deux parois contiguës dans toute leur étendue, sauf ordinairement en un point où la membrane interne, refoulée dans l'intérieur du grain, en forme de cæcum, renferme des corpuscules particuliers, *noyaux blancs*, *globides*, *cristalloïdes*, dont nous parlerons plus loin. Selon M. Maschke, la masse aleurique se composerait de deux vésicules emboîtées l'une dans l'autre, séparées par une couche d'une substance jouissant de propriétés spéciales et renfermant l'aleurone proprement dite. A. Gris, dont les recherches sur cette question sont généralement fort inexactes, déclarait n'avoir jamais pu mettre de

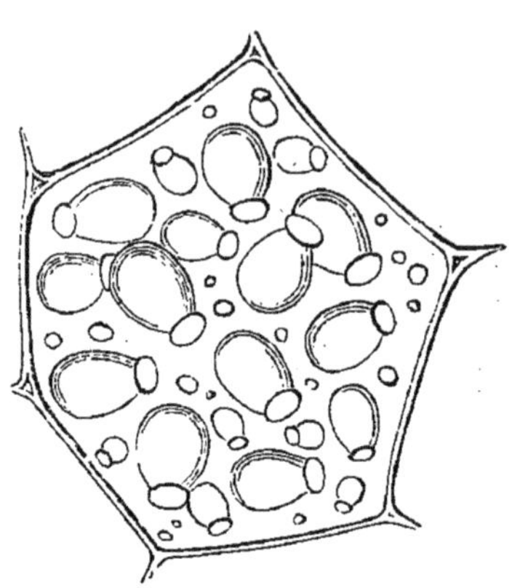

FIG. 62. *Ricin*. Cellule à aleurone de l'albumen.

membrane en évidence; suivant lui, le grain d'aleurone ne serait donc pas une vésicule. Pour M. Trécul, enfin, la vésicule est constituée par une seule paroi, enveloppant des corps d'aspect et de propriétés variables. Nous nous rallions à cette manière de voir. — *Membrane de la vésicule.* Cette membrane, transparente, différant souvent du reste du grain par ses propriétés chimiques, est souvent décelée par un simple examen de l'aleurone dans l'huile. Elle peut être rendue plus visible par l'eau, qui la dissout moins vite que son contenu, dans les *Lupinus*, les *Glycyrrhiza;* par l'eau iodée, dans le *Cassia fistula*, le *Bonaveria Coronilla*, etc.; par la potasse concentrée, dans le *Mimosa horrida*, les *Cardiospermum*, etc. C'est *sur* cette paroi, et non *dessous*, comme on l'a dit, qu'existent les *fovéoles*, confondues jusqu'ici avec les vacuoles que renferment les albines, fovéoles qui donnent à beaucoup de grains un aspect caractéristique. Nous avons constaté que dans le Ricin et l'*Aleurites moluccana* ces fovéoles présentent un contour presque toujours régulièrement hexagonal, et donnent aux bords de la projection des grains, par suite de leur dépression assez grande, une apparence déchiquetée, en forme de scie. Ce réseau fovéolaire, qu'on voit enjamber directement d'une partie du grain sur l'autre, est une des meilleures preuves de l'existence de l'enveloppe. — *Contenu de la vésicule.* La disposition en est variable. Il peut offrir une apparence tout à fait homogène, par exemple dans l'*Aquilegia vulgaris*, le *Berberis vulgaris;* mais, dans beaucoup de plantes, on peut modifier cette apparence : ainsi, en faisant arriver de l'huile sur les grains de l'*Acalypha caroliniana*, on les verra perdre leur aspect homogène, en se décomposant en plusieurs petites masses distinctes dans une enveloppe commune. Les vésicules aleuriennes de l'*Anchusa italica*, homogènes dans l'huile, montreront dans l'eau iodée légèrement iodurée leur contenu divisé en plusieurs parties. Dans d'autres plantes, on constate, au premier examen, que les vésicules renferment des parties bien distinctes. A la matière aleurique proprement dite (corps du grain) se trouvent surajoutés un ou plusieurs petits corps, désignés par M. Hartig sous le nom d'*albines* ou de *noyaux blancs*. L'*albine* offre généralement la forme sphérique plus ou moins parfaite; elle est incolore ou blanchâtre et est enchâssée à une profondeur variable dans une *vacuole* ou dépression du corps du grain.

« Quand elle est unique, elle est en général placée à l'extrémité étroite d'une vésicule ovoïde (*Pinus*, *Bryonia alba*, etc.); il y en a quelquefois plusieurs à cette extrémité (Ricin, *Viola odorata*). On en trouve souvent sur deux côtés différents, ou sur deux extrémités opposées, dans les *Ruta graveolens, Fumaria Vaillantii.* M. Maschke leur a reconnu une paroi propre dans le *Bertholletia excelsa.* Nous sommes, de notre côté, parvenu à démontrer nettement cette membrane d'enveloppe dans le Ricin et le Bancoulier. M. Hartig a signalé, de plus, dans la vésicule, sous le nom de *cristalloïdes*, des groupes de cristaux rayonnants qu'on distinguera surtout, après la dissolution de leur contenu, dans les solitaires de quelques *Cardiospermum* et dans les *Lupinus luteus, Amygdalus*, etc. Le même savant a désigné sous le nom de *globides* de petits granules arrondis, groupés autour d'un globule central (Amygdalées, *Vitis*, etc.), mais qui ne seraient souvent que des groupes cristallins imparfaits (M. Trécul). Nous n'avons parlé jusqu'ici que des grains à contours plus ou moins arrondis; certaines plantes, outre ces derniers, renferment des grains ayant la même structure, mais limités par des lignes brisées : tels sont le *Chelidonium majus*, les *Sambucus*, etc.

« Ces grains, assez fréquents à une certaine phase du développement, perdent en général par les progrès de la végétation leur forme cristalline pour revenir à l'aspect vésiculaire (M. Trécul). Il en est ainsi dans l'*Asphodelus fistulosus.* Nous retrouverons ces formes cristallines plus nettement définies en étudiant l'action de l'eau sur l'aleurone. — *Propriétés chimiques.* Toutes les variétés de vésicules aleuriques offrent deux réactions caractéristiques : la solution d'iode dans l'eau, l'alcool ou la glycérine, leur donne une coloration *brun-jaune ;* et celle d'azotate de mercure, additionnée de quelques gouttes d'acide azotique, leur fait prendre une couleur *rouge brique.* Ce sont là les réactions des matières azotées. Il faut remarquer que la paroi, les albines, les cristalloïdes et les globides n'y participent pas, du moins en général. L'aleurone est, dans presque toutes les plantes, soluble dans l'eau, dans les acides, dans les alcalis non concentrés et, quoique plus lentement, dans la glycérine, d'après M. Hartig. Elle est insoluble dans l'alcool, l'éther, les huiles grasses et les essences; elle l'est aussi dans la potasse concentrée : ce qui tient à ce que la vésicule ne peut lui emprunter de l'eau (M. Trécul). La potasse étendue en de certaines proportions donne lieu à un curieux phénomène dans les vésicules du Ricin et de l'*Aleurites*, et probablement dans celles d'autres plantes : nous avons observé que, tandis que l'enveloppe et le corps du grain se dissolvent, l'albine

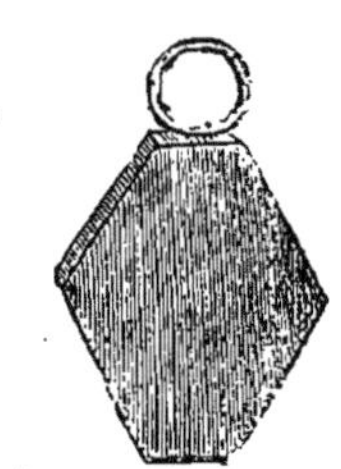

Fig. 63. — Cristalloïde et globide d'un grain d'aleurone.

heure immédiatement en contact avec un globide, mais ils sont tous deux complètement enveloppés par la masse trouble. Les vacuoles que A. Gris figure (*Rech. sur la germin.*, t. 1, fig. 10-13) sont des produits artificiels de la désorganisation du contenu cellulaire. Les cristalloïdes ont dès le début les angles vifs, et dès que leur grosseur permet de l'apprécier, leur forme est la même que celle des cristalloïdes achevés. L'enveloppement du cristalloïde et du globide par une masse amorphe n'arrive que lorsque le cristalloïde a terminé son développement et que la graine commence à se dessécher. » M. Trécul admet que dans quelques cas la transformation de l'amidon en aleurone paraît probable (*Carya amara, Onobrychis sativa*), mais que, dans des cas plus nombreux, l'amidon n'a certainement aucune part à la production des vésicules aleuriennes (*Colutea arborescens*, etc.). Celles du *Sparganium ramosum* résultent de la modification des vésicules destinées à multiplier les cellules. »

M. — Essences, camphres, oléo-résines, résines, gommes-résines, baumes.

Un phytoblaste peut fabriquer des huiles essentielles odorantes, hydrocarbonées et volatiles, lesquelles peuvent indéfiniment demeurer dans la cavité du phytocyste dans l'intérieur duquel elles ont été produites. Ce phytocyste peut être isolé, superficiel, proéminent même au dehors, ou plongé dans la profondeur des tissus de la plante, ou bien rapproché en masse d'autres phytocystes qui remplissent les mêmes fonctions que lui, comme nous le verrons quand nous étudierons plus particulièrement les *glandes* internes et externes des végétaux.

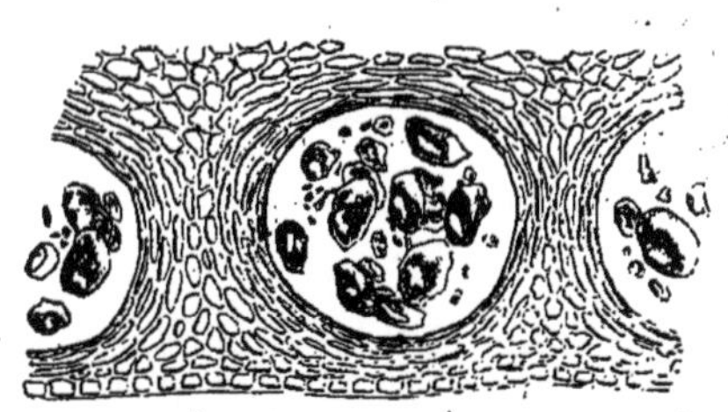

Fig. 64. — *Citrus*. Glandes internes, avec débris des phytocystes sécrétants dans la cavité qui contient l'essence.

Ce phytocyste peut être une cellule ordinaire du tissu des plantes, ou une cellule spéciale tapissant la paroi interne d'une cavité arrondie ou tubuleuse, dans laquelle elle versera son contenu et pourra même aussi, alors que son rôle sera terminé, laisser tomber les restes de sa propre substance (fig. 64, 65). On appelle ces cavités des *Réservoirs* ou des *Canaux sécréteurs*, et ils sont, comme l'on voit, les analogues de certaines cavités sécrétantes qui s'observent chez les animaux. Les phytocystes producteurs des essences peuvent aussi laisser échapper celles-ci à la surface des plantes, d'où elles se volatilisent ensuite dans les milieux ambiants.

Mélangées d'une certaine quantité de matières résineuses, les essences deviennent des oléo-résines, qui se produisent de la même façon et qui peuvent aussi s'amasser en quantités plus considérables par suite de la résorption ou de la destruction de masses plus grandes de tissus. Les plus connues sont les Térérenthines, fournies

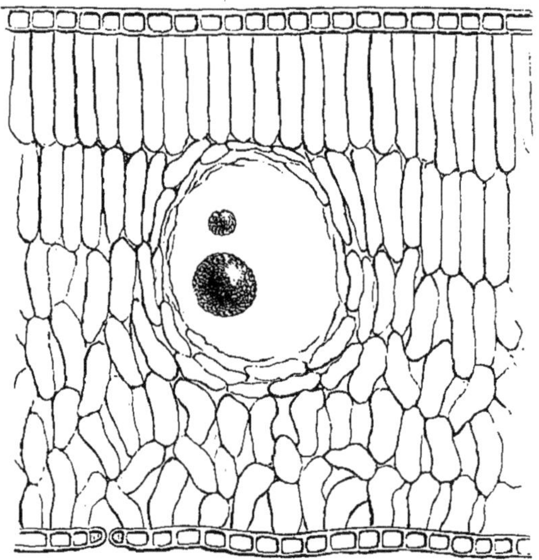

Fig. 65. — *Eucalyptus*. Glande interne de la feuille.

surtout par des Térébinthacées et des Conifères; les Elémis, les Tacahamaques et le suc dit à tort Baume de Copahu. Au sortir de la plante qui les a produits, ou même dans leurs réservoirs naturels, ces mélanges perdent souvent une partie de l'essence qu'ils renfermaient, et la portion résineuse tend alors à s'épaissir et à se dessécher.

Les Baumes ont une composition analogue; mais ils renferment de l'acide benzoïque, ou de l'acide cinnamique, ou ces deux acides à la fois; ils ont donc, le plus souvent, une odeur parfumée. Dans cette catégorie on cite surtout les Baumes dits de Tolu et du Pérou, le Liquidambar, le Styrax, le Benjoin ; ils s'épaississent aussi à l'air, en laissant évaporer une essence odorante, lorsqu'ils arrivent à la surface des plantes qui les ont produits.

Les Résines se forment de même sans addition d'essences, notamment dans l'épaisseur des tissus végétaux. Aussi ne sont-elles pas aromatiques par elles-mêmes. Dans les Conifères notamment (fig. 66), nous verrons qu'elles se produisent dans des canaux sécréteurs et qu'elles s'amassent ensuite, dans ces réservoirs, en forme de longs cylindres, ou plus rarement de sphères plus ou moins volumineuses (fig. 349-352).

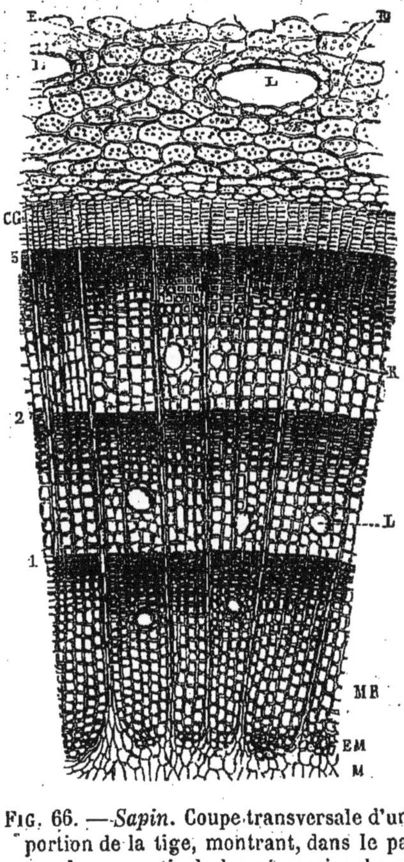

Fig. 66. — *Sapin*. Coupe transversale d'une portion de la tige, montrant, dans le parenchyme cortical, les réservoirs du suc résineux (L). En dedans de la couche génératice CG, se voit le bois de trois années (1, 2, 3), parcouru aussi par des réservoirs à résine L et traversé par les rayons médullaires R. Au centre la moelle M et son étui médullaire E. M.

Au lieu d'essences, les résines peuvent se mélanger, dans leur lieu de formation, de quantités variables de gomme soluble ; elles constituent alors les Gommes-résines, le plus souvent élaborées, puis accumulées dans des canaux sécréteurs. Ces canaux occupent quelquefois principalement les racines, comme dans la Scammonée, le Jalap, le Turbith végétal, le Galbanum, l'Asa fœtida ; plus souvent, la tige, comme il arrive dans les Euphorbes, les arbres à Gomme-Gutte (Clusiacées), à encens et à myrrhe (Térébinthacées), où dans les Ombellifères. Les fruits de ces plantes doivent leurs propriétés et leur odeur à des gommes-résines, amassées dans leurs *bandelettes*, qui ne sont autre chose que des canaux sécréteurs (p. 231.)

Les Essences proprement dites sont très souvent amassées dans des réservoirs arrondis, où les ont déposées les cellules sécrétantes qui en tapissent la paroi (fig. 64, 65). Les Camphres, tels que le C. du Japon, donné par le *Cinnamomum Camphora*, le C. de Bornéo, produit du *Dryobalanops aromatica*, les C. de Labiées ou de Composées, souvent considérés comme des essences concrètes, sont formés et renfermés dans un seul phytocyste, ou dans un amas de phytocystes-cellules. Mais assez souvent aussi les essences ne préexistent pas dans le tissu des plantes. Des cavités, voisines les unes des autres, y renferment séparément de quoi constituer ces essences. Ainsi, pour l'essence d'Amandes amères, pour celles des Crucifères, comme la Moutarde noire, etc., il faut que, par la destruction artificielle des parois interposées à ces cavités, une réaction puisse se produire entre ces principes et amener la formation et le dégagement de l'essence ou d'autres produits corrélatifs, comme l'acide cyanhydrique dans le cas des Amandes amères ou des feuilles du Laurier-Cerise.

N. — Latex.

Le phytocyste, à quelque variété qu'il appartienne, peut fabriquer et contenir dans son intérieur, ou bien laisser sortir et s'accumuler dans d'autres réservoirs, de nature très variable, le *Latex* ou *Suc*

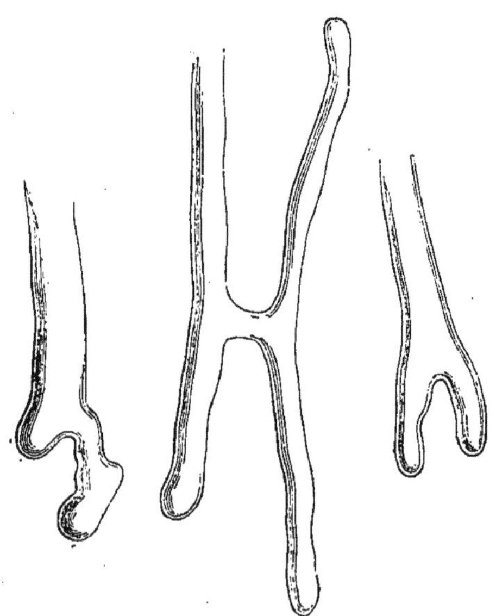

FIG. 67. — Phytocystes-réservoirs à latex d'un Champignon (*Fistuline*), de forme très variable (de Seynes).

propre, qu'on rencontre dans beaucoup de plantes, et que seul il peut renfermer dans les végétaux purement cellulaires, comme les Champignons (fig. 67), par exemple, lesquels sont souvent riches en latex.

Le latex proprement dit a tous les caractères physiques d'une émulsion ; c'est-à-dire qu'il est formé d'un liquide incolore et limpide, dans lequel sont tenus en suspension des globules ou corpuscules de matières non dissoutes, isolés les uns des autres, et qui lui donnent souvent une consistance plus ou moins visqueuse, une opacité plus ou moins prononcée, une coloration très variable et souvent aussi des propriétés très accentuées.

Il y a des latex peu riches en globules et à peine opalins ou colorés. Tels sont ceux des Fumariées, celui de la Pervenche qui est verdâtre. Dans le Pavot où il constitue l'*Opium* (fig. 357), dans les Euphorbes, les Laitues, les Liserons, il est souvent blanc et opaque comme du lait animal. Ailleurs il est légèrement teinté en jaune, comme dans plusieurs plantes à *Gutta-percha,* ou d'un jaune plus ou moins orangé, comme dans quelques Agarics, dans la Chélidoine, l'Artichaut et les plantes à *Gomme-gutte.* Quelquefois, comme dans la Sanguinaire, qui lui doit son nom, il est d'un rouge vif. Sa teinte devient de plus en plus brune à mesure qu'il renferme plus de principes résineux, comme dans beaucoup d'Ombellifères, de Conifères, etc. Il peut, en outre, contenir en dissolution un grand nombre de principes actifs, notamment d'alcaloïdes qui lui donnent ses propriétés, comme dans les Pavots, ou des substances volatiles vénéneuses, comme dans l'Antiar, les Maniocs, la Laitue vireuse, dont le latex chauffé devient inoffensif. Ses globules sont souvent riches en caoutchouc, comme il arrive dans les arbres qui donnent aujourd'hui le plus de cette substance : les *Hevea* (Euphorbiacées), le *Castilloa elastica* (Ulmacées), d'Amérique, et secondairement certains Figuiers, des Apocynées de l'Amérique du Sud et de l'Afrique tropicale, etc. Le latex de certaines Euphorbiacées contient aussi des grains d'amidon (fig. 68), en forme de bâtonnets, qui se nourrissent de sa substance. Le nombre des latex mélangés de matières étrangères est indéfini, et il y a tous les passages entre le suc propre et les liquides gommo-résineux, résineux, balsamiques, tanniques, etc.

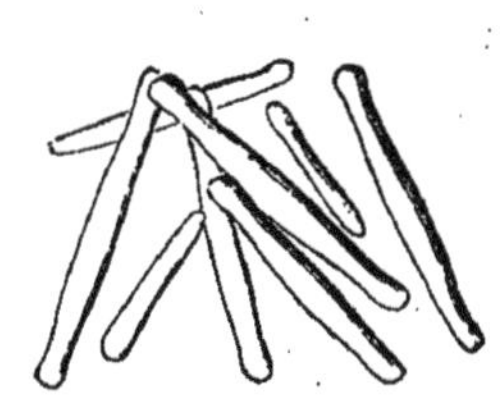
FIG. 68.— Fécule d'Euphorbe, dans le latex.

Le latex ne se forme dans les végétaux qu'à partir d'un certain âge ; il a longtemps passé pour une substance excrémentitielle, reléguée par les plantes dans des cavités spéciales, et soustraites ainsi à tout contact avec les liquides nourriciers. On sait aujourd'hui qu'il est souvent repris par ces derniers, qu'il passe dans leurs réservoirs et leurs conduits, qu'il peut se modifier en servant à la nutrition générale du végétal et jouer le même rôle que beaucoup d'autres substances de réserve; de sorte que dans les phytocystes, comme dans tous les réservoirs qui lui sont propres, il varie en quantité suivant un grand nombre de circonstances diverses.

O. — Sels.

Les sucs contenus dans les phytocystes, notamment la sève intracellulaire, peuvent dissoudre certains sels avec lesquels ils se trouvent en contact; ces liquides prennent alors des caractères qu'ils tiennent de la présence de ces matières salines, comme il arrive, par exemple, dans les plantes qui ont absorbé du sel marin, dans celles qui, comme les Oseilles et les Surelles, contiennent en dissolution des oxalates, etc., jusqu'au moment où ces sels sont en trop grande quantité pour ne pas saturer le liquide. Ils se déposent alors, suivant les cas, sous forme de cristaux ou de concrétions.

Les cristaux les plus fréquents sont ceux dont la base est la chaux.

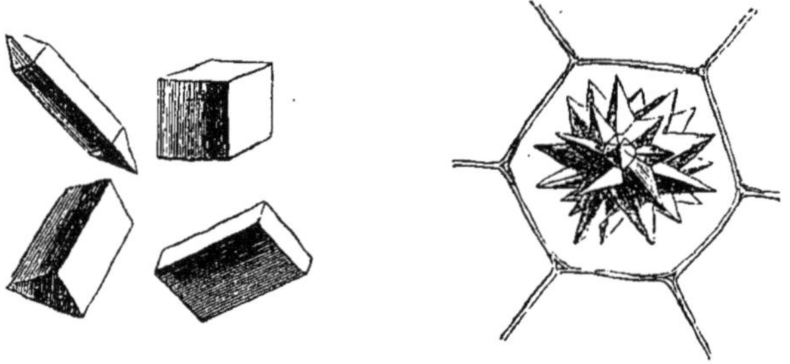

FIG. 69. — Cristaux divers d'oxalate de chaux, simples et composés

Elle y est quelquefois combinée à l'acide carbonique; mais ces carbonates forment plus souvent des concrétions que de véritables cristaux. Les sulfates et tartrates de chaux sont plus rares encore. Presque toujours les cristaux des plantes sont formés d'oxalate de chaux. Leur forme est extrêmement variable (fig. 69) et se rapporte, en dernière analyse, soit au système clinorhombique, soit au système quadratique (c'est-à-dire du prisme droit à base carrée). Ces cristaux se déposent, ou dans le suc cellulaire (fig. 75), ou surtout primitivement dans la substance protoplasmique, ou dans la paroi de cellulose, ou même en dehors de cette paroi, enchâssés dans leur couche extérieure, comme on l'observe dans certaines Cryptogames.

Toutes les variétés du phytocyste peuvent contenir de ces cristaux, qui sont insolubles dans l'acide acétique et se dissolvent dans l'acide chlorhydrique, mais sans dégagement de gaz; il y en a dans les phytocystes tabulaires de l'épiderme dans beaucoup de Dicotylédones

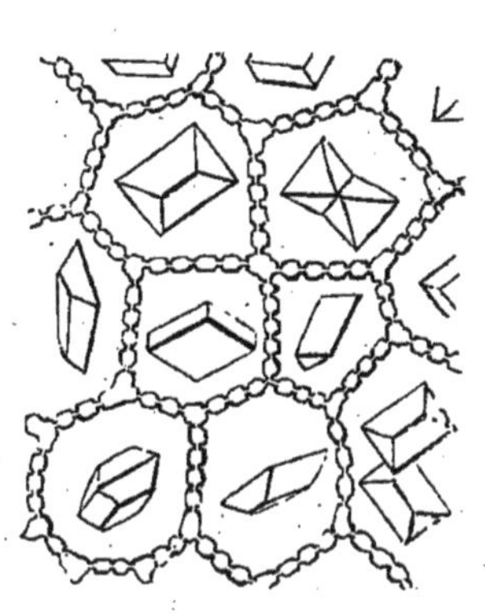

FIG. 70. — Cristaux de l'épiderme (*Vanille*).

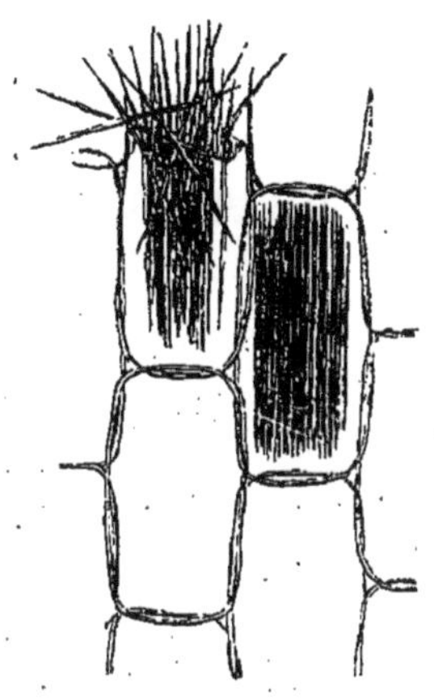

FIG. 71. — Phytocystes à raphides.

et de Monocotylédones (fig. 70); dans les phytocystes-fibres des arbres-verts; dans les phytcocystes-poils de plusieurs Phanérogames et Cryptogames. Il y a, notamment dans les Composées, des feuilles parsemées de saillies rudes et superficielles, dues à des poils dont la base épaissie s'est incrustée de sels calcaires. Dans les Monocotylédones surtout, leur forme est souvent celle d'aiguilles allongées et réunies en faisceaux dans l'intérieur du phytocyste ordinairement allongé qu'ils remplissent presque en totalité, enveloppés d'une matière gommeuse ou visqueuse qui absorbe facilement l'eau. On donne le nom de *Raphides* (fig. 71, 75, Ch) à ces aiguilles qui peuvent sortir de la cavité quand celle-ci, gonflée outre mesure par l'absorption de l'eau, crève vers son extrémité et laisse échapper les raphides jusqu'à la dernière. Ailleurs ils ont la forme de quadroctaèdres, d'endhyoèdres, etc. Tantôt ils demeurent isolés, et tantôt ils se rapprochent les uns des autres en nombre variable. Ils peuvent ainsi

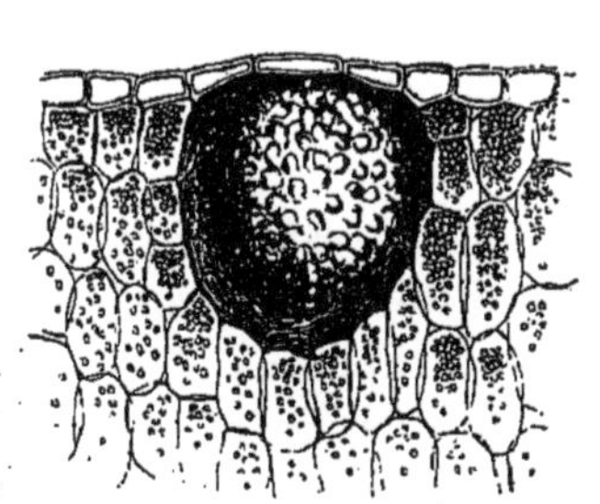

FIG. 72. — Cystolithe à pédicelle très court.

former des *Mâcles*, hérissées d'angles solides (fig. 69). Ces mâcles occupent souvent seules la cavité d'un phytocyste. On voit fréquemment ces divers cristaux entourés d'une couche de protoplasma dans laquelle ils se sont déposés d'abord (fig. 75). Ailleurs, comme dans les Ricins, les Citronniers, etc., ils se revêtent d'une couche de cellulose qui peut même se continuer avec celle des parois du phytocyste.

Le carbonate de chaux se présente le plus ordinairement à l'état de concrétions. Tels sont ces amas, solubles avec effervescenee dans les acides, dont sont parsemées les feuilles des Urticées, Ulmacées, Acanthacées, et qu'on nomme *Cystolithes* (fig. 72-74). Renfermés dans

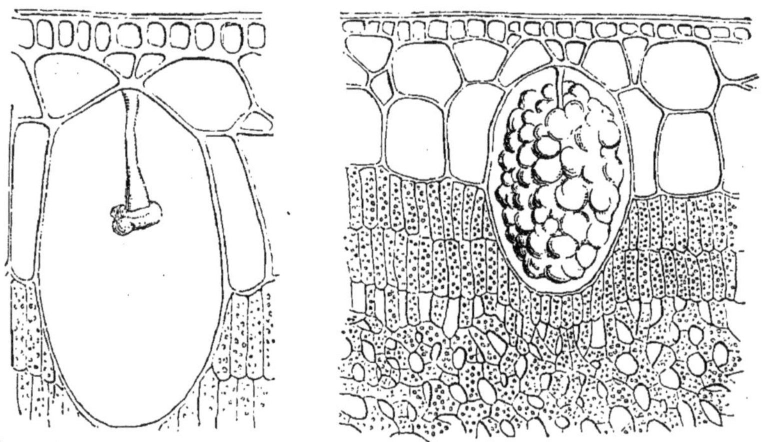

Fig. 73, 74. — Cystolithe commençant à se former au sommet d'une bandelette descendante de cellulose. Cystolithe entièrement formé.

l'épaisseur de la feuille fraîche, ils font souvent saillie à sa surface et la rendent rugueuse quand elle s'est rétractée par la dessiccation. Ils ont pour siège les couches superficielles de l'organe.

Les cristaux siliceux occupent de préférence les parois des phytocystes; ils y sont petits et nombreux, ordinairement très rapprochés les uns des autres, et quand on détruit la matière organique qui leur est interposée, en la chauffant fortement, par exemple, il subsiste un squelette de la membrane qui conserve sa forme générale. Ils sont fréquents dans les parois dites *cuticularisées* de l'épiderme. Dans les Graminées, ils rendent cette paroi rigide et rugueuse après l'incinération. Les Bambous, entre autres, ont la surface de leurs tiges tellement riche en dépôts siliceux, qu'elle fait feu sous le briquet. Les Prêles doivent à un dépôt semblable cette rudesse de leur tige qui les fait employer à polir les bois et même les métaux peu résistants. La carapace des Diatomées, Algues microscopiques des eaux douces ou salées, conserve exactement la forme de la plante vivante, grâce à un dépôt analogue abondant, de nature souvent siliceuse.

On trouve aussi quelquefois dans les petits cristaux déposés dans les parois de cellulose des carbonates ou autres sels de magnésie, de fer, etc., souvent associés d'ailleurs au carbonate de chaux.

Les acides organiques qui, dans les phytocystes, se trouvent combinés à la chaux ou à quelques autres bases, sont, moins souvent que l'acide oxalique, les acides tartrique, citrique, malique, etc., abondants surtout dans la pulpe de certains fruits, dans certaines tiges et feuilles charnues. On les considère comme des produits d'oxydation ou de dédoublement d'autres principes immédiats des phytocystes. Dans les poils qui couvrent certaines portions des jeunes divisions des racines, il y a aussi, nous le verrons, production de substances acides, et surtout d'acide carbonique, qui ont la propriété d'attaquer les carbonates et de rendre solubles certains sels. Ceux-ci peuvent, par suite de cette transformation, être absorbés par les racines et passer du sol dans l'intérieur de la plante.

P. — Alcaloïdes, substances azotées.

Les alcaloïdes contenus dans les phytocystes donnent à certaines plantes ou à certaines parties des plantes des propriétés fort importantes. Ce sont d'ordinaire des composés azotés et formés en outre de carbone et d'hydrogène. Quelques-uns, comme la Nicotine, la Conicine, ne renferment pas d'hydrogène et sont liquides et volatils. On croit qu'ils n'existent dans les plantes qu'à l'état de sels. Ceux des Quinquinas, par exemple, comme la Quinine, la Cinchonine, la Quinidine, sont considérés par plusieurs auteurs comme étant combinés avec l'acide quinovique. Ceux des *Strychnos*, comme la Strychnine, la Brucine, donnent au contenu des phytocystes une amertume très prononcée. L'alcool les dissout et leur présence se reconnaît facilement par l'action d'une faible dose du réactif de Schulze (acide phosphorique et perchlorure d'antimoine) qui les colore en rouge, en jaune ou en blanc, et mieux par le réactif molybdique, l'acide phospho-antimonique n'ayant d'importance réelle que pour la recherche de l'Atropine.

Beaucoup d'autres composés azotés se trouvent dans les phytocystes de toutes sortes, notamment du gluten dans ceux des grains de Blé; de la légumine dans ceux des graines des Pois, Haricots,

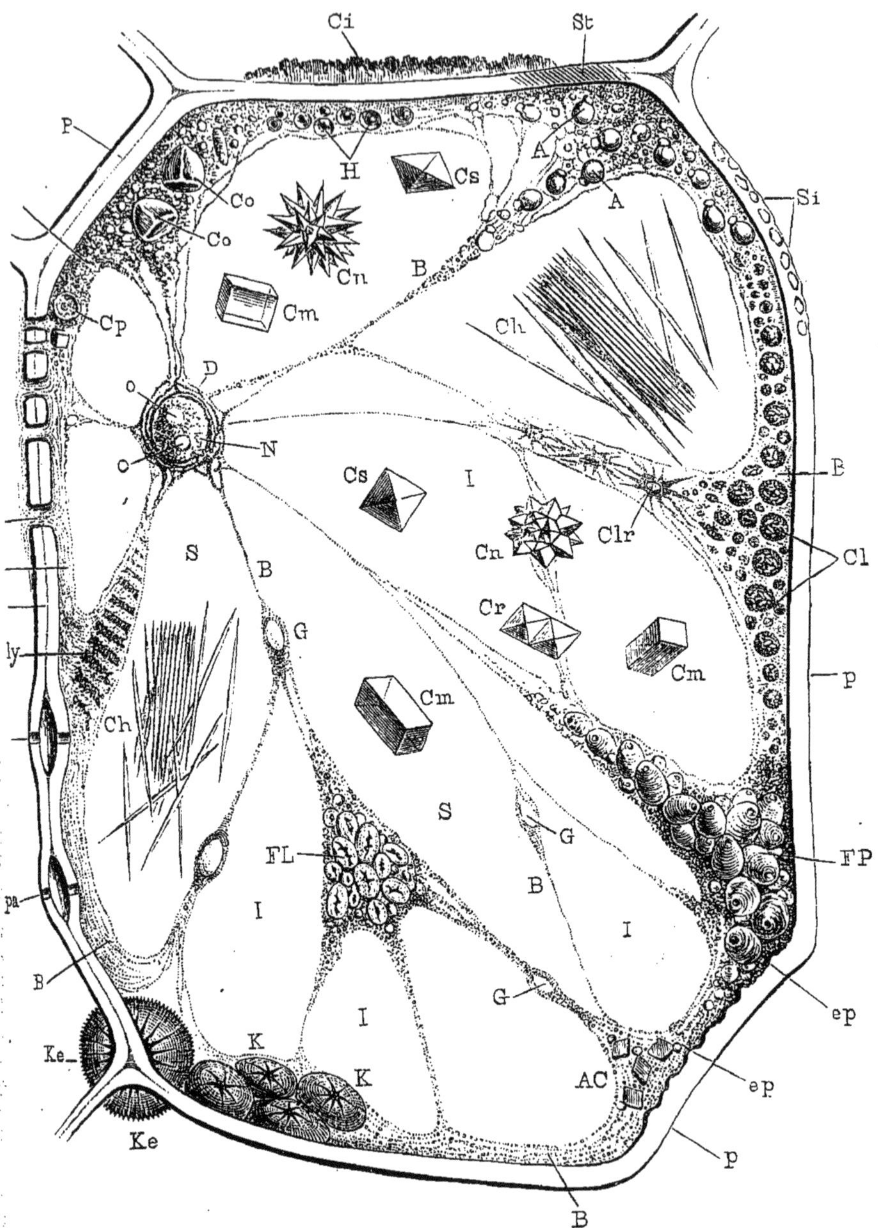

FIG. 75. — Schéma d'un phytoblaste, avec son phytocyste et ses produits.

A gauche se voient des pores dont quelques-uns Po livrent passage au phytoblaste. D'autres Pa sont aréolés. A droite le phytocyste présente des épaississements internes ep. Le noyau N, réduit à de faibles dimensions, a encore des nucléoles distincts oo. L'utricule primordiale azotée et les traînées du protoplasma BB sont fort amincies. Les microsomes de quelque volume G y sont devenus rares. Aussi les réservoirs de suc cellulaire SS, II sont-ils relativement énormes. Quelques-uns renferment des cristaux Cm, Cn, Cr, dont plusieurs cependant sont encore entourés d'une couche mince protoplasmique. Ces cristaux sont polymorphes. D'autres sont des raphides Ch. Le protoplasma renferme de la chlorophylle Cl, Clr, Cly; de l'aleurone A, amorphe ou cristallisée AC; des crystalloïdes Co; de l'inuline K; qui est ou dans un seul phytocyste, ou partage entre deux phytocystes voisins Ke; de l'huile H; des grains d'amidon de Légumineuses FL, de Pommes de terre FP, etc. La paroi du phytocyste porte des stries St, laisse échapper en haut de la cire Ci et renferme des concrétions de silice Si.

Fèves, Lupins, Lentilles, etc.; de l'émulsine et de l'amygdaline dans les Amandes amères, les feuilles de Laurier-cerise; de l'asparagine dans un grand nombre de jeunes organes des plantes. Cette dernière substance paraît être l'origine de beaucoup d'autres matières azotées qui se forment dans les végétaux, notamment de celles qui constituent la portion protoplasmique des phytoblastes. Nous aurons à étudier ultérieurement le rôle, considérable peut-être, qu'elle joue dans la formation des tissus et des organes.

Q. — Gaz.

Les gaz qui entrent dans la composition de l'atmosphère se rencontrent tous dans les phytocystes et dans les autres cavités des plantes, les méats, les lacunes, etc., en proportions variables. Il peut aussi s'y trouver quelques autres gaz ou corps gazéiformes. Ils sont, ou dissous dans les liquides, ou à l'état de liberté; et les phytocystes âgés dans lesquels les solides et les liquides ont en grande partie disparu, sont souvent remplis de divers mélanges gazeux, notamment d'air, ou pur, ou plus ou moins modifié au point de vue de sa composition quantitative.

MULTIPLICATION DES PHYTOCYSTES

Formation des tissus.

Nous avons vu (p. 22) qu'un phytocyste peut à lui seul constituer une plante ou un organe végétal, et que, quelquefois même, le *Phyto-*

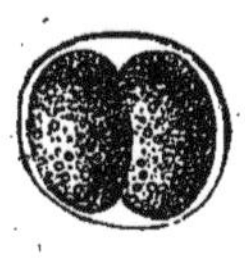
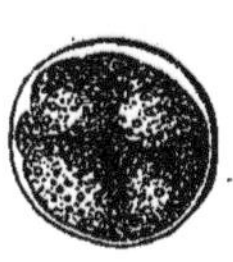
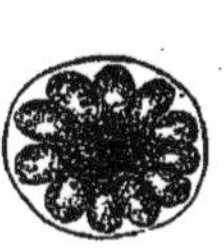

Fig. 76. — *Sphæroplea*. Multiplication des phytocystes à l'intérieur de spores en germination; division en deux, quatre éléments, etc.

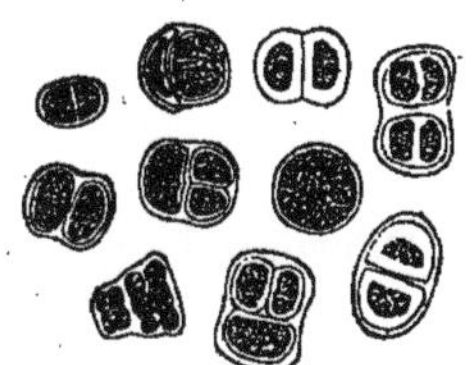

Fig. 77. — Phytocystes se divisant successivement en deux, quatre éléments.

cyste-plante est considérable comme taille et très compliqué comm forme. Mais le plus souvent, quand la plante s'étend quelque peu e dimensions, ce n'est plus un seul phytoblaste qui suffit à l'élaboratio de ses matériaux. Le premier phytoblaste existant se multiplie alors; il se dédouble; puis chacune de ses parties se dédouble elle-même ou se divise en un certain nombre de masses secondaires. Si ces parties, dont le nombre peut devenir en peu de temps très considérable,

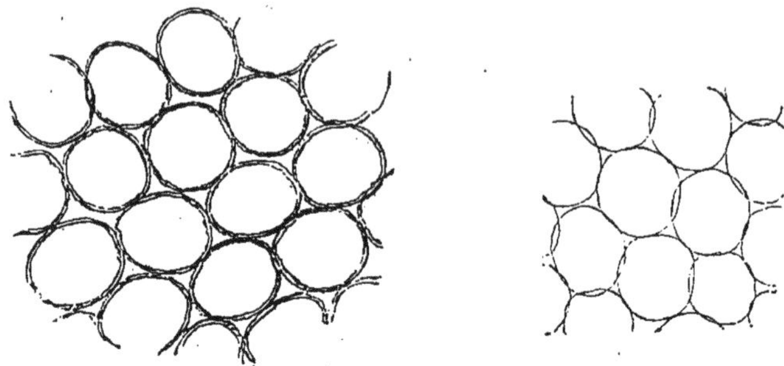

FIG. 78. — Parenchymes formés de phytocystes-cellules sphériques, avec méats.

ne s'abandonnent pas les unes les autres, mais constituent une colonie unique, il se produit entre les divers éléments des cloisons

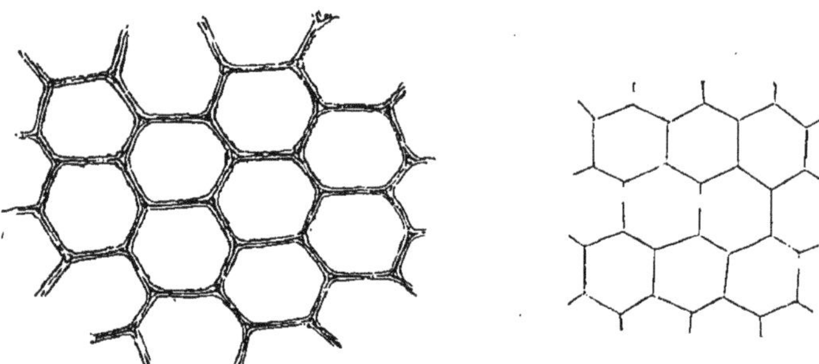

FIG. 79. — Parenchymes formés de phytocystes-cellules polyédriques, sans méats.

mitoyennes qui font partie des phytocystes. Cet ensemble constitue un *tissu*.

Si le tissu est formé de phytocystes-cellules, on le nomme *Parenchyme* ou *Tissu cellulaire* (fig. 78, 79).

S'il est formé de phytocystes-fibres, il prend le nom de *Tissu fibreux* ou *Prosenchyme* (fig. 82, 83, 120, 122).

Constitué par un ensemble de *phytocystes-sclérules*, il doit prendre le nom de *Tissu scléreux* ou *Sclérenchyme* (fig. 81).

Si, au contraire, les éléments d'un tissu sont des phytocystes-tubules, placés bout à bout (fig. 24), il arrive ordinairement qu'après un temps variable, mais le plus souvent de bonne heure, les cloisons ou diaphragmes, fréquemment circulaires, qui répondent aux bases juxtaposées de ces cylindres, se résorbent de façon à mettre les divers éléments en libre communication. Ceux-ci constituent de la sorte un tube commun, généralement très long, puisqu'il finit par s'étendre verticalement dans toute l'étendue de la plante, sans se ramifier. Ce nouvel organe, complexe et généralement formé, comme on le voit, d'éléments très nombreux, prend le nom de *Vaisseau* (fig. 84), et l'on nomme *vasculaires* les végétaux dans lesquels se produit cette modification des phytocystes.

Fig. 80. — Parenchyme formé de phytocystes étoilés, à branches séparées les unes des autres par des parois épaissies, à coupe à peu près triangulaire.

De même que les phytocystes-cellules composant un vaisseau

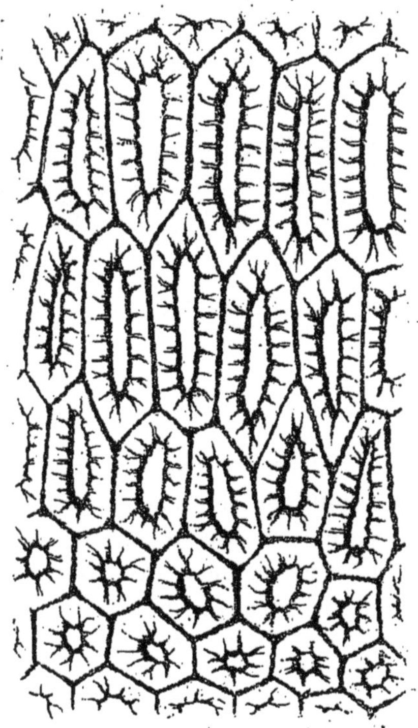

Fig. 81. — *Noisette.* Tissu scléreux de la paroi du fruit.

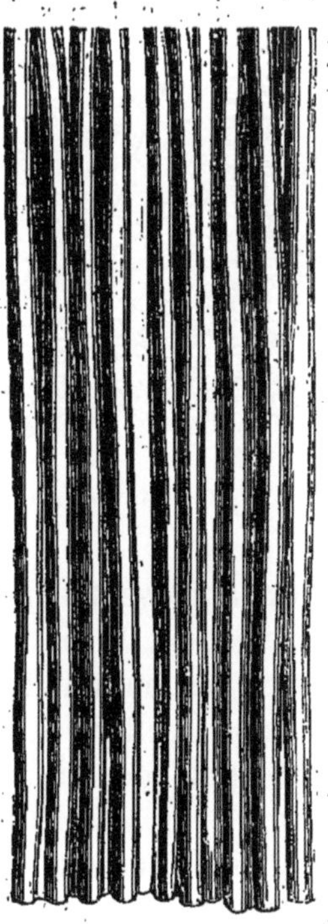

Fig. 82. — *Chanvre.* Tissu fibreux de l'écorce.

peuvent avoir une paroi lisse, ou ponctuée, ou rayée, ou annelée, ou spiralée, ou réticulée, de même un vaisseau formé de ces éléments peut être un vaisseau lisse, ponctué, rayé (fig. 84), annelé, réticulé, spiralé, communiquant avec les vaisseaux ou autres éléments voisins par les diverses solutions de continuité de sa paroi. Mais en général tous ces vaisseaux non ramifiés conservent une paroi mince et sont de bonne heure envahis par une grande quantité de gaz. Plus jeunes, ils renfermaient de la sève, ordinairement transparente, et lorsqu'elle fait place aux gaz, elle se trouve réduite à une couche souvent très mince, adhérente à leur paroi interne. C'est à la présence de ce liquide qu'ils ont dû le nom déjà ancien de *Vaisseaux lymphatiques*.

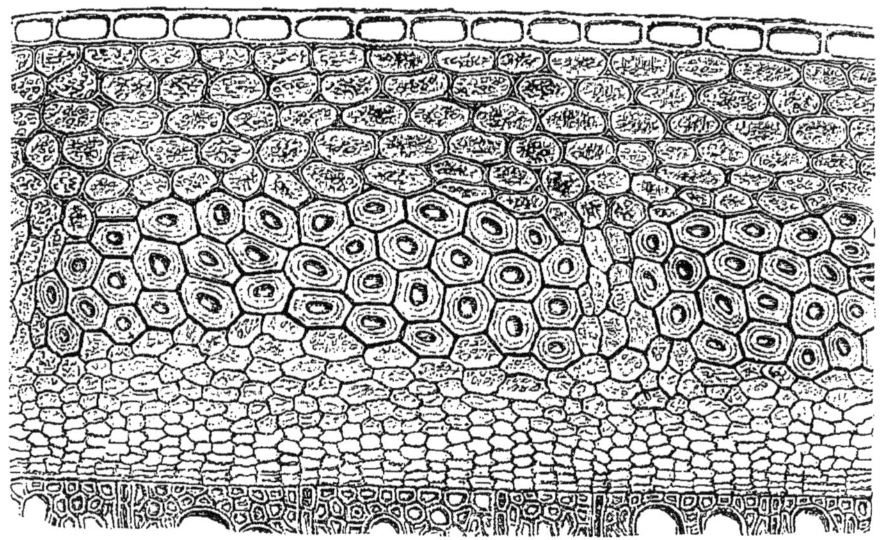

FIG. 83. — *Lin.* Coupe transversale du tissu fibreux de l'écorce.

On a souvent donné le nom de *Fausses-trachées* aux vaisseaux spiraux dont la paroi ne présente point de solution de continuité. Quand les tours de la spire se séparent les uns des autres par une certaine traction, et qu'il se produit ainsi comme un ressort spiral, susceptible de s'allonger beaucoup, le vaisseau prend le nom de *Trachée* (fig. 45, 107). Ce déroulement de la trachée proprement dite tient au peu de résistance que présente la paroi primitive des phytocystes là où elle ne s'est point épaissie par intussusception, relativement à la consistance de l'épaississement en forme de cordon spiral, auquel on a donné le nom de *Spiricule*. Les molécules de matière solide qui se sont déposées dans l'épaisseur de celle-ci étant souvent moins abondantes vers le centre de ses tours qu'à leur périphérie, son tissu central peut être considérablement raréfié et même faire totalement défaut; auquel cas le cordon spiriculaire est creux au centre. La spiricule peut d'ailleurs varier beaucoup de forme et d'épaisseur; tantôt aplatie, ou arrondie, ou fortement saillante à l'intérieur du vaisseau, tantôt simple, ou double, ou même multiple.

L'union des tubules qui, dans la formation des vaisseaux lympha-

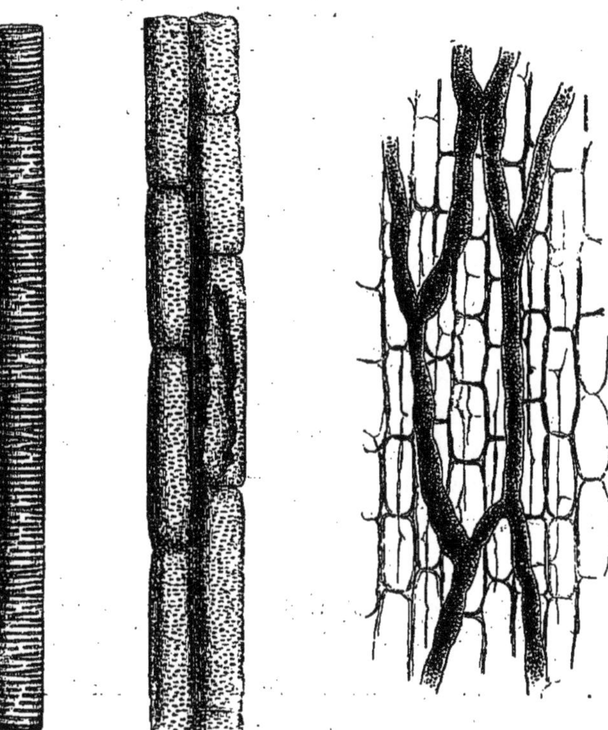

Fig. 84. — *Melon*. Vaisseau annelé-réticulé et vaisseaux ponctués.

Fig. 85. — *Chélidoine*. Vaisseaux laticifères.

tiques, se produit dans le sens vertical, peut ailleurs se produire dans d'autres directions; il y a alors fusion de phytocystes collatéraux, soit dans le sens transversal, soit dans une direction plus ou moins oblique. Il en résulte un véritable réseau, à mailles égales ou inégales, carrées, rectangulaires ou plus ou moins irrégulières (fig. 85, 86). Ces réseaux qui se trouvent dans presque toutes les parties des plantes, fréquemment surtout au voisinage de leur écorce, sont formés de vaisseaux qu'on a nommés *laticifères*, parce qu'ils renferment du latex. Mais ce dernier liquide peut aussi pénétrer dans les vaisseaux lymphatiques, aussi bien que dans tous les autres phytocystes de variétés diverses que nous avons dit exister dans les plantes.

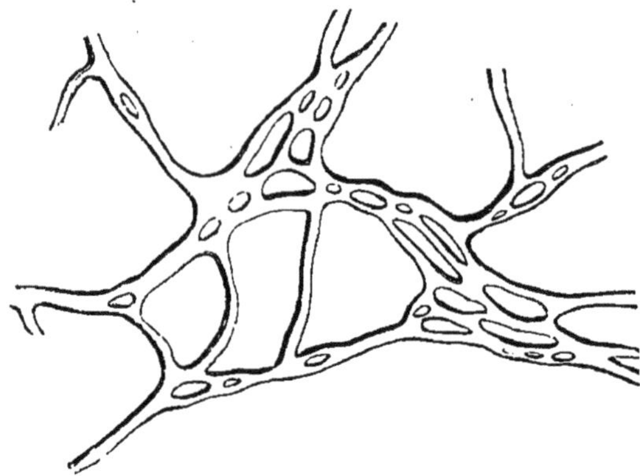

FIG. 86. — Vaisseaux laticifères anastomosés en un réseau à mailles très inégales.

En somme, le tissu vasculaire, au lieu d'être constitué, comme le parenchyme, le sclérenchyme, le prosenchyme, par des phytocystes simples, est toujours *formé de phytocystes composés*.

La façon dont se forme un tissu là où il n'y avait d'abord qu'un phytocyste, s'observe bien dans la germination d'un grand nombre de spores de Cryptogames (fig. 76, 77). Ces spores sont d'abord tout autant

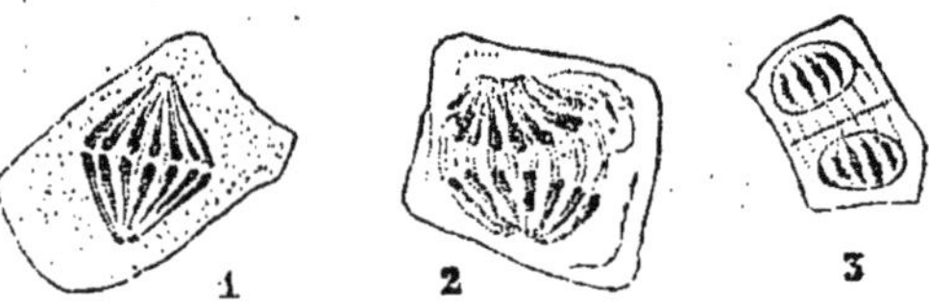

FIG. 87. — Multiplication par dédoublement des phytocystes d'une enveloppe ovulaire. États successifs indiqués par les chiffres 1 à 3 (Strasburger).

de phytocystes à cavité unique; puis la cavité se dédouble par la formation d'une paroi de cellulose. Chacune des cavités secondaires peut ensuite être séparée en deux ou plusieurs autres par de nouvelles cloisons, soit transversales, soit longitudinales. L'ensemble d'un individu ainsi cloisonné devient un tissu polycystique. Le lieu où se fait avec le plus d'activité cette division des éléments se nomme *Point végétatif*. Tantôt, comme dans un grand nombre de Cryptogames, c'est la cellule terminale de la fronde, de la tige, etc., qui forme ce point;

tantôt comme chez les Phanérogames, il est constitué par un groupe plus ou moins complexe de phytocystes, ou plus ordinairement même par deux ou trois groupes superposés de phytocystes qu'on a encore nommés *Cellules génératrices.*

Il y a formation d'un *faux tissu* quand des cellules, d'abord indépendantes les unes des autres, viennent à se réunir en masse en se collant les unes aux autres. Dans plusieurs Cryptogames, de même certains tubes cloisonnés, d'abord indépendants, peuvent aussi se coller les

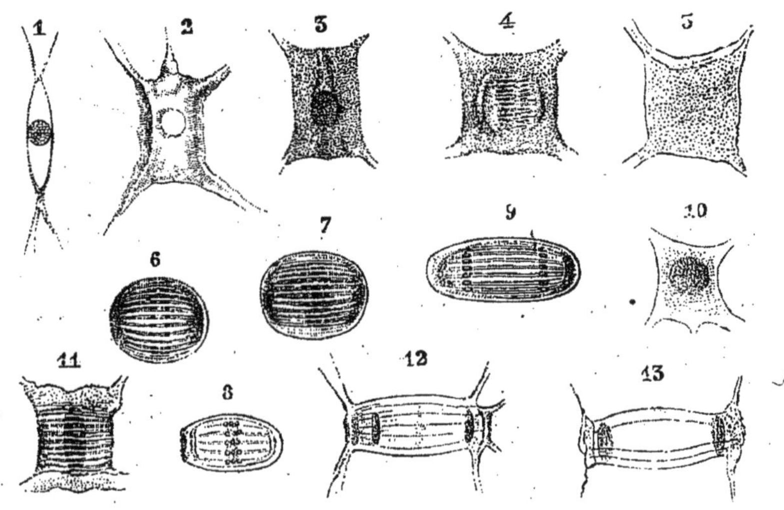

Fig. 88. — *Spirogyra.* Division des noyaux. Premiers états consécutifs dont la succession est indiquée par les numéros 1 à 13 (Strasburger).

uns aux autres suivant leur longueur et former par leur réunion un faux tissu parenchymateux ou vasculaire.

Lorsqu'un phytocyste doit se diviser en deux autres, et que son phytoblaste possède un noyau, le protoplasma qui accompagne ce dernier s'amasse en quantité très variable sur deux pôles opposés du noyau. D'après les découvertes de M. Strasburger, la forme de celui-ci se modifie alors graduellement, de façon à devenir celle d'un fuseau plus ou moins raccourci ou d'une sorte de barillet (fig. 87-91). On distingue dans ce corps deux substances. Celle qui est centrale représente ce qui subsiste du noyau; on lui a donné, à cause de la forme qu'elle présente parfois, le nom de *Plaque nucléaire;* elle est assez souvent lenticulaire et biconvexe, et elle absorbe fortement les matières colorantes. Chaque pôle du fuseau est occupé par une couche de protoplasma qui s'unit à celle de l'autre pôle par des stries tendant à se rejoindre vers l'équateur du fuseau et qui ne se laisse guère ou point du tout pénétrer par les matières colorantes.

Au niveau de cet équateur, la plaque nucléaire se divise en deux moitiés égales qui s'écartent l'une de l'autre et se rapprochent chacune d'un des pôles du fuseau. Ces deux moitiés deviennent un jeune

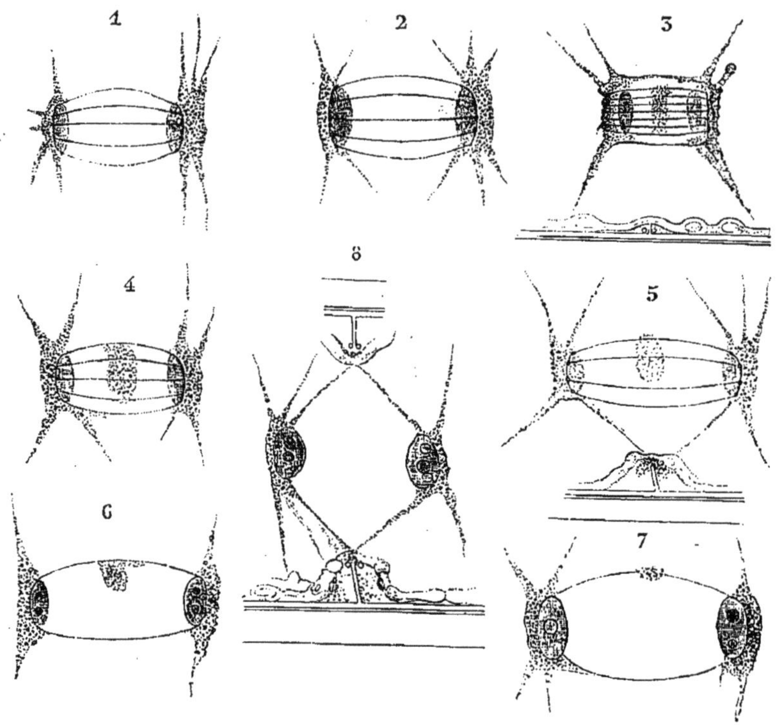

Fig. 89. — *Spirogyra*. Segmentation du noyau et écartement de ses deux portions. Division du phytocyste (Strasburger). États successifs indiqués par les chiffres 1 à 7.

noyau. Quant aux deux moitiés des corps striés, elles s'accroissent en général plus ou moins de façon à gagner l'extrémité de la cellule.

C'est à l'équateur de ces deux portions striées que se forme plus tard la cloison de cellulose qui séparera les deux nouveaux phytocystes l'un de l'autre (fig. 90, 91). Cette cloison naît *sur place dans toute son étendue*, par de fines granulations isolées qui se fondent ensuite toutes entre elles en une lame commune.

Il y a souvent, en apparence, formation libre de phytocystes nou-

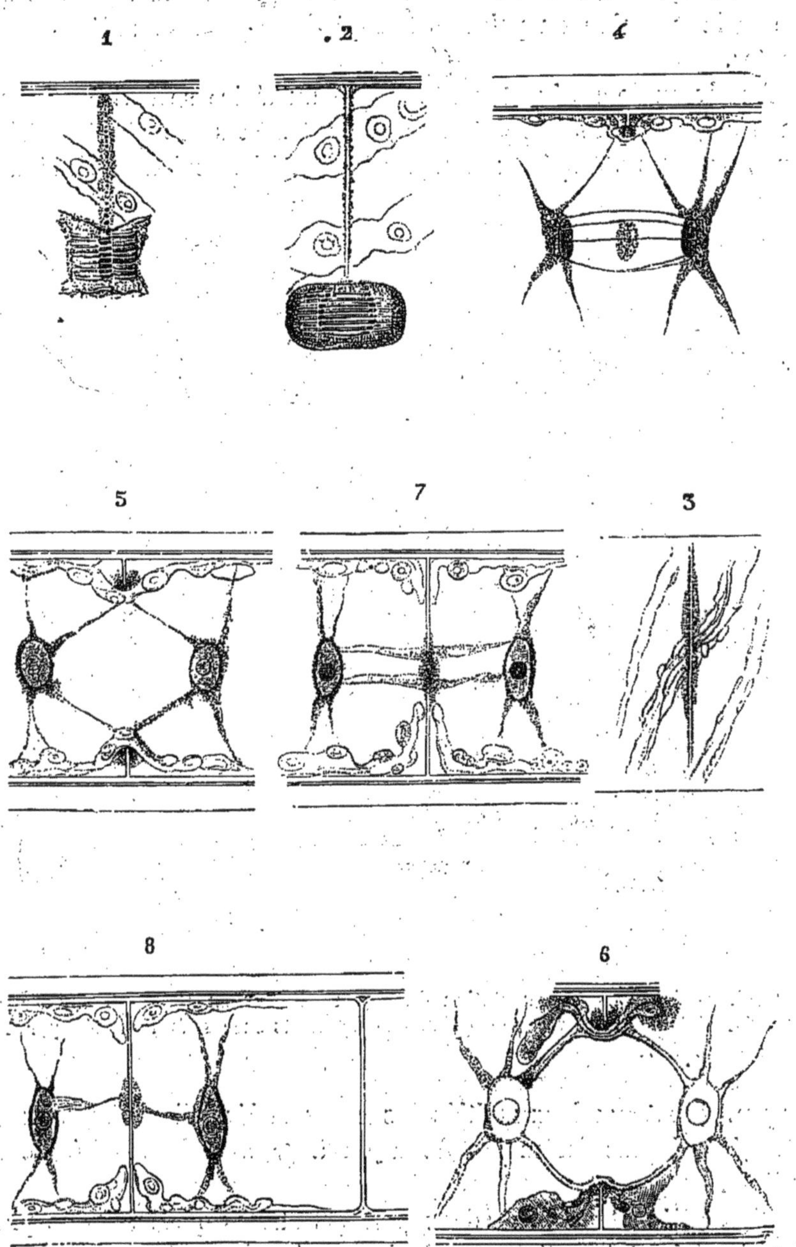

Fig. 90. — *Spirogyra*. Premiers états successifs (indiqués par les chiffres 1 à 6) de formation d'une cloison transversale (Strasburger).

veaux dans la cavité d'un phytocyste plus ancien (fig. 11). En ce cas, le noyau de celui-ci se divise et se multiplie, sans que le phénomène soit accompagné de la formation de cloisons de cellulose. Cette forma-

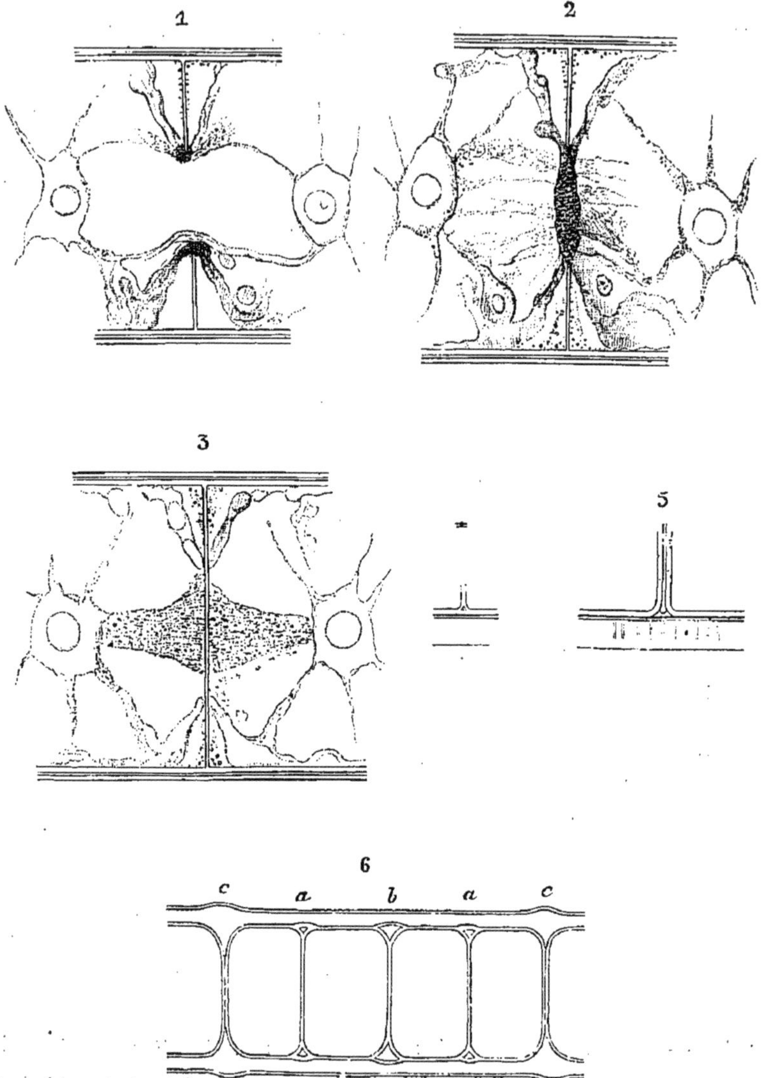

FIG. 91. — *Spirogyra.* — États suivants de la formation d'une cloison transversale (Strasburger). — 4 et 5. Mode d'attache d'une cloison (*Spirogyra*). — 6. *Ulothrix.* Portion d'un tube mort, avec les cloisons *a*, *b*, *c*.

tion se fait postérieurement, dans l'intervalle des jeunes noyaux, et elle partage alors le phytoblaste en autant de compartiments qu'il renfermait de noyaux.

Il y a aussi des cas où un noyau se partage dans la cavité même du phytocyste qui le renferme, en fragments multiples et inégaux, et cela sans qu'on ait pu voir cette division en rapport avec la formation de nouveaux phytocystes.

En somme, la division des noyaux et celle des cavités peuvent se

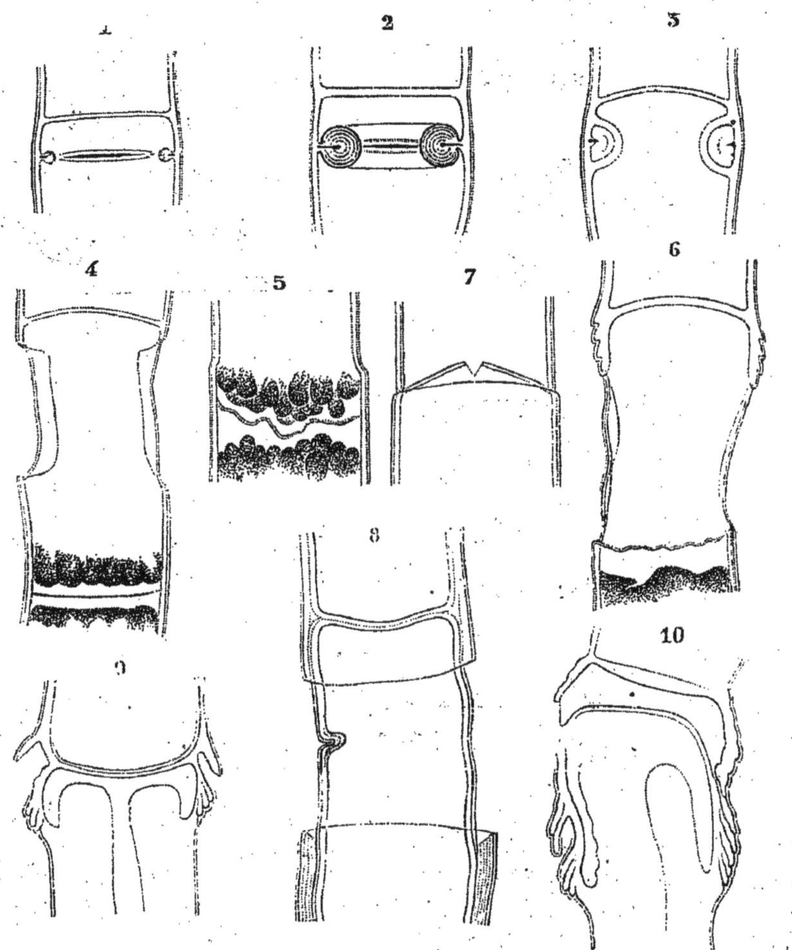

Fig. 92. — *Œdogonium.* Formation de la cloison et de l'anneau d'épaississement intercalaire dans les tubes (Strasburger). Les états successifs sont indiqués par l'ordre des chiffres 1 à 10.

produire à peu près simultanément, mais souvent aussi elles se produisent à des époques différentes, et l'on ne peut établir de relation entre les deux faits. Leur simultanéité ne s'observe que dans les phytoblastes à noyau d'abord unique, se séparant en deux autres.

Quand un phytoblaste ne renferme pas de noyau, c'est la masse du phytoblaste lui-même qui paraît jouer le rôle que joue le noyau alors que sa présence est nettement constatée. Mais cette question demande encore de nouvelles recherches.

Il y a des végétaux dans lesquels on a vu les phytocystes, tout en se dédoublant, produire au voisinage de la cloison des anneaux d'épaississement intercalaires (fig. 92) qui se surajoutent aux éléments préexistants. Certains auteurs admettent alors que l'allongement se produit, au moins en partie, par intercalation en une zone limitée d'une bande de cellulose qui est destinée à combler une fissure produite dans la membrane primitive. Mais on a donné beaucoup d'interprétations diverses de ce phénomène, qui nécessite aussi, à ce qu'il semble, de nouvelles observations.

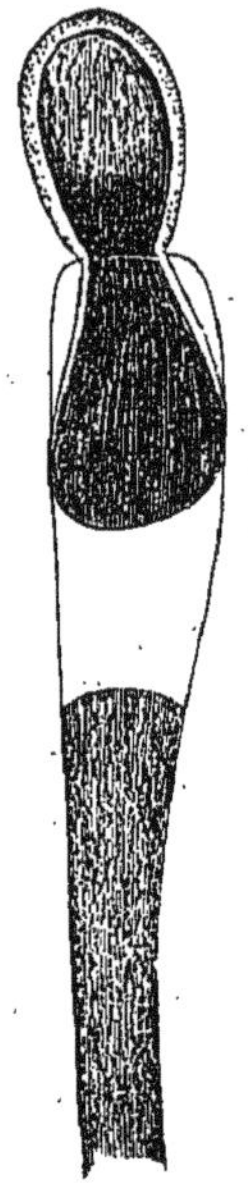

Les divisions d'un phytoblaste ou d'un noyau peuvent sortir à un moment donné du phytocyste qui les renfermait et aller ailleurs se recouvrir d'une paroi de cellulose de nouvelle formation. Ce phénomène peut même se produire sans division de la masse protoplasmique. Elle sort entière, d'une façon variable et par des points très divers, d'une cavité (fig. 93), et se fabrique une paroi nouvelle dans laquelle elle va accomplir une période nouvelle de son évolution. La paroi cellulosique qui recouvre la nouvelle masse peut même commencer à se former avant son issue de la cavité-mère. C'est ce qu'on a nommé *Rajeunissement* des cellules, et il est difficile de ne pas comparer ce phénomène à celui qui se produit chez un animal inférieur, d'organisation souvent très complexe, mais parfois aussi relativement très simple, passant, à un moment donné de son existence, d'une carapace protectrice désormais trop étroite, à une cavité voisine plus spacieuse, dans laquelle il pourra ultérieurement s'accroître et fonctionner plus librement.

FIG. 93. — *Vaucheria*. La masse protoplasmique qui s'étrangle en sortant de la cavité-mère, s'est déjà recouverte de cellulose dans sa portion supérieure qui constitue la spore.

TISSUS CONSIDÉRÉS DANS LES DIVERS ORGANES

RACINE, TIGE, FEUILLES, ANDROCÉE, GYNÉCÉE

I. — Tissu de la racine.

La jeune racine et ses divisions sont d'abord parenchymateuses, c'est-à-dire formées de phytocystes-cellules, à peu près tous semblables entre eux. Mais bientôt, comme partout dans les plantes, il se produit entre ces phytocystes des différenciations qui sont graduelles, qui vont plus ou moins loin suivant le degré d'élévation de la plante qu'on examine, et qui sont d'ordinaire en rapport avec les fonctions que doivent remplir les diverses zones de l'organe. Déjà dans les racines fort imparfaites de certaines Cryptogames cellulaires, racines qui ne sont que des colonnes parenchymateuses et qu'on nomme des *Rhizoïdes*, les phytocystes superficiels se modifient quant à leur forme pour constituer une lame protectrice dont les éléments deviennent plus ou moins tabulaires, et qui, du reste, se produit à partir d'un certain âge sur la plupart des organes végétaux.

A. — Épiderme.

La couche des phytocystes épidermiques est généralement unique; elle recouvre la racine et ses divisions, sauf le sommet de celles-ci dont il sera question plus loin. Dans les racines adventives aériennes de certaines Monocotylédones (Orchidées, Aroïdées, etc.), cette couche se divise de bonne heure, par des cloisonnements tangentiels successifs, en assises concentriques, plus ou moins nombreuses, de phytocystes à paroi unie, ponctuée, rayée, spiralée ou réticulée, assises qui forment une gaine protectrice épaisse. Les plus profonds de ces phytocystes conservent à peu près les caractères de l'épiderme proprement dit, tandis que ceux de la surface se remplissent de gaz et donnent à ces racines un aspect blanchâtre, souvent brillant. On donne, dans ces plantes, à cette couche surajoutée à la racine le nom de *Voile* (*Velamen*).

L'épiderme des racines ne porte pas normalement de stomates; il peut, à partir d'un certain âge, présenter à des degrés divers le phénomène auquel on a donné le nom de *Cuticularisation*. On désigne par là une modification qui rend la paroi cellulaire résistante aux agents atmosphériques, élastique, peu perméable à l'eau, difficilement attaquable par la plupart des acides ou des alcalis énergiques. Elle est souvent, en pareil cas, toute pénétrée de matériaux surajoutés : sels, silice, matières grasses, cireuses, etc., toutes substances qui disparaissent par macération dans la potasse caustique, dont l'action diminue de beaucoup la masse de la paroi, finalement réduite à sa cellulose primitive. Dans une certaine étendue de la

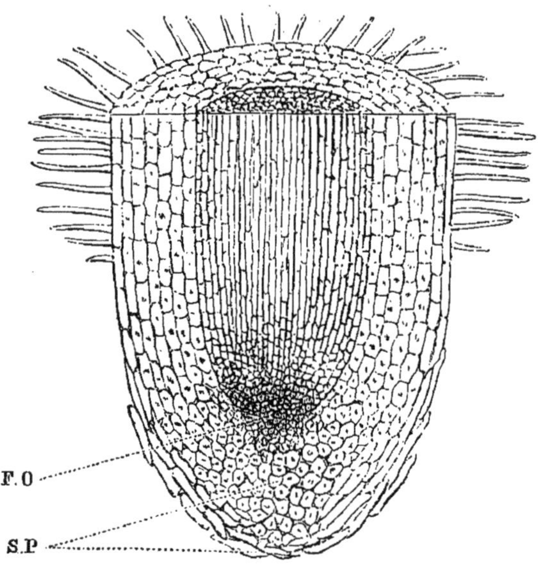

Fig. 94. — Coupe longitudinale d'une racine portant près de son extrémité des poils radiculaires. SP, Phytocystes du sommet qui commencent à s'exfolier. FO, Point végétatif.

surface des jeunes racines, non loin de leur sommet, l'épiderme se couvre de *poils radiculaires* (fig. 94), très ordinairement monocystiques, simples ou rarement ramifiés, qui n'ont qu'une existence passagère, sont successivement remplacés par des phytocystes analogues, développés un peu plus tard et plus près du sommet de la racine, et qui jouent dans les fonctions d'absorption et d'excrétion des jeunes racines un rôle important sur lequel nous reviendrons.

L'épiderme de la racine se détruit souvent de bonne heure. Le développement d'une couche *subéreuse* (ou de liège) au-dessous de lui, couche comparable à celle que nous verrons se produire dans les tiges, et la destruction même du parenchyme cortical sous-jacent, amènent souvent le fendillement et la chute de cet épiderme.

B. — Parenchyme cortical.

La couche intérieure à l'épiderme est formée de phytocystes arrondis ou plus ou moins polyédriques, ordinairement plus serrés les uns contre les autres vers l'extérieur, souvent moins pressés dans la profondeur et là séparés les uns des autres par des intervalles ou *méats*. Ce parenchyme cortical des racines peut prendre dans certains cas un énorme développement, former une épaisse couche charnue dont les éléments peuvent contenir des produits utiles, alimentaires, médicamenteux, etc., qui y demeurent accumulés, tandis que les couches plus profondes, souvent dures et pauvres en sucs, ne constituent relativement qu'une très petite portion de ces racines épaissies.

C. — Gaine protectrice corticale.

Cette zone, intérieure à la précédente, est encore nommée *Gaine protectrice des faisceaux de la racine.* Elle est généralement formée d'une assise unique de phytocystes, ordinairement un peu allongés dans le sens tangentiel et polyédriques. Ils s'unissent intimement entre eux aux deux extrémités et présentent sur une bande médiane des ondulations ou des plissements transversaux qui leur permettent de se fixer plus solidement les uns aux autres, tout en leur donnant en ces points d'union plus de solidité. Vus de face, ces plis donnent à la paroi une apparence striée en échelons transversaux. Sur les coupes horizontales d'une racine, on n'aperçoit qu'une de ces stries horizontales répondant à un des enfoncements ou des relèvements alternatifs de la paroi et représentée dans ce cas par une tache elliptique étroite et allongée, ou lancéolée (fig. 95, 97, R).

L'ensemble des couches précédentes constitue l'écorce primitive ou le système cortical primitif de la racine. Les couches plus intérieures appartiennent à ce qu'on appelle son *bois* ou sa *zone ligneuse.*

D. — Faisceaux primaires de la racine.

Tant que les divers phytocystes de la jeune racine remplissent un rôle à peu près identique, ils sont peu différents les uns des autres par leur contenu, leur forme, la consistance de leur paroi, etc. Mais dès que, la racine grandissant davantage, son rôle se modifie, des modifications correspondantes se produisent dans sa substance.

Comme il lui faut alors plus de rigidité et de solidité, ses phytocystes-cellules s'allongent et s'épaississent en certains points déterminés pour servir d'instruments de support, et se transforment là en phytocystes-fibres. Comme aussi il lui faut donner passage à des fluides qui circulent activement dans le sens vertical, notamment à des gaz, en d'autres points également bien déterminés, les phytocystes primitifs se transforment en phytocystes-tubules qui, unis bout à bout, constituent ensuite des vaisseaux. On peut donc dire qu'ici comme ailleurs, c'est l'apparition de la fonction qui détermine la création de l'organe approprié.

En général, les vaisseaux et les fibres sont réunis en nombre plus

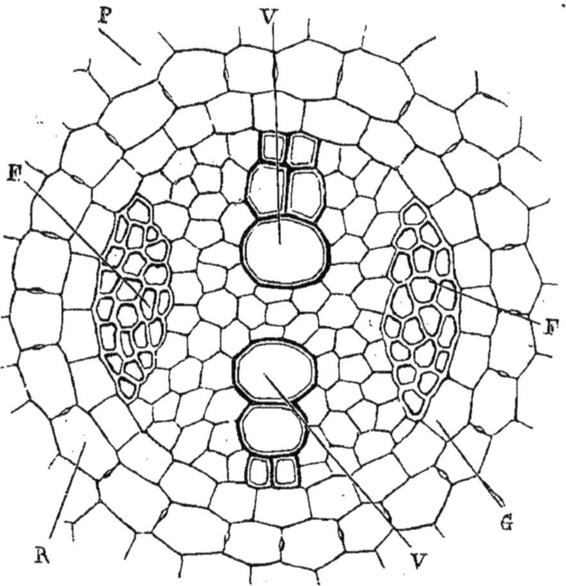

Fig. 95. — Racine dite binaire; section transversale de la portion centrale. VV, Faisceaux vasculaires; FF, Faisceaux fibreux alternes. P, Parenchyme cortical. R, Gaine protectrice corticale. G, Péricambium.

ou moins considérable pour former des masses allongées dans le sens vertical et qui, sur une coupe transversale, représentent autant d'îlots, entourés par la gangue primitive des cellules. Aussi a-t-on désigné ces amas sous le nom de *faisceaux*, et l'on ajoute l'épithète de *primaires*, parce que plus tard il pourra se produire dans la même racine des *faisceaux secondaires*.

Dans la racine on distingue donc, à partir d'un certain âge, des *faisceaux primaires vasculaires* (fig. 95-97, VV) et des *faisceaux primaires fibreux* (FF).

Le nombre de ces faisceaux est ordinairement en rapport avec celui des racines secondaires qui naîtront sur une racine principale; ainsi, dans une plante où il y aura deux séries verticales de racines secondaires, il y aura le plus souvent deux faisceaux vasculaires ou fibreux, occupant un même plan diamétral (fig. 95). Avec trois, quatre, cinq séries de racines secondaires, on aura fréquemment trois, quatre (fig. 96, 97), cinq faisceaux écartés les uns des autres d'un tiers, d'un quart, d'un cinquième de circonférence; les faisceaux seront donc disposés autour de l'axe de la racine dans un ordre parfaitement régulier. Ils ne varient guère d'ailleurs dans une espèce donnée

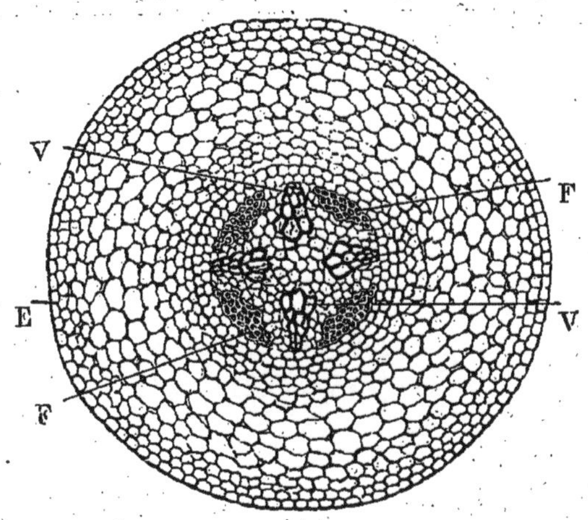

FIG. 96.— *Fève.* Coupe transversale d'une jeune racine, à quatre faisceaux vasculaires VV et quatre faisceaux fibreux FF alternes. E, Épiderme.

quand ils sont en nombre peu considérable; il n'en est pas toujours de même quand leur nombre dépasse cinq.

Deux cas pourront alors se présenter, suivant les plantes observées : ou bien, les faisceaux prendront assez de développement en épaisseur pour se rejoindre, se toucher suivant l'axe de la racine; ou bien, ce qui est beaucoup moins commun, les phytocystes-cellules de la gangue primitive ne subiront point de modification au centre; les faisceaux vasculaires, par exemple, n'atteindront point le centre de la racine; et dans ce cas, celle-ci conservera au centre un cylindre purement cellulaire : c'est ce qu'on appelle sa *moelle* (fig. 96, 97, M).

Faisceaux vasculaires. — Ces faisceaux sont formés de vaisseaux disposés sur une ou sur un petit nombre de files rayonnantes; ils sont de ceux qu'on nomme rayés, spiralés, réticulés, ponctués; mais quand ils sont spiralés, ils ne renferment point de spiricules déroulables. Ils se produisent, dans un faisceau donné, de dehors en dedans; leur développement est donc *centripète;* c'est là un caractère important de la racine.

Le premier vaisseau formé dans une série se montre immédiatement contre la face interne d'une assise cylindrique qui, composée d'une seule rangée de cellules, a été considérée comme formant l'enveloppe du *cylindre central* de la racine et à laquelle on a donné, entre autres, le nom de *Péricambium* (fig. 95, 97, G). On verra bientôt

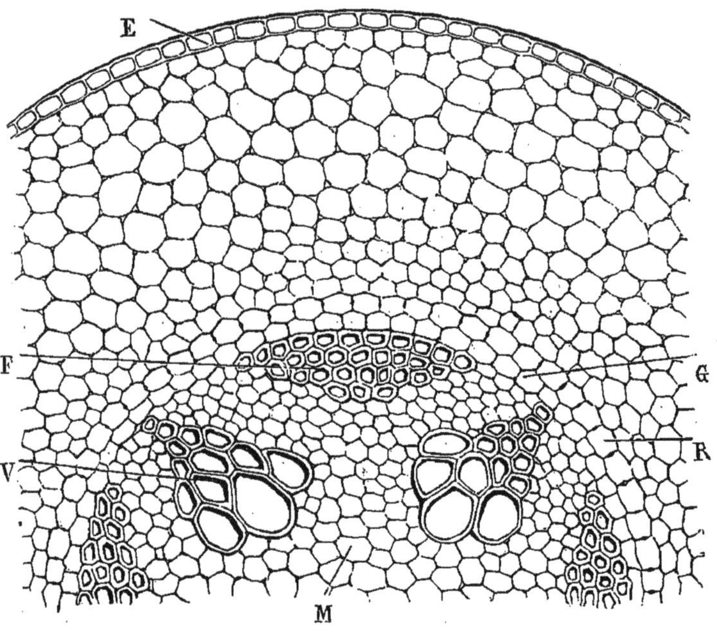

FIG. 97. — *Fève.* Portion de la racine, coupe transversale : V, Faisceaux vasculaires. F, Faisceaux fibreux alternes avec eux. R, Gaine protectrice corticale. G, Péricambium, entouré par le parenchyme cortical. Celui-ci est recouvert par l'épiderme E, et persiste au centre de la racine sous forme de moelle M.

quel rôle joue cette couche dans la formation des racines secondaires; elle peut être continue autour des vaisseaux, ou, plus rarement, être interrompue çà et là; mais elle persiste autour d'eux; et c'est immédiatement à partir de sa face interne que se développent ordinairement, dans l'ordre centripète, les faisceaux vasculaires radicaux.

Faisceaux fibreux. — Ces faisceaux étant formés de phytocystes allongés, à paroi épaisse et d'abord un peu molle, comme il arrive d'ordinaire dans la tige pour les fibres libériennes, on les a souvent nommés *faisceaux libériens* ou *du liber* (fig. 95-97, F); et il est bon de noter déjà ici que dans les tiges le liber est depuis bien longtemps à tort considéré comme faisant partie de l'écorce, tandis que les faisceaux vasculaires dont il vient d'être question font évidemment partie du bois, intérieur, comme l'on sait, à l'écorce. Mais dans les racines le trait caractéristique de la disposition des divers faisceaux primaires consiste en ce que les faisceaux fibreux sont produits, *en dedans du péricambium, dans l'intervalle des faisceaux vasculaires avec lesquels ils alternent régulièrement*, étant en même nombre qu'eux (fig. 95-97). Ce caractère capital de la disposition alternante des deux ordres de faisceaux radicaux a été découvert par M. Nægeli, professeur à l'Université de Munich.

Si donc il y a dans une racine deux faisceaux de vaisseaux occupant un même plan diamétral, on observera deux faisceaux de fibres dont le plan médian coupe à angle droit celui des vaisseaux (fig. 95). Avec six faisceaux vasculaires, comme dans les Noyers, les Chênes, etc., il y aura généralement six faisceaux fibreux, occupant le milieu des intervalles qui les séparent les uns des autres; et ainsi de suite. Le développement de ces faisceaux fibreux est également centripète, à partir de la surface interne du péricambium.

Dans les Monocotylédones, la structure des racines persiste, à très peu d'exceptions près, telle que nous venons de la décrire. Il n'y a, en dedans de leur péricambium, que des faisceaux primaires, vasculaires et fibreux, alternant entre eux.

Dans les Dicotylédones, le tissu de la racine est au début semblable à celui des Monocotylédones; mais, plus tard, l'organisation se complique par des formations radicales *secondaires* de faisceaux vasculaires et fibreux.

FORMATIONS RADICALES SECONDAIRES

Ces formations sont relativement peu importantes dans l'écorce; elles consistent en une production de liège, ou d'organes sécréteurs, ou de réservoirs à latex; elles sont analogues aux formations secondaires de l'écorce des tiges, dont il sera question ultérieurement.

Dans la portion centrale des racines, au contraire, il se constitue des groupes de phytocystes-cellules, qui deviennent autant de foyers de formation de nouveaux faisceaux vasculaires et fibreux. Ces foyers sont d'abord organisés en dedans des faisceaux fibreux primaires. Dans chacun de ces foyers, les phytocystes les plus intérieurs se transforment en vaisseaux qui apparaissent bientôt larges et béants sur une coupe transversale, comme les gros vaisseaux des faisceaux vasculaires primitifs, avec lesquels ils alternent. Immédiatement en dehors de ces vaisseaux, il se produit, par transformation, d'autres phytocystes-cellules, des fibres semblables à celles du bois de la tige (*fibres ligneuses*), fibres dont l'apparition augmente de plus en plus la dureté et la force de résistance de la racine. En même temps, les éléments les plus extérieurs du foyer se transforment en fibres dites *libériennes*, qui se trouvent appliquées immédiatement en dedans des fibres libériennes primaires, dont elles augmentent la masse. On doit appeler *Zone d'accroissement du faisceau radical secondaire* la portion des phytocystes primitifs de ce foyer, qui continue de s'accroître et d'élaborer, en dehors d'elle-même, de nouvelles fibres libériennes, et, en dedans, de nouvelles fibres de bois et de nouveaux vaisseaux.

L'évolution allant plus loin encore, il peut se produire, dans l'intervalle des faisceaux dont nous venons de parler, des faisceaux tertiaires, quaternaires, etc. ; mais il faut, dès à présent, bien établir au sujet des faisceaux secondaires les points suivants :

Le faisceau radical secondaire est situé tout entier en dedans du faisceau libérien primaire : de sorte que celui-ci occupe, en dehors du bois, la même situation qu'il occupera dans les tiges.

Mais il répond aux intervalles des faisceaux vasculaires primaires, faisceaux qu'on peut d'ordinaire retrouver à l'intérieur d'une racine âgée, quelque développement relatif, souvent très considérable, qu'aient pris les diverses parties, notamment le bois des faisceaux radicaux secondaires.

Dans les Cryptogames les plus élevées en organisation, celles qui possèdent des vaisseaux (et qu'on nomme pour cette raison Cryptogames vasculaires), les racines sont, comme chez les Monocotylédones, réduites jusqu'au bout aux faisceaux primaires fibreux et vasculaires ; de sorte que leur évolution est également limitée et définie ; mais, outre quelques autres différences qu'elles présentent et que nous signalerons, quant au lieu de production des racines secondaires, lorsque le nombre de leurs faisceaux est binaire, ce qui est un cas fréquent, le plan vertical qui passe par l'axe de la racine principale est, dans les espèces jusqu'ici observées, celui des deux faisceaux fibreux, et non, comme dans les Monocotylédones, celui des deux faisceaux vasculaires.

TISSU DE L'EXTRÉMITÉ APICALE DE LA RACINE

Cette portion de la racine, qui doit être étudiée à part parce qu'elle présente une organisation spéciale, comprend l'extrémité du cylindro-cône radical, jusqu'à une légère distance de son sommet. C'est là, en effet, que se trouve, comme l'on sait, son point végétatif,

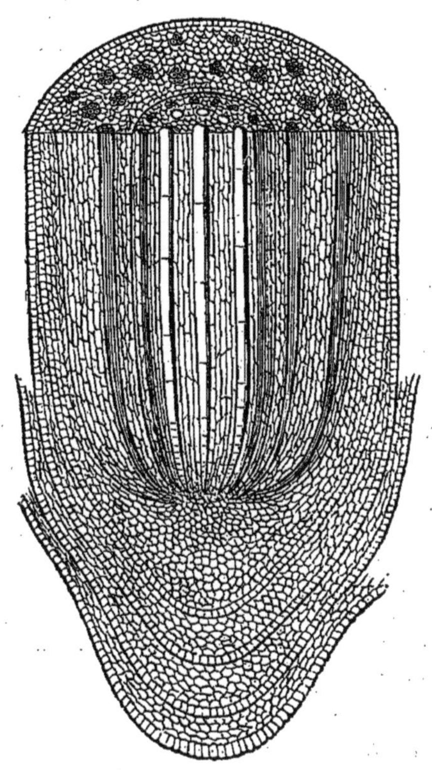

FIG. 98. — *Pandanus*. Extrémité d'une racine coupée en long. La coiffe *c* se détache de son sommet par couches emboîtées.

au-dessus et au-dessous duquel ses dimensions ne varient plus guère. Ce point est d'ailleurs intérieur (fig. 94), et à sa surface le sommet de la racine est recouvert d'une sorte de chapeau et de coiffe, que M. Trécul a nommée *Piléorhize* (fig. 98), et qui, à un certain âge, se détache et s'exfolie pour laisser à nu le sommet de la racine ou une portion voisine de ce sommet. L'étude de la disposition et de l'origine des tissus de l'extrémité radiculaire rend compte de la formation de cette coiffe et de la façon dont elle se sépare du reste de l'organe.

En coupant longitudinalement et suivant son axe l'extrémité d'une jeune racine, on la voit formée de couches emboîtées les unes dans les autres, et qui sont toutes formées de phytocystes, différant dans chaque couche comme forme, consistance et épaisseur des parois, etc. (fig. 99). Le cône central a reçu le nom de *Plérome* (P). Nous verrons, en étudiant le tissu de la tige, que cette portion centrale se continue dans toute sa hauteur, et que c'est elle qui donne naissance à sa moelle, à son bois et à son liber. Elle produit de même dans la racine les faisceaux vasculaires et fibreux que nous venons de dé-

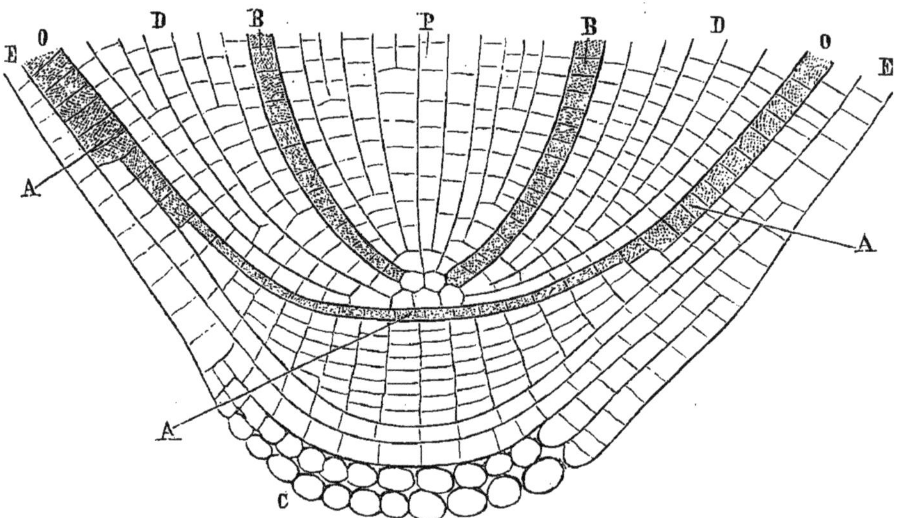

FIG. 99. — Coupe longitudinale de l'extrémité d'une jeune racine. EE, Coiffe. C, Cellules qui commencent à se détacher au niveau du sommet de la coiffe. OO, Dermatogène. BB, Procambium. P, Plérome (Reinke).

crire. Elle est entourée d'une couche mince (BB) qui est formée de tissu en voie d'évolution, et qu'on nomme *Procambium*.

Plus en dehors se voient, à droite et à gauche, les coupes d'un parenchyme qui va en s'atténuant en coin vers le bas, et qui doit, ici comme dans la tige, former le parenchyme cortical (DD). Cette zone de parenchyme est enveloppée en dehors par le *Dermatogène* (OO). C'est celui-ci qui, par des divisions tangentielles successives de ses phytocystes, forme, dans la plupart des cas, cette coiffe ou piléorhize dans laquelle on distingue souvent deux couches. L'une (EE), plus profonde, est formée de phytocystes jeunes en voie d'évolution, polyédriques, d'abord serrés les uns contre les autres. L'autre (C), superficielle, est formée de phytocystes qui s'arrondissent de plus en plus, deviennent de moins en moins adhérents les uns aux autres, sont séparés par des espaces plus ou moins considérables, se détachent d'une façon presque continue et sont graduellement remplacés par les cellules plus profondes qui, peu à peu, revêtent leurs caractères. Il y a d'ailleurs quelques variations qui ne nous arrêteront pas ici, dans l'origine des couches superficielles de la racine qui s'exfolient de la sorte, et, par conséquent, dans l'origine précise de la piléorhize. M. Hanstein a rapporté toutes ces origines au dermatogène.

NAISSANCE DES RACINES SECONDAIRES

C'est le plus souvent le *péricambium* qui donne naissance aux divisions latérales de la racine. Dans les Cryptogames vasculaires,

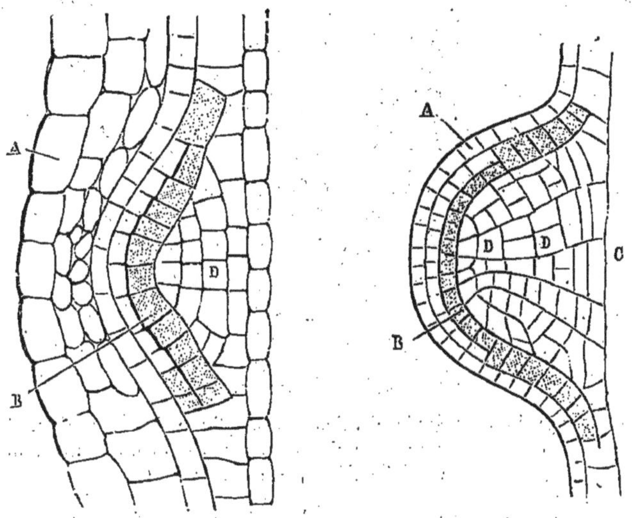

Fig. 100, 101. — Formation d'une jeune racine sur le côté de la couche du *péricambium* d'une racine principale : deux états successifs (Reinke). A, Épiderme de la racine principale, que fera éclater la jeune racine. DD, Parenchyme de celle-ci. B, Dermatogène. C, Racine principale, couche du péricambium.

ce pourrait être la couche extérieure à celle-là, c'est-à-dire la zone la plus profonde de l'écorce parenchymateuse primordiale, ou *Zone protectrice*. Dans le péricambium, par exemple, en face des faisceaux de la racine principale, à moins que ce lieu ne soit occupé par quelque autre organe qui empêche tout accroissement de tissu d'y prendre place, ou bien que le péricambium ne soit interrompu à ce niveau, il se produit une masse de parenchyme, due à la division en divers sens des phytocystes (fig. 100, 101, DD). Cette masse, faisant saillie sous les couches plus extérieures de la racine principale, qui sont finalement distendues, détruites ou perforées pour livrer passage au jeune cône radiculaire, se comporte généralement comme le sommet de la racine principale et se différencie bientôt en un dermatogène qui donnera naissance sur sa convexité à une coiffe, et en un plérome plus profond, dans lequel se formeront aussi les faisceaux fibreux et vasculaires de la jeune racine.

Les racines adventives, dont le développement est, comme l'on sait, favorisé par l'humidité du milieu (fig. 102, 103), se forment géné-

Fig. 102. — Racines adventives et bourgeons adventifs se produisant sur les racines d'un arbre au contact du sol humide (Pouchet).

ralement de la même façon, et souvent aussi au niveau du péricambium; mais on conçoit que quand la couche plus superficielle de la racine principale est entamée, ce qui favorise le développement des racines aussi bien qu'un milieu humide et plus ou moins obscur, comme le sol, ainsi qu'il arrive dans les cas de bouturage ou de marcottage avec incision, le sommet de la racine adventive se trouve nécessairement dès le début en contact avec le milieu extérieur.

II. — Tissu de la tige.

De même que la racine, la tige est, à son premier âge, uniquement formée de phytocystes-cellules, sans différenciation bien marquée, et de même aussi ceux de la périphérie prennent la forme tabulaire et aplatie qui appartient à l'épiderme (fig. 104 E). Seulement, il faut ici noter que cet épiderme est bien à tout âge réellement superficiel, tandis que dans la racine il était forcément d'abord recouvert par une portion plus ou moins amincie et plus ou moins allongée de la piléorhize.

Quand une différenciation un peu plus prononcée s'est produite dans le parenchyme intérieur, on peut y distinguer une zone intérieure à l'épiderme (CT), souvent épaisse, formée de phytocystes irré-

Fig. 103. — Racines adventives se produisant sur une tige au contact d'un sol humide (expérience de Duhamel).

guliers ou presque réguliers, souvent entremêlés de méats, et constituant le *Parenchyme cortical primaire*.

En dedans de ce parenchyme se trouve une assise, souvent unique, continue, de phytocystes à coupe transversale un peu allongée tangentiellement, à paroi mince ou inégalement épaissie en ses divers points, portant sur leurs surfaces latérales d'union des plis échelonnés plus ou moins marqués, qui les retiennent mieux fixés les uns aux autres ; c'est la *Couche* ou *Gaine protectrice des faisceaux*. Ses éléments sont fréquemment remplis de fécule.

Immédiatement en dedans de cette gaine, et, de même que dans la racine, pour donner de la solidité aux parois, aussi bien que pour livrer passage aux fluides gazeux qui vont abonder dans la jeune tige, il se forme un cercle de faisceaux fibreux (F), peu nombreux en général et régulièrement espacés autour du centre de la tige : faisceaux qui doivent constituer les éléments du liber primaire, qu'on nomme *faisceaux libériens*, et qu'on a longtemps rapportés à l'écorce de la tige.

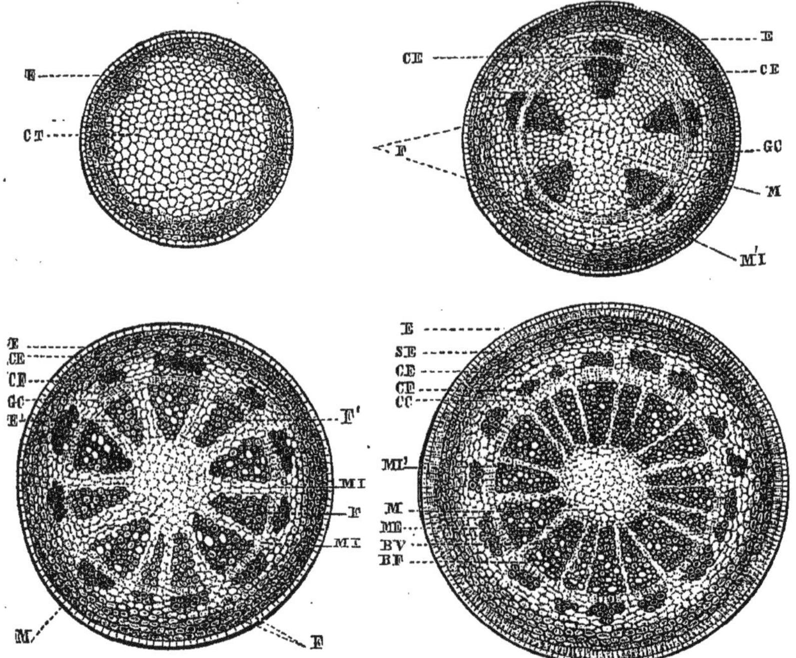

Fig. 104. — Tige dicotylédonée. Coupes transversales d'ensemble, à divers états successifs. Dans la première coupe, la parenchyme primitif CT s'entoure d'un épiderme E. Dans la seconde, cinq faisceaux F se sont produits dans la gangue parenchymateuse. Mais chacun d'eux est séparé en deux portions inégales par un arc de la zone d'accroissement CG. Au centre des faisceaux le parenchyme primitif conservé constitue la moelle M. Dans les coupes 3 et 4, des faisceaux intercalaires, tant ligneux que libériens, se sont développés, de sorte que le nombre des rayons médullaires s'est accru et qu'ils sont étroits et allongés au lieu d'être en nombre restreint (5) et à peu près aussi larges que longs, comme dans la coupe 2.

Et en même temps ou un peu plus tard, il se produit plus intérieurement un même nombre de faisceaux formés de vaisseaux primaires, analogues à ceux des racines, avec cette différence que les plus intérieurs des vaisseaux de ces faisceaux sont des trachées déroulables et des vaisseaux annelés, les vaisseaux plus extérieurs et qui se forment après les précédents, étant rayés, ponctués, réticulés, etc.

Le caractère différentiel par excellence entre la tige et la racine, c'est que *chaque faisceau vasculaire est ainsi placé en face et en dedans d'un faisceau libérien*, au lieu d'alterner avec lui.

La réunion d'un faisceau vasculaire et du faisceau libérien qui est en face de lui, a été considérée par beaucoup d'auteurs comme ne constituant qu'un seul faisceau complexe et nommé *Faisceau libéro-vasculaire*.

Ce dernier peut être compris de la façon suivante (fig. 104) : Dans le parenchyme primitif de la tige, il se différencie des colonnes cylindriques, équidistantes, dont les phytocystes s'allongent suivant la direction verticale, aussi bien en dehors qu'en dedans. Les extérieurs deviennent des phytocystes-fibres (libériens); et les intérieurs, des phytocystes-tubules, dont l'union bout à bout constitue les vaisseaux dont il vient d'être parlé. Aux plus extérieures de ces tubules se mêlent des phytocystes allongés aussi dans le sens vertical, dont la paroi s'épaissit, et qui ne s'abouchent pas les uns aux autres vers leurs extrémités; ce sont des phytocystes-fibres (du bois ou ligneux). En même temps, les phytocystes primitifs de la portion intermédiaire du cylindre, portion dont la forme est, sur la coupe transversale circulaire du faisceau, celle d'un arc plus ou moins épais, ne se modifient guère comme forme et consistance de paroi, mais ils emploient leur activité à se multiplier pour produire ensuite des fibres libériennes à l'intérieur de celles qui existent déjà, des vaisseaux et des fibres de bois en dehors de celles qui se sont précédemment formées.

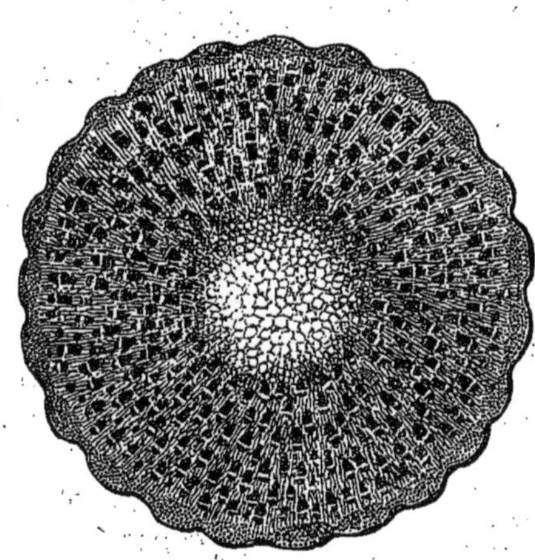

FIG. 105. — *Artichaut.* Tige herbacée, coupe transversale d'ensemble.

Cet arc dont les éléments sont ainsi en activité peut être appelé *Arc générateur*. Avec les arcs des autres faisceaux fibro-vasculaires de la tige, il constitue souvent un cercle ou zone circulaire, dite *Zone génératrice* ou *d'accroissement* (CG). Quand les faisceaux d'une tige dicotylédone herbacée sont nombreux, sans être cependant disposés sur un cercle unique, la zone génératrice existe, mais elle est tourmentée et partagée en un grand nombre de petits arcs dont les extrémités ne se correspondent pas exactement (fig. 105, 106).

Cette zone n'est pas partout bordée en dedans de vaisseaux et de fibres, en dehors de fibres libériennes. Elle présente autant d'interruptions qu'il y a de faisceaux, et ces points d'interruption sont formés par le parenchyme primitif, là où il persiste sous forme de bandes rayonnantes équidistantes. Ces bandes ont reçu depuis long-

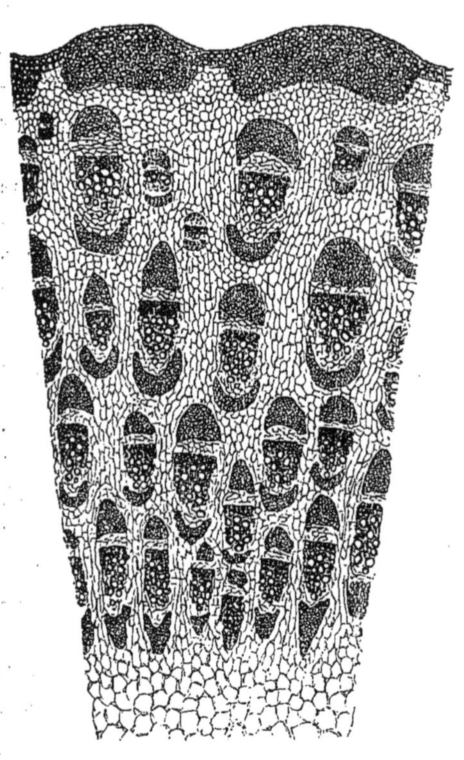

FIG. 106. — *Artichaut.* Tige annuelle. Portion de la coupe transversale représentée par la figure 105. Les faisceaux ligneux et libériens, non fermés, sont disséminés en grand nombre dans la masse primitive du parenchyme et ne forment pas un cercle régulier, unique et continu.

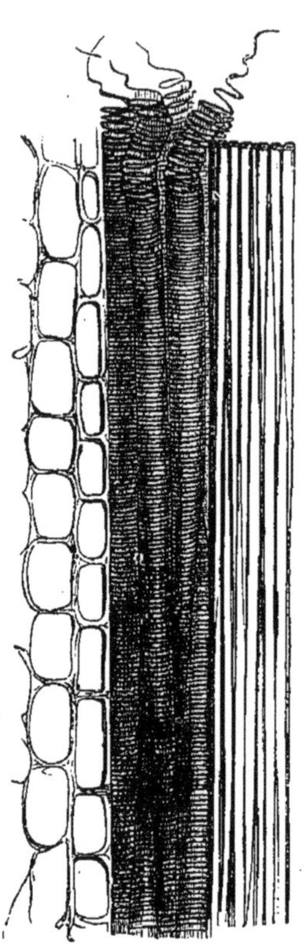

FIG. 107. — Portion d'un faisceau ligneux, comprenant des fibres du bois, des vaisseaux dont plusieurs sont des trachées déroulables et, en dedans (à gauche), une portion de la moelle.

temps le nom de *Rayons médullaires* (fig. 104, 109), parce qu'elles vont aboutir au parenchyme central primitif, également persistant vers le centre de la tige et y constituant la *Moelle.* D'autre part, ces rayons se continuent à leur extrémité périphérique avec le parenchyme cortical primitif, qu'ils relient ainsi sans interruption avec la moelle. Leurs phytocystes conservent en général des parois minces, ils prennent la forme tabulaire et sont souvent rectangulaires, avec leur plus grande longueur dans le sens du rayon (fig. 125). Ils sont aussi, surtout à certains moments, doués d'une grande activité évolutive et se dédoublent alors par cloisonnements tangentiels.

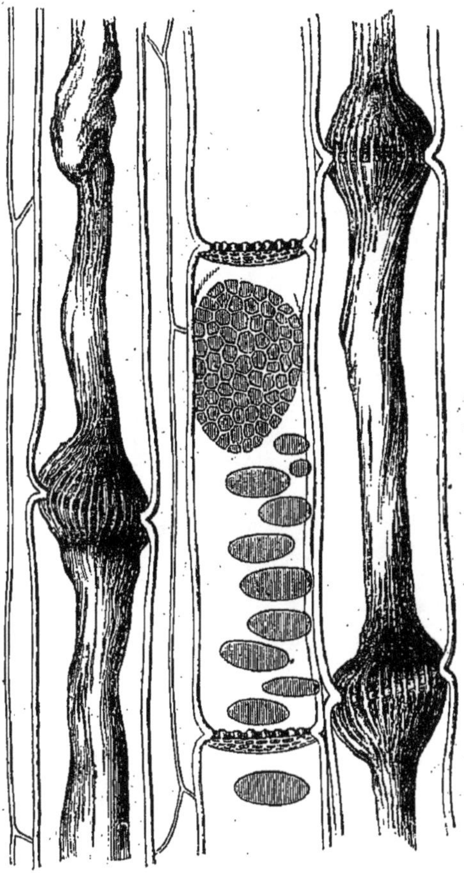

FIG. 108. — *Potiron.* Liber mou et ses éléments caractéristiques, notamment des tubes cribreux, avec paroi transversale par les trous de laquelle passe, d'un phytocyste à l'autre, le phytoblaste, ici contracté intérieurement par l'action de l'alcool. Au centre, une plaque grillagée vue de face.

En ce moment, où la constitution des faisceaux primaires de la tige est accomplie, on trouve donc, en résumé, dans celle-ci, et l'on voit nettement sur une coupe transversale (fig. 109) : 1° un système étoilé de rayons médullaires équidistants, partant tous de la moelle pour aller rejoindre le parenchyme cortical, et communiquant largement en un point de leur trajet avec la zone génératrice ;

2° En dedans de celle-ci, les fibres et les vaisseaux du bois, les plus intérieurs de ces derniers étant des trachées qui forment autour de la moelle un étui cylindrique, interrompu par les rayons, et dit *Étui médullaire*.

3° En dehors de la zone génératrice, le liber, entouré de la gaine protectrice, elle-même enveloppée par le parenchyme cortical primaire que recouvre l'épiderme.

Dans les tiges ou les branches des plantes herbacées dont la durée est courte, les choses peuvent s'arrêter là ; mais dans celles qui vivent plus longtemps, et surtout dans les végétaux ligneux, arbres, arbustes, etc., à ces formations primaires viennent se joindre, en grand nombre quelquefois, des formations secondaires.

La zone génératrice, dite encore zone d'accroissement, demeure en activité continue dans les pays où la température est elle-même assez constante pour ne point amener de ralentissements dans la végétation. Au contraire, lorsque, comme dans nos pays, il y a, suivant les saisons, abaissement ou élévation de température, la zone d'accroissement s'arrête dans son évolution pendant les froids et reprend son travail aux époques où la température se relève. C'est ainsi que, tandis qu'avec une température constamment élevée, une formation continue et centrifuge de vaisseaux et de fibres de bois s'opère en

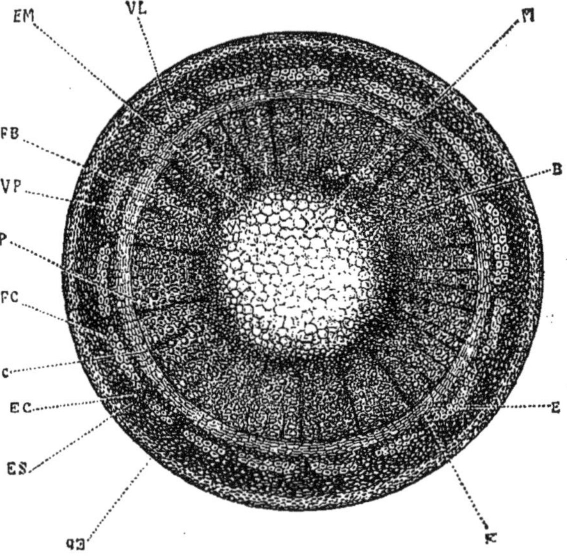

Fig. 109. — *Érable*. Coupe transversale de la tige. E, Épiderme. EC, Couches corticales, subéreuse (ES) et parenchymateuse. VL, Faisceaux libériens. C, Zone d'accroissement. B, Bois, dont la couche intérieure forme l'étui médullaire EM, et dont les faisceaux sont séparés par des rayons médullaires. Au centre, la moelle M.

dedans de la zone, en même temps que du liber se produit d'une façon continue dans la direction centripète, au côté extérieur de la même zone ; avec des alternatives de chaud et de froid coïncident des reprises et des arrêts dans la formation des couches internes du liber et des couches externes de vaisseaux et de fibres de bois.

Du côté du liber, il ne se forme pas seulement, dans l'ordre centripète, des couches de faisceaux de fibres, à paroi épaisse, flexible, à cavité peu considérable, mais aussi du *Liber mou* (fig. 108), c'est-à-dire formé d'éléments qui n'ont point une paroi épaisse et incrustée de matière ligneuse, mais d'éléments tubuleux, à paroi molle, s'abouchant à leurs extrémités les uns avec les autres et qui sont principalement des *tubes cribreux* et des *cellules grillagées* (voy. p. 29).

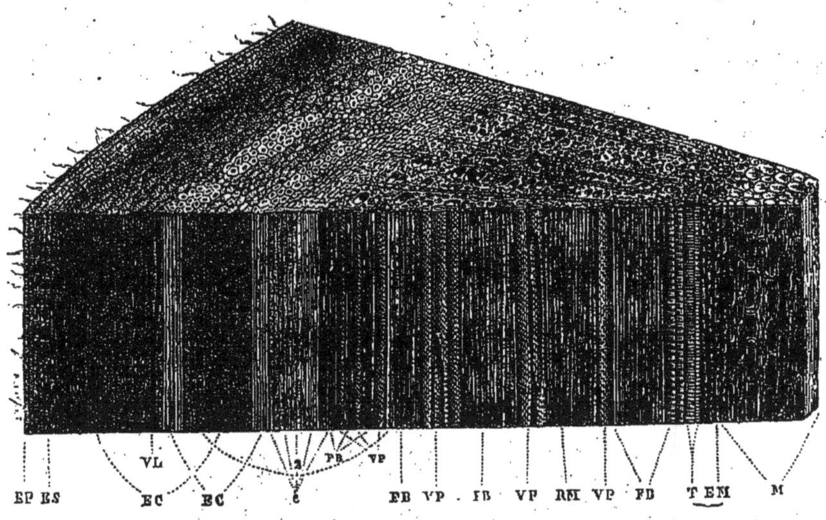

FIG. 110.— *Erable*. Coupe d'une portion de la tige. EP, Épiderme. ES, Liège. EC, Parenchyme cortical. VL, Liber. Zone d'accroissement. FB, VP, Faisceaux du bois séparés les uns des autres par des rayons médullaires. EM, Étui médullaire. M, Moelle.

Leur situation dans les faisceaux libériens, relativement à celle des fibres du liber, varie d'ailleurs beaucoup d'une plante à l'autre. Il y

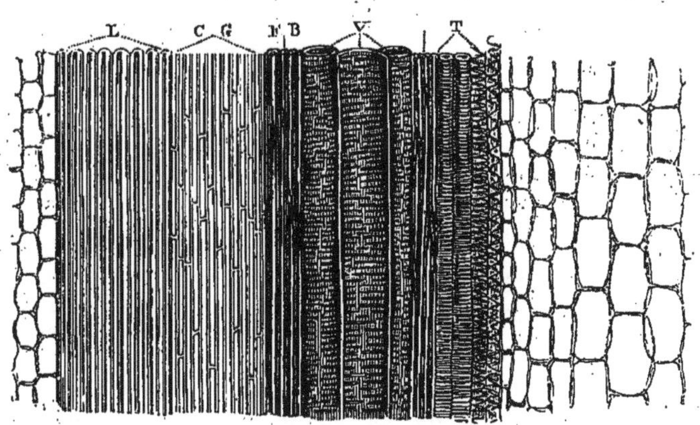

FIG. 111.— Faisceau vu sur une coupe longitudinale. A droite, la moelle. V, Vaisseaux dont les plus intérieurs sont des trachées (T) et forment l'étui médullaire. FB, Fibres du bois. L, Fibres du liber. A gauche, le parenchyme cortical.

a aussi des phytocystes-cellules dans des faisceaux libériens; ils sont dus au cloisonnement des phytocystes primitifs de cette région et jouent un rôle important dans les plantes économiques, médicinales, alimentaires, etc., en ce sens qu'ils renferment la majeure partie des substances actives que peut fournir le liber.

Du côté intérieur de la zone génératrice il se produit, soit d'une façon continue, soit avec des temps d'arrêt pendant les périodes de froid, de nouveaux vaisseaux et de nouvelles fibres des bois (fig. 104). Celles de ces nouvelles fibres qui sont encore pourvues de parois minces, peu résistantes, constituent par leur ensemble les couches de ce qu'on appelle l'*Aubier*, tandis que plus intérieurement les tiges comportent des fibres ligneuses épaissies, dures, tout à fait *lignifiées*, solides, colorées en noir, comme dans le bois d'Ébène, ou en brun plus ou moins foncé, en rouge ou en vert : ce qui a valu à l'ensemble de ces couches le nom de *Cœur* du bois ou *Duramen* (fig. 110).

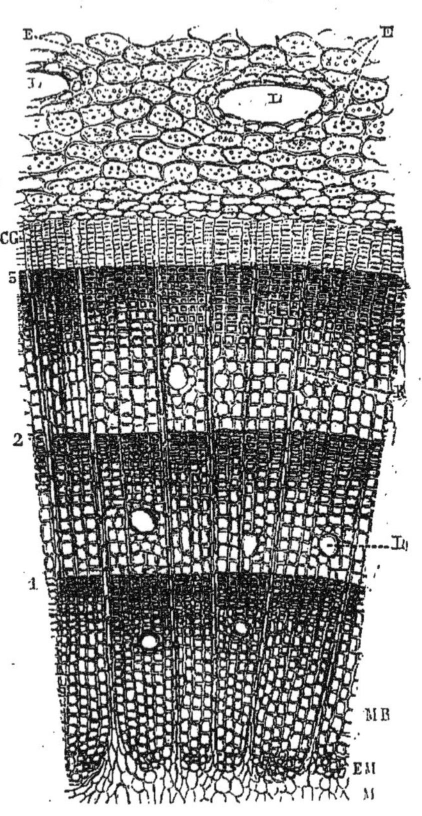

FIG. 112.— Bois de Conifère, dans lequel les couches successives (1, 2, 3) sont formées de fibres, sans vaisseaux. Les ouvertures L, figurées dans l'épaisseur de ces faisceaux, sont celles des réservoirs à résine. M, Moelle. R, Rayons médullaires.

Ce qu'il y a de plus remarquable dans ces nouvelles couches du bois, c'est la nature des vaisseaux qu'elles renferment et la façon dont se comportent, dans les intervalles de leurs *quartiers*, les rayons médullaires secondaires qui séparent ceux-ci les uns des autres. Il n'y a plus : dans ces couches à évolution centrifuge de bois secondaire, ni trachées, ni souvent même de vaisseaux annelés; leurs vaisseaux, souvent très larges, sont ou ponctués, ou plus rarement rayés. Il y a même des arbres verts en grand nombre (Conifères) où ces couches nouvelles sont uniquement composées de fibres (ponctuées avec aréoles, ou quelquefois en même temps annelées ou spiralées). Quant aux rayons médullaires secondaires, intercalés entre les rayons primitifs dans les plantes dicotylédones, ils sont d'autant plus courts qu'ils sont plus jeunes, parce que tout en arrivant tous en dehors jusqu'à la zone d'accroissement, et pénétrant même au delà d'elle, jusque dans l'intervalle des faisceaux libériens, ils ne commencent en dedans que là où se produisent, toujours de plus en plus loin du centre de la tige, les couches de plus en plus jeunes du nouveau bois (fig. 114). Vus sur une coupe tangentielle, ces rayons médullaires ont souvent la forme d'un fuseau ou d'une ellipse plus ou moins allongée, parce que les faisceaux du bois sont le plus souvent, de même que ceux du liber, loin d'être parallèles, mais bien plus ou moins sinueux et que, par conséquent, ils se touchent et s'éloignent alternativement les uns des autres.

Grâce aux productions secondaires qui se font en même temps dans la région corticale, on observe dans les tiges dicotylédones normalement constituées, notamment dans celles qui ont plusieurs années, une série de couches distinctes dont nous connaissons maintenant l'origine d'une manière générale et que nous allons successivement passer en revue.

COUCHES SUCCESSIVES DES TIGES DES DICOTYLÉDONES

Examinées de dehors en dedans, ces couches sont les suivantes :

A. — Epiderme.

A partir d'un certain âge, la tige est, comme la racine, revêtue dans la plus grande partie de son étendue d'un épiderme, couche formée de phytocystes aplatis, tabulaires, très variables de forme quand on les considère de face (fig. 144-149). Souvent transparents ou incolores, ils renferment rarement des corps solides, comme des masses de matière colorante, de substances de réserve, des cristaux (fig. 70), etc. Ils sont assez souvent, dans les tiges vertes, entremêlés de stomates (fig. 144-152), et souvent aussi ils se dilatent à leur face externe en saillies diverses, et même en poils, simples, rameux, étoilés, peltés, formés tantôt d'un seul et tantôt de plusieurs phytocystes (fig. 29-33), souvent même en poils glanduleux que nous étudierons à propos des organes de sécrétion.

La paroi des phytocystes épidermiques, souvent plus épaisse en dehors, sur la surface libre, que dans ses autres portions (fig. 42), se *cuticularise* souvent de ce côté. La *cuticule* est pour l'épiderme et pour les parties qu'il recouvre un agent de protection contre les milieux extérieurs. Sa substance représente une modification de la cellulose du phytocyste, modification plus ou moins profonde suivant le point de l'épaisseur de la paroi que l'on considère, mais toujours telle que les réactions de la cellulose y ont disparu. La teinture d'iode, avec ou sans acide sulfurique, la colore en jaune plus ou moins brun, et non en bleu. L'acide sulfurique concentré ne la dissout pas, et elle est, au contraire, dissoute par l'ébullition dans la potasse. La cuticularisation peut s'étendre aux parois latérales des phytocystes épidermiques; et sur leur surface libre la cuticule peut projeter des saillies, nodosités, arêtes, crêtes, qui de loin peuvent ressembler à des poils courts, etc. L'action prolongée de divers liquides, parfois même de l'eau, peut séparer du reste du phytocyste la paroi cuticularisée. Le réactif de Schulze isole rapidement, sans la détruire, la cuticule de l'épiderme. La cuticule peut renfermer dans son épaisseur des substances grasses, cireuses, salines, siliceuses, etc., qui peuvent s'en échapper dans certaines circonstances. Les tiges peuvent, nous l'avons vu, porter des stomates, qui seront étudiés à propos du tissu des feuilles.

B. — Liège ou Suber.

Le *Liège* ou *Suber*, qui existe à la surface des tiges, en dedans de l'épiderme, est une production secondaire des phytocystes corticaux qui se *subérifient*; c'est-à-dire que, tandis que leur contenu protoplasmique ou liquide disparaît vite, et se trouve généralement remplacé par des gaz, leur paroi présente des modifications qui rappellent assez la cuticularisation, et ne bleuissent plus quand on les traite par la teinture d'iode et l'acide sulfurique, en même temps que l'action de l'acide azotique bouillant la transforme en acide subérique. Le chlorate de potasse et l'acide azotique donnent avec elle une substance grasse, résineuse ou cireuse, que dissolvent l'alcool et l'éther.

La plupart des phytocystes de l'écorce peuvent se subériser. Quelquefois ce sont ceux mêmes de l'épiderme, comme il arrive dans certains Saules, Poiriers, Viornes, etc. Une cloison tangentielle se formant dans l'un d'eux, le subdivise en deux phytocystes dont le plus intérieur se subdivise ensuite lui-même, par cloisonnement tangentiel, en un nombre variable d'éléments qui se trouvent naturellement tous rangés en série radiale en face du phytocyste épidermique primitif. Cette multiplication des éléments est comparable à celle qui se produit dans la zone génératrice.

Plus souvent, au contraire, ce sont, en dedans de l'épiderme, des éléments du parenchyme cortical qui se subérifient. Ces éléments appartiennent à la première couche sous-épidermique, plus rarement à la deuxième, à la troisième, ou à une couche plus profonde, même à celle qui est en contact avec les phytocystes-fibres les plus extérieurs du liber, ou aux cellules interposées aux faisceaux libériens.

Les séries de phytocystes subéreux qui se produisent en pareil cas, ne sont plus, bien entendu, en rapport exact pour les dimensions et les limites avec les phytocystes épidermiques auxquels ils sont inté-

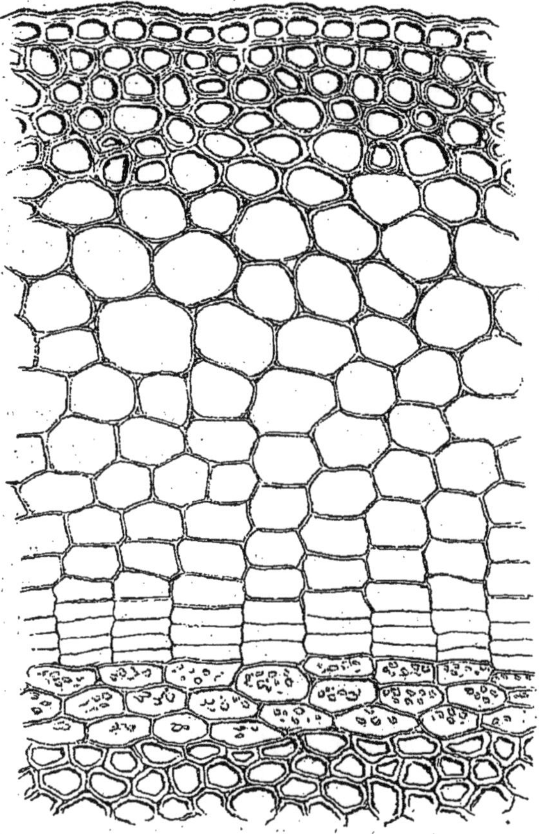

Fig. 113. — *Groseillier à maquereaux*. Coupe transversale d'une portion de la tige. En haut, l'épiderme et en bas le liber, au-dessus duquel sont disposés les phytocystes de toutes variétés du Liège, dédoublés en séries radiales.

rieurs; mais, dans chaque série, la production se fait, soit de dedans en dehors, soit, plus fréquemment, de dehors en dedans, soit encore, pour une même série, en partie dans l'ordre centripète et en partie dans l'ordre centrifuge (fig. 113). Toutes les combinaisons sont, on peut dire, possibles, en passant d'une espèce à une autre. Quand le liège se produit avec régularité dans une écorce donnée, son tissu élastique, léger, creusé de cavités à peu près égales, s'emploie à divers usages bien connus, comme il arrive notamment dans le Chêne-Liège (*Querçus Suber*), de la région méditerranéenne (fig. 114), et aussi, dit-on, dans une espèce voisine, à maturation biennale des fruits, le *Q. occidentalis*. C'est à l'âge de dix à quinze ans que le liège commence à pouvoir être utilement *démasclé* pour les usages industriels.

Dans ces arbres, le liège se reproduit là où il a été enlevé, et surtout dans l'ordre centripète.

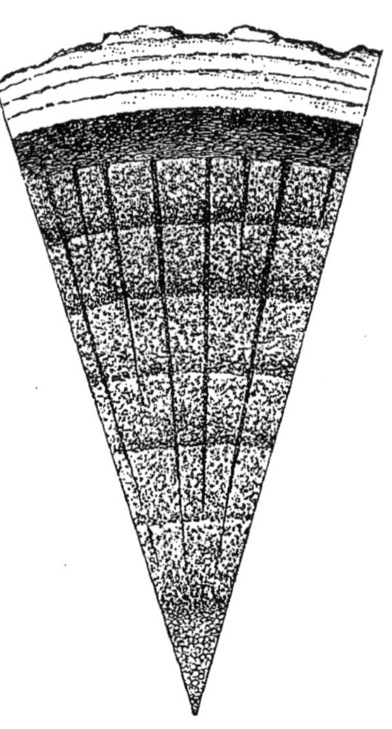

FIG. 114. — *Chêne-Liège*. Tige, coupe transversale; en dehors du bois et du liber, les couches subéreuses, en partie détruites extérieurement.

C'est une production de liège, plus localisée, mais analogue, qui sert à fermer les solutions de continuité peu étendues qui se montrent souvent vers la surface des écorces de nos arbres. Dans les phytocystes demeurés sains qui avoisinent ces blessures, il se forme, par segmentations et cloisonnements répétés, de nouveaux phytocystes qui présentent bientôt tous les caractères et les réactions chimiques du Suber.

Les *Lenticelles* sont des sortes de taches, en forme de petites cicatrices pâles, qui abondent souvent sur l'écorce de bien des tiges, et même sur celle des racines, et qui, d'abord arrondies ou à peu près, prennent ensuite, sur les tiges ou les branches grossies, la forme d'une strie transversale. Elles n'ont généralement pas au fond d'autre origine. Là où l'épiderme est affaibli ou aminci, détruit, perforé, là principalement où il était traversé par les ostioles d'un stomate ou d'un groupe de stomates, le tissu parenchymateux sous-jacent se divise et se subérifie, et peut même venir faire saillie à la surface sous forme de phytocystes brunâtres, desséchés, morts enfin. Il y a là une solution de continuité par laquelle, écartant les éléments de la lenticelle, les racines adventives, formées, comme l'on sait, plus profondément, peuvent parfois faire saillie, venir sortir à l'extérieur de la tige.

Les aiguillons des Rosiers (fig. 115) et de quelques autres plantes analogues n'ont pas non plus d'autre origine. Le parenchyme sous-jacent à l'épiderme y prolifie, comme dans le cas précédent, de façon à former une saillie, d'abord mousse, puis de plus en plus prononcée et même aiguë, droite ou arquée. Seulement, l'épiderme, au lieu de se laisser perforer par ces saillies subéreuses, se soulève à leur surface et multiplie lui-même ses éléments aplatis pour pouvoir leur constituer un revêtement. Dans certaines Ronces, cette formation de liège, finalement durci en aiguillons, débute, non seulement dans le parenchyme sous-jacent, mais bien dans l'épiderme lui-même, comme il arrive, nous l'avons vu, de certaines couches subéreuses non proéminentes à l'extérieur des tiges. De semblables aiguillons, plus ou

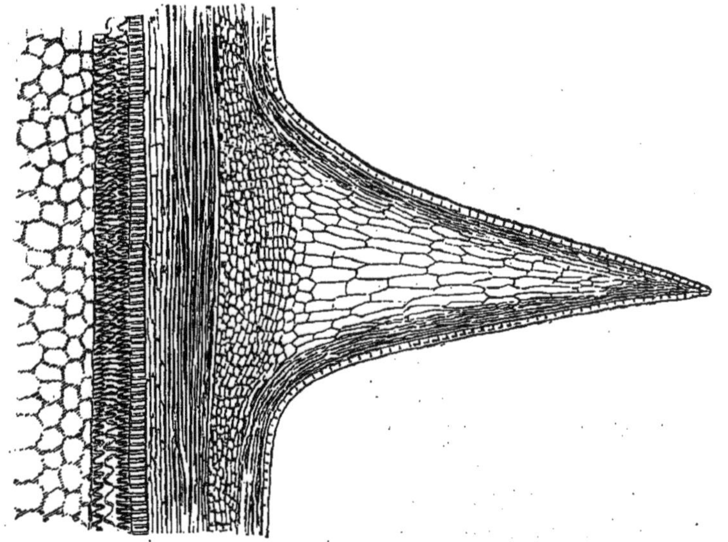

FIG. 115. — *Rosier*. Coupe longitudinale d'un aiguillon. Les éléments accrus du liège y sont recouverts par l'épiderme distendu.

moins rigides à la fin, peuvent se produire sur les feuilles, les fruits et bien d'autres organes. On peut dire qu'en coupant à sa base un aiguillon de Rosier, on met à nu une surface cicatricielle de phytocystes subérisés, qui constitue une sorte de large lenticelle artificielle.

La limite des couches de liège est parfois formée par une zone d'une, deux ou quelques assises de phytocystes qui deviennent tabulaires, épais, plus résistants, plus foncés. On a nommé ce tissu *Périderme* (fig. 113). Une masse de liège donnée peut être partagée en plusieurs lames par des couches de ce périderme. Elles sont nombreuses dans l'écorce des Bouleaux ; elles lui permettent de s'exfolier en lames minces de périderme, séparées par des couches minces et moins résistantes de vrai liège. Les plaques épaisses superposées, qui se séparent de l'écorce des Platanes, à partir d'un certain âge, ont une origine analogue ; elles sont comprises entre deux lames solides de périderme qui, n'étant pas exactement parallèles à la surface de la tige, viennent se réunir bords à bords sur certains points marginaux des plaques, points au niveau desquels s'opère la desquamation.

C. — Sous-épiderme.

Nous donnons ce nom général à certains tissus très variables qui, comme le liège, sont sous-jacents à l'épiderme et qui constituent

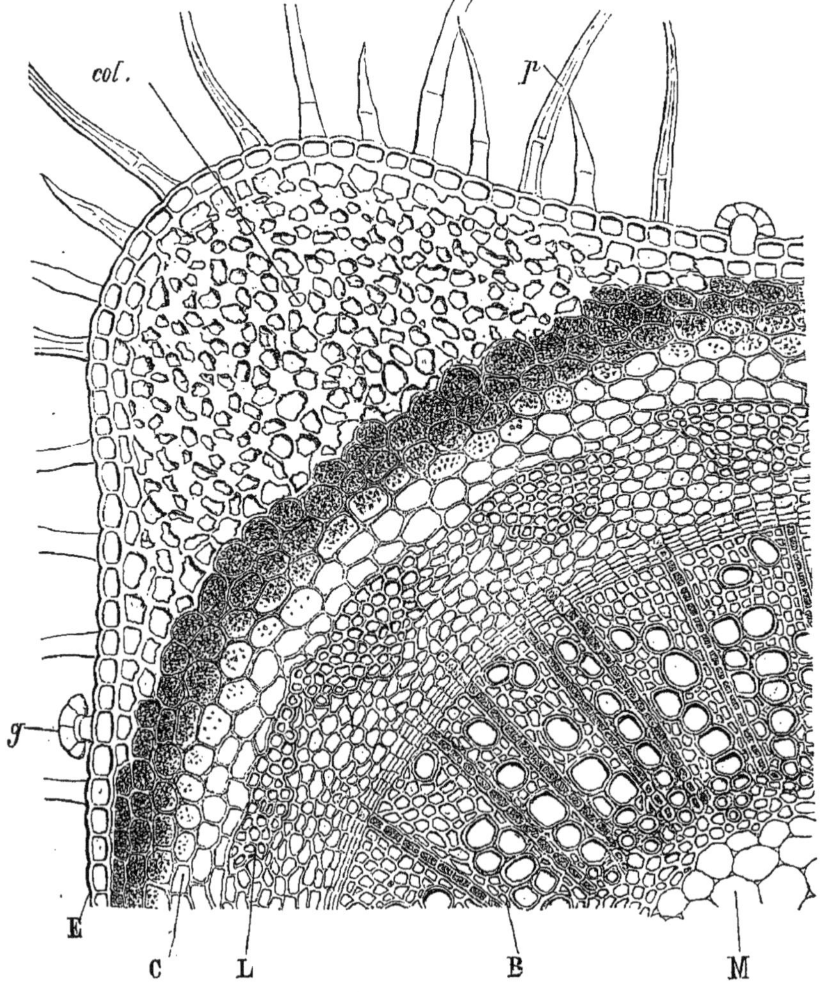

Fig. 116. — Coupe transversale de la portion de tige de Labiée, figurée déjà p. 26. En dehors de la moelle M, se trouvent le bois B et le liber L. En dehors, sous l'épiderme E, portant des poils *p* et des glandes *g*, se trouve, aux angles de la tige, un *sous-épiderme*, formé en majeure partie de collenchyme, *col.*

pour celui-ci des organes de soutien. Ce sont quelquefois des bandes semblables aux faisceaux libériens ; ou des phytocystes à paroi dure, scléreuse ou pierreuse; ou des phytocystes courts, gorgés de sucs divers, même de latex. On a aussi qualifié l'ensemble de ces tissus d'*Écorce externe*, d'*Hypoderme*, etc., noms qui ont été l'objet de certaines critiques. Ce tissu sous-épidermique peut être aussi du *Collenchyme* (fig. 116, 117). Nous savons qu'on a désigné sous ce nom des colonnes de soutien, formées de phytocystes plus ou moins allongés dans le sens vertical, épais de paroi, surtout vers les angles de réunion où il n'y a pas de méats, mais mous et se gonflant au contact de l'eau et devenant d'apparence cireuse par l'action de l'iode et

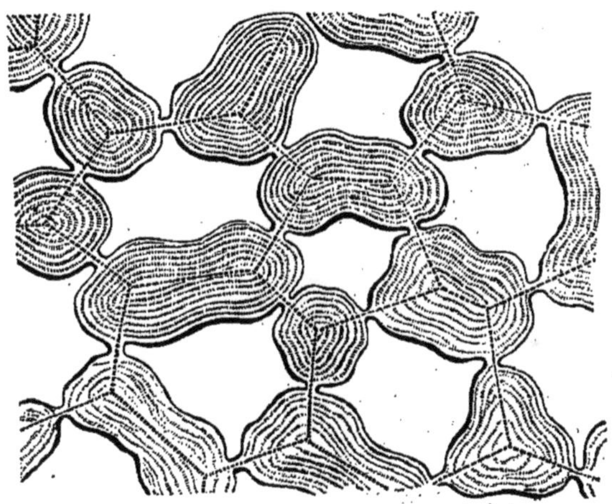

FIG. 117. — Collenchyme du *sous-épiderme* d'une Labiée.

de l'acide sulfurique. Ce collenchyme peut être répandu en couche continue doublant partout l'épiderme; ailleurs, surtout avec l'âge, il se localise, notamment vers les angles saillants des tiges, au niveau desquels on peut d'ailleurs voir aussi le tissu épidermique proprement dit présenter quelquefois des modifications analogues.

D. — Parenchyme cortical.

Formé de phytocystes-cellules de toutes sortes, avec des formes très variables, régulières ou irrégulières, sans ou avec méats, quelquefois même nombreux et très développés (fig. 118), avec un contenu très variable, etc., le parenchyme cortical adulte était jadis appelé en partie *Couche herbacée*, là où il était riche en matière verte, c'est-à-dire, en général, du côté du liège. Comme partout où le phytocyste a conservé les parois minces de la cellule proprement dite, cette couche est longtemps active, fabriquant et transportant

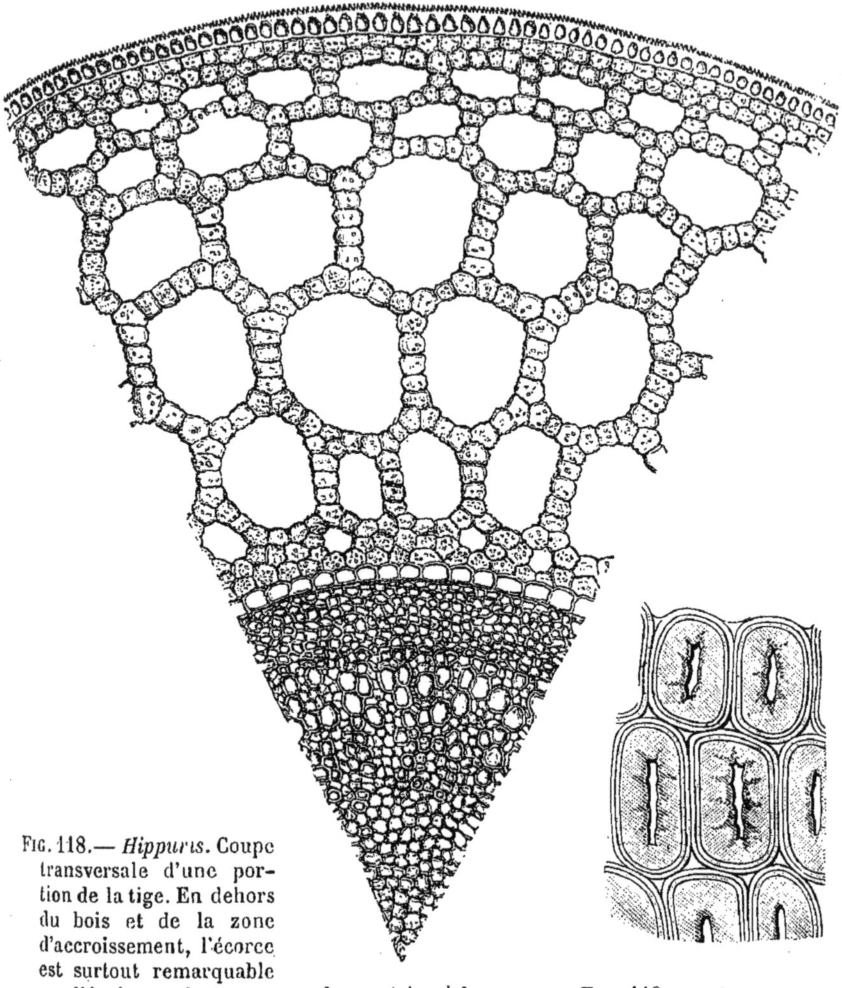

FIG. 118.— *Hippuris*. Coupe transversale d'une portion de la tige. En dehors du bois et de la zone d'accroissement, l'écorce est surtout remarquable par l'épaisseur de son *parenchyme*, très riche en méats séparés les uns des autres par des cloisons formées d'un seul phytocyste dans leur épaisseur.

FIG. 119. — Phytocystes-fibres du liber, coupés en travers.

des matériaux alimentaires ou de réserve qui souvent s'accumulent dans ses éléments. Ainsi elle peut être riche en fécule, en sucre, en tannin, en gommes, en gommes-résines et oléo-résines, en cristaux, en cristalloïdes, en latex; et ce dernier, de même que les substances gommeuses et résineuses, peut y être renfermé dans des laticifères ou dans des canaux sécréteurs, des glandes internes, etc. Les parois des phytocystes composant le parenchyme cortical peuvent aussi subir, en certaines régions, souvent déterminées, les transformations mucilagineuse, gommeuse, scléreuse, pierreuse, etc. Dans les Poires pierreuses, par exemple, c'est dans le parenchyme cortical d'un axe comparable à la tige que se produisent les *pierres* (fig. 23) dont est souvent parsemée la chair de ces fruits.

E. — Liber.

Nous avons vu plus haut (p. 89, 93) qu'il est formé de faisceaux de fibres libériennes, de vaisseaux cribreux ou de phytocystes grillagés

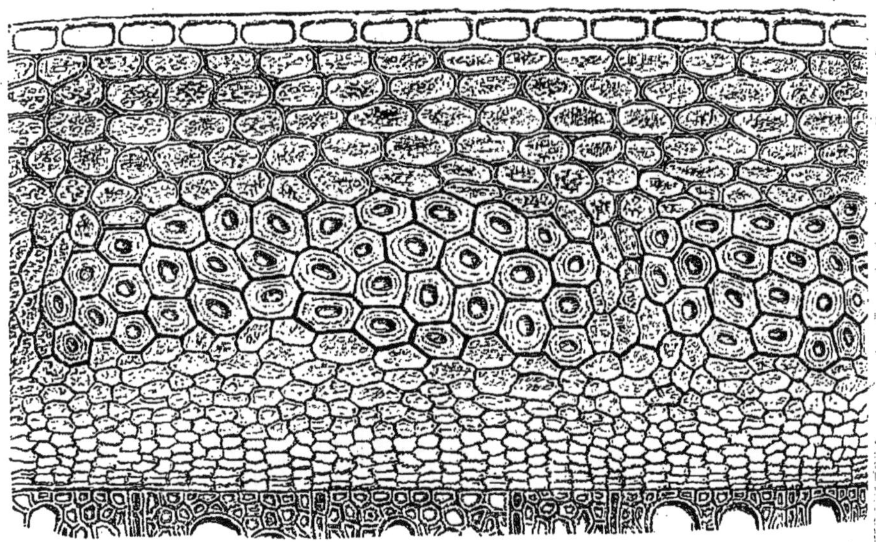

Fig. 120. — *Lin.* Coupe transversale de l'écorce. En bas le bois. Plus en dehors, deux couches de parenchyme cortical, séparées l'une de l'autre par très nombreuses fibres du Liber. En haut, l'épiderme.

(fig. 108), disposés en couches plus ou moins régulières et variant de nombre. A ces éléments s'interposent, d'une façon irrégulière ou quelquefois en lames très régulières, des masses parenchymateuses dont les éléments peuvent être riches en principes actifs, de même que les phytocystes de la couche précédente. Au niveau des rayons médullaires, ces phytocystes passent, brusquement ou non, à la variété muriforme (fig. 125). Très souvent aussi il y a dans le liber des vaisseaux laticifères ou des canaux sécréteurs, qui en occupent, ou toutes les régions, ou l'intérieur, ou l'extérieur, marchant parallèlement les uns aux autres, ou obliquement, et s'anastomosant plus ou moins richement entre eux par des conduits transversaux ou obli-

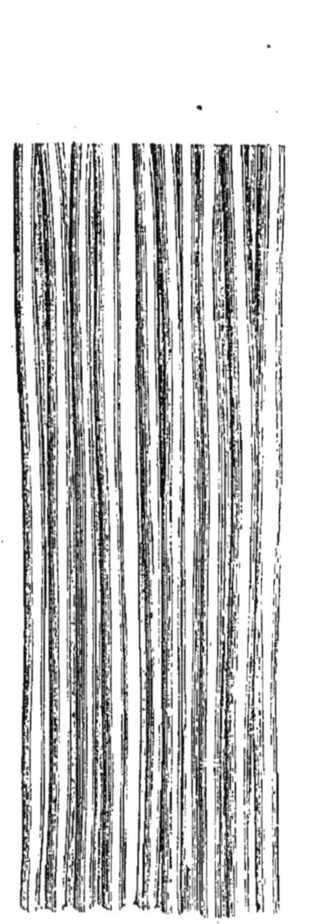

Fig. 121. — *Chanvre.* Fibres libériennes en couche continue.

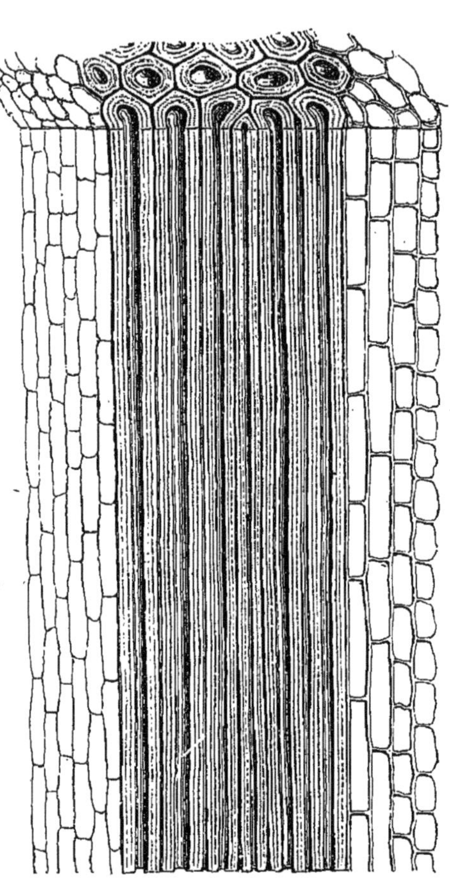

Fig. 122. — *Lin.* Coupe longitudinale d'un faisceau du liber.

ques qui peuvent traverser toute l'épaisseur des faisceaux libériens. On sait que ces conduits laticifères plus ou moins ramifiés ont été considérés, dans un certain nombre de plantes, comme des phytocystes rameux interposés aux éléments primitifs du parenchyme libérien. Rappelons qu'il est aujourd'hui absolument impossible de regarder le liber comme faisant partie de l'écorce.

F. — Zone génératrice.

Nous connaissons aussi la composition de cette zone parenchymateuse (fig. 104, 109), nommée encore *Zone d'accroissement, Zone régénératrice,* et souvent aussi *Cambium,* expression à laquelle il faudrait renoncer, tant sont diverses les choses auxquelles elle a été appliquée. Nous savons aussi que cette zone communique largement au point de rencontre avec chacun des rayons médullaires, et nous avons déjà fait entrevoir le rôle qu'elle joue dans la formation du bois et du liber secondaire, rôle sur lequel nous reviendrons à l'étude de l'accroissement des tiges.

G. — Bois.

Le bois est, comme nous l'avons vu, formé de zones en nombre variable suivant l'âge des tiges. A part celles de ces tiges dont l'ac-

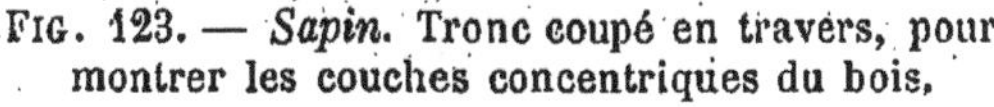

FIG. 123. — *Sapin.* Tronc coupé en travers, pour montrer les couches concentriques du bois.

FIG. 124. Fibres du bois.

croissement est anormal et dont nous n'avons pas à nous occuper ici, ces zones sont concentriques et en nombre égal aux périodes de végétation qui, chez nous, grâce à l'alternance régulière des saisons, sont le plus ordinairement en même nombre que celui des années que la tige a vécu. Les plus extérieures de ces couches constituent l'aubier, et les plus intérieures, le cœur, formés de fibres ligneuses et de vaisseaux. Tout à fait en dedans du bois se trouve l'*étui médullaire*,

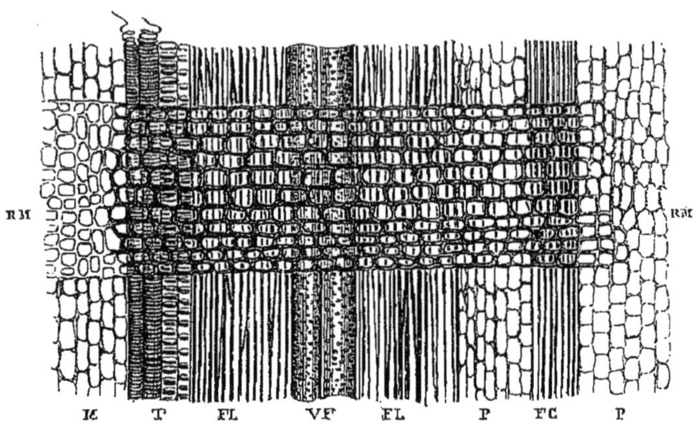

FIG. 125. — *Érable*. Coupe longitudinale d'une portion de la tige, passant par un rayon médullaire R M. M M représentent, à droite la moelle, et à gauche le parenchyme cortical. F L, Liber. T, Étui médullaire.

c'est-à-dire la couche primaire de bois, contenant seule des trachées déroulables. Dans les Conifères, le bois est formé de fibres seulement. Ces couches d'ailleurs sont traversées par les rayons médullaires et souvent aussi par d'autres organes, comme des canaux résineux, des laticifères, etc.

H. — Moelle.

Comme presque tous les parenchymes, la moelle renferme des phytocystes-cellules de diverses variétés. Souvent leurs parois sont minces, et souvent aussi un certain nombre d'entre eux acquièrent des parois épaisses et molles, ou épaisses et en même temps scléreuses, ou pierreuses, ou ligneuses. Ces phytocystes à paroi dure peuvent être disséminés par toute la moelle, ou rapprochés vers sa périphérie, ou distribués suivant toute sa longueur en diaphragmes transversaux, continus ou interrompus. Plus souvent que les phytocystes à paroi mince, ils renferment des substances actives, parfois colorées. Les éléments à parois minces peuvent contenir les mêmes substances, de l'amidon, du tannin, des sels, etc. ; mais souvent aussi, à l'âge adulte, ils ne renferment plus que des gaz. A une époque variable, quand son accroissement est moins actif que celui du bois qui l'entoure, le parenchyme de la moelle peut présenter des vides, abandonnant le centre pour ne persister, parfois en couche très mince, que vers les parois de l'étui médullaire (fig. 128); ou bien encore il forme, dans la cavité centrale interrompue, des diaphragmes transversaux, parallèles ou non entre eux, et souvent très nombreux.

TIGE DES MONOCOTYLÉDONES

Ces tiges ne présentent pas, au premier âge, de différences fondamentales de tissu avec les tiges des Dicotylédones.

Sous leur épiderme, il y a un parenchyme général dont nous verrons bientôt la double origine, et qui est primitivement formé uniquement de phytocystes-cellules.

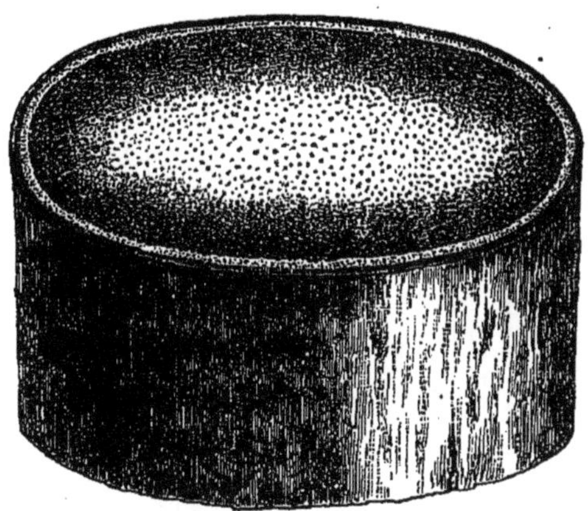

FIG. 126. — *Palmier*. Tige de Monocotylédone, coupe transversale.

Si maintenant nous supposons que cette jeune tige porte un petit nombre de feuilles, et, par exemple, quatre de chaque côté (fig. 127), on verra qu'il se forme dans la tige un nombre égal de faisceaux libéroligneux, correspondant chacun à une de ces feuilles; ces faisceaux (fig. 129-131) comprendront, comme ceux d'une tige dicotylédonée, et de dehors en dedans, des fibres libériennes, un arc générateur, des fibres ligneuses et des vaisseaux de divers ordres, dont un seul ou quelques-uns des plus intérieurs seront des trachées.

Si les quatre feuilles de chaque côté sont supposées également espacées sur le pourtour de la tige, les quatre faisceaux seront également disposés régulièrement sur une circonférence extérieure à l'axe central de la tige.

Et si maintenant nous ajoutons :

Qu'il y a, en dedans de l'épiderme, un *Sous-épiderme*, comparable à celui des Dicotylédones, un parenchyme cortical, plus intérieur, et, en dedans de celui-ci, une gaine protectrice des faisceaux, qui représente la couche intérienre de l'écorce ;

Puis, qu'en dedans des faisceaux du bois, il subsiste un cylindre

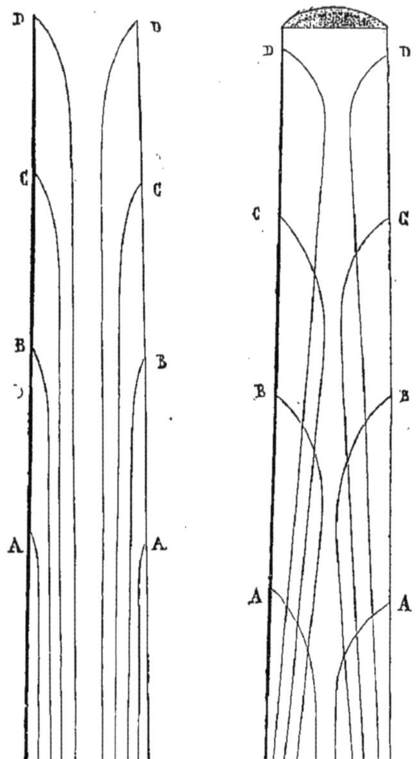

Fig. 127. — Schema classique de la marche des faisceaux dans une tige monocotylédone. Les lettres A B C D indiquent la succession sur la tige, de bas en haut, des feuilles auxquelles répondent les faisceaux. A gauche, la façon dont les faisceaux se portent successivement en dedans les uns des autres. A droite, la façon dont plus bas ils croisent les faisceaux plus âgés pour se porter en dehors d'eux.

central du parenchyme primitif, lequel se continue dans l'intervalle des quatre faisceaux avec quatre rayons médullaires larges et courts;

Nous verrons que cette jeune tige est semblable en général, comme tissu, à une jeune tige de Dicotylédone, et nous n'aurons à constater entre l'une et l'autre, sur une coupe transversale, que les deux traits différentiels suivants :

1° La zone protectrice, dans tous les cas où elle forme un étui complet à la surface interne de l'étui cortical, sépare complètement le parenchyme cortical primaire du parenchyme médullaire et de ses prolongements;

2° Les faisceaux de la tige monocotylédonée, peu volumineux relativement à la masse totale de la tige, et formés aussi relativement d'un petit nombre d'éléments, principalement de phytocystes-tubules constituant les vaisseaux, ont aussi un arc générateur peu développé, qui s'arrête de bonne heure dans son évolution, qui cesse de bonne

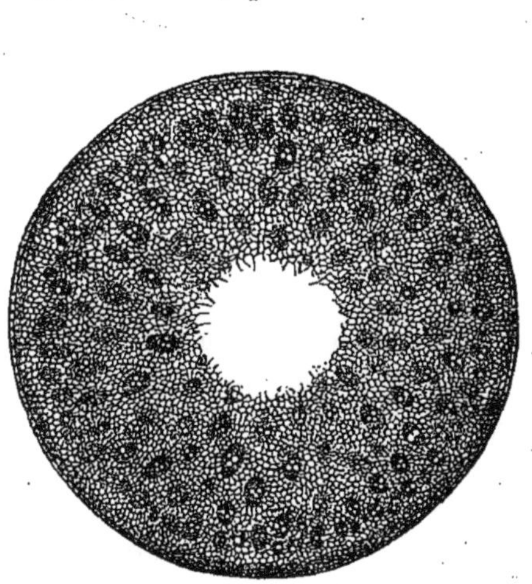

Fig. 128. — Tige dite fistuleuse. Coupe transversale, à faisceaux disséminés, à tissu parenchymateux raréfié et résorbé au centre.

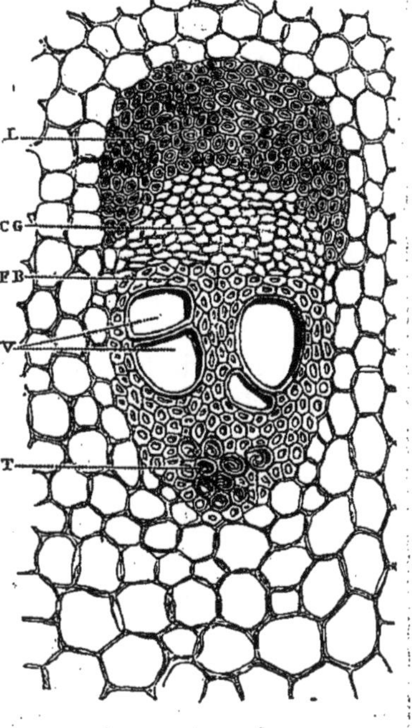

Fig. 129. — Faisceau fibro-vasculaire d'une tige de Monocotylédone, coupe transversale.

heure de former des fibres libériennes en dehors, des vaisseaux et fibres du bois en dedans, et qui produit à la périphérie du faisceau des fibres libériennes vers ses extrémités libres, ou même aussi plus intérieurement, de façon à devenir tout à fait séparé par cette ceinture fibreuse, et des régions médullaires, et des arcs correspondants des autres faisceaux (fig. 130, Z); de sorte qu'on peut, dans un grand nombre de cas, nommer ceux-ci, dans les Monocotylédones, des *faisceaux fermés* (par opposition avec ce qu'ils sont dans les Dicotylédones, où on les a nommés *faisceaux ouverts*).

Une troisième différence bien plus considérable s'observe, non pas sur une coupe transversale, mais sur le faisceau considéré suivant sa longueur (fig. 131). A mesure qu'on le suit de haut en bas dans la hauteur de la tige, on le voit s'atténuer, se terminer graduellement en pointe, et se réduire successivement en bas à un très petit nombre de ses éléments constituants, pour se perdre de la sorte dans la gangue parenchymateuse primitive.

D'ailleurs ces faisceaux, une fois arrivés à une certaine grosseur, ne s'épaississent plus que fort peu ; l'activité de leurs arcs d'accroissement, limitée comme puissance et comme durée, fait qu'ils ne peuvent plus bientôt s'adjoindre de nouvelles fibres et de nouveaux vaisseaux. De là est venue cette singulière idée que les troncs non ramifiés ou peu ramifiés des arbres monocotylédonés, tels que les Palmiers, n'augmentaient pas d'épaisseur une fois formés. Il suffit de voir, dans nos serres ou nos jardins même, un palmier de la grosseur du doigt acquérir graduellement, en vingt ou trente ans, la grosseur du corps d'un homme, pour être convaincu de tout ce que cette assertion théorique a d'exagéré.

On peut se faire, sur une Monocotylédone quelconque de notre pays, une idée de la composition d'un faisceau isolé (fig. 130). On le voit d'abord entouré, dans tout ou partie de son étendue, de phytocystes modifiés en étui protecteur (*g*), et qui probablement suppléent, pour lui donner de la rigidité, les fibres ligneuses qu'il possède en si petite quantité. Cette gaine est constituée par un sclérenchyme, dont les éléments tubuleux ont une paroi épaisse, souvent richement ponctuée. Sur sa ligne médiane, en dedans, le faisceau possède quelques vaisseaux spiralés, annelés, rayés, et à droite et à gauche, plus en dehors, un vaisseau large, ponctué, ou quelques vaisseaux inégaux de même nature (VV). Plus en dehors encore, sur la ligne médiane, il y a quelques fibres ligneuses, ponctuées, aréolées ou réticulées, puis, en dehors d'un arc d'accroissement peu développé, et même, comme nous l'avons dit, vite fermé ou effacé, un liber, riche surtout en phytocystes tubuleux grillagés.

Si maintenant nous supposons qu'aux huit feuilles dont nous avons admis l'existence il vienne s'en joindre, un peu plus haut sur la tige, une, deux, trois autres, et ainsi de suite, nous verrons que le faisceau qui correspond à la neuvième feuille, à le supposer, comme précédemment, partir de la feuille pour descendre dans la tige, se porte d'abord obliquement de dehors en dedans et de haut en bas vers l'axe de la tige ; que là, parvenu en dedans du faisceau de al huitième feuille, il se dirige verticalement en bas, puis en dehors, croisant obliquement le faisceau qui répond à la feuille immédiatement placée du même côté au-dessous de lui, pour se porter plus en dehors que lui, et redevenir vertical pour descendre en s'épuisant (fig. 127) ; que le dixième faisceau se comporte de même par rapport à ceux des feuilles qui sont au-dessous de la dixième, et ainsi de suite;

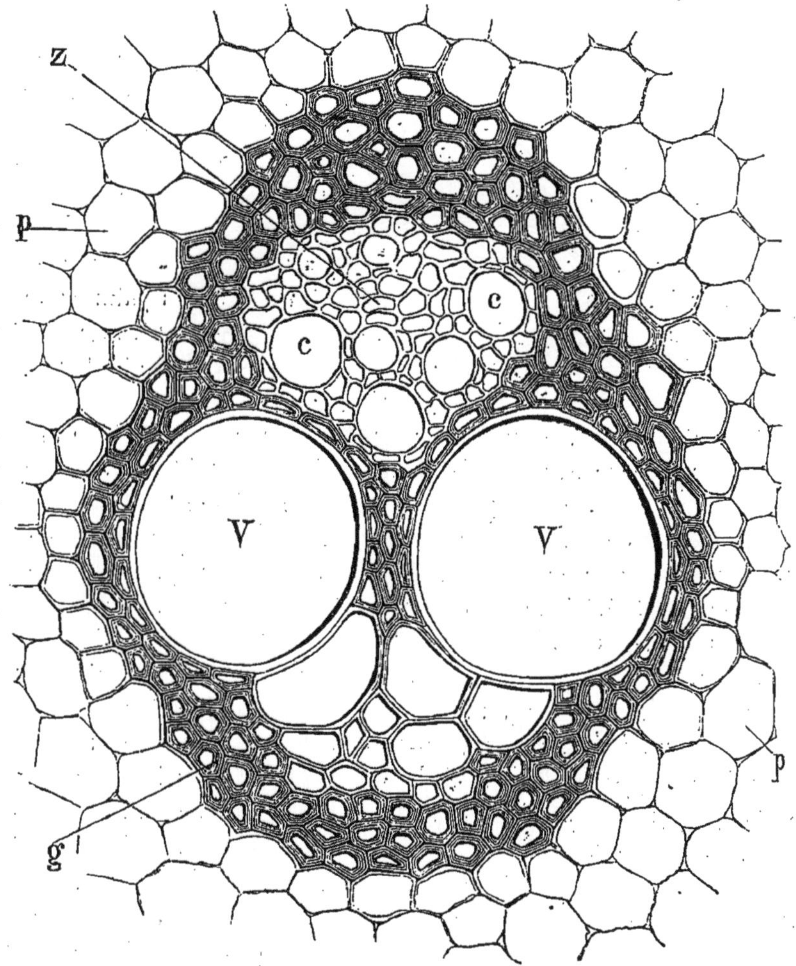

FIG. 130. — *Salsepareille.* Coupe transversale d'un faisceau de la tige. P est le parenchyme primitif de la tige. *g*, Gaine qui entoure l'ensemble du faisceau et se continue en dehors avec le liber. VV, Section des gros vaisseaux de la tige. Au-dessous et au-dessus d'eux sont des vaisseaux plus petits, CC, en dedans de la zone génératrice *fermée* (Z) du faisceau, elle-même contiguë au liber qui est immédiatement en contact avec la gaine générale du faisceau.

de sorte qu'un faisceau est d'autant plus intérieur en haut et d'autant plus voisin de la surface en bas qu'il appartient à une feuille plus haut placée sur la tige. C'est du moins en vertu de cette théorie qu'on explique jusqu'ici que, lorsque de nombreux faisceaux se sont disposés les uns au dedans des autres, séparés par des espaces plus ou moins réguliers de la gangue parenchymateuse primitive, ils sont en haut beaucoup plus ténus et clairsemés à l'intérieur qu'à l'extérieur.

A mesure qu'ils deviennent ainsi plus fins et moins nombreux, le parenchyme médullaire primitif se montre relativement plus abondant,

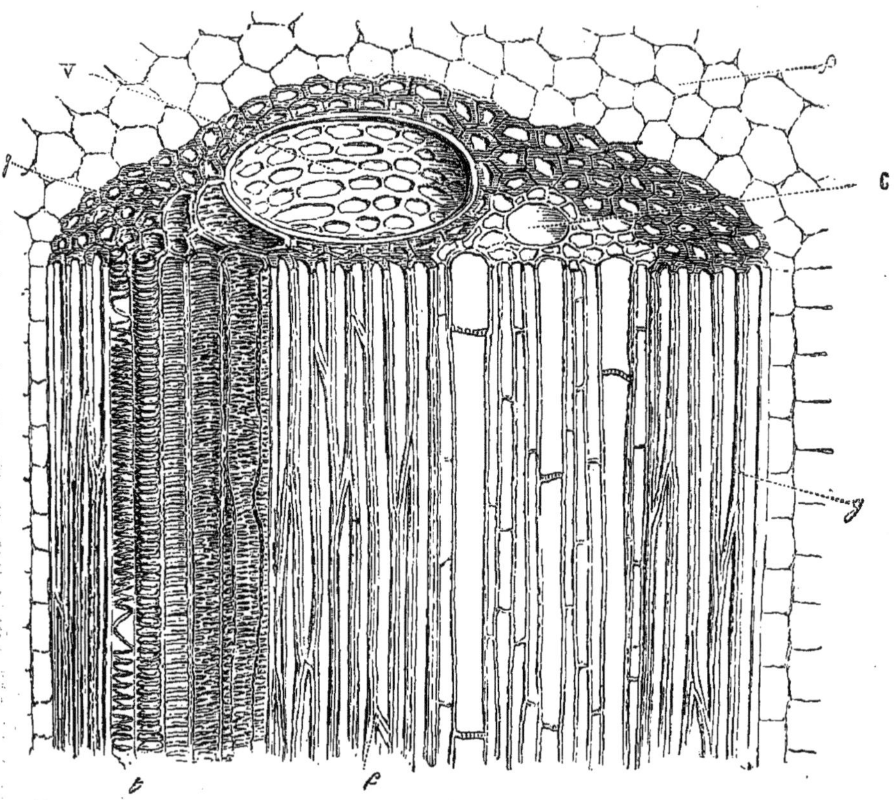

FIG. 131. — *Salsepareille.* Coupe longitudinale passant par le milieu du faisceau représenté dans la figure précédente. *p*, Parenchyme primitif. *gg*, Gaine protectrice du faisceau, faisant suite en dehors à son liber. V, l'un des deux gros vaisseaux réticulés vus en coupe transversale dans la figure précédente. C, Vaisseau plus étroit, voisin de l'arc générateur fermé. Au côté interne du faisceau (à gauche), sont des trachées, *t*.

puis il occupe tout à fait seul le centre de la tige, à moins que là il ne se déchire ou se résorbe, comme dans les tiges creuses des Dicotylédones, pour laisser libre une cavité centrale (fig. 128) qui est surtout prononcée dans le *chaume* de la plupart des Graminées. On sait qu'en outre ce chaume est coupé de distance en distance par des cloisons pleines qui correspondent à l'insertion des feuilles et des bourgeons.

A ces cloisons répondent des faisceaux transversaux ou obliques de renforcement, qui se joignent aux faisceaux longitudinaux passant verticalement d'un segment à l'autre de la tige.

Il y a d'ailleurs des Monocotylédones ligneuses, telles que les *Dracæna* (fig. 132), les *Yucca*, dont la tige, souvent ramifiée, s'épaissit

Fig. 132. — Dragonnier (de l'Orotava) très âgé et à tige très ramifiée.

d'une façon continue et bien plus manifeste en apparence, à peu près comme celle des arbres dicotylédonés. On sait aujourd'hui qu'outre un cylindre central composé de la façon que nous venons de dire, ces tiges possèdent des faisceaux extérieurs qui naissent dans la zone parenchymateuse périphérique, sous forme d'une zone génératrice qui produit des faisceaux libéro-ligneux sans connection avec les feuilles.

Dans la période végétative suivante, une nouvelle zone génératrice se produit plus en dehors encore; il s'y forme de plus jeunes faisceaux libéro-ligneux, et ainsi de suite. Aussi ces tiges peuvent-elles acquérir des dimensions considérables, comme il arrive dans les vieux Dragonniers, tels que celui d'Orotava à l'île de Ténériffe (fig. 132), cité par tous les voyageurs, mort aujourd'hui, mais qui avait atteint plus de 6 mètres d'épaisseur.

TIGE DES ACOTYLÉDONES

Il faut d'abord remarquer, d'une manière générale, que dans ces tiges, toujours constituées au début par des phytocystes-cellules, le

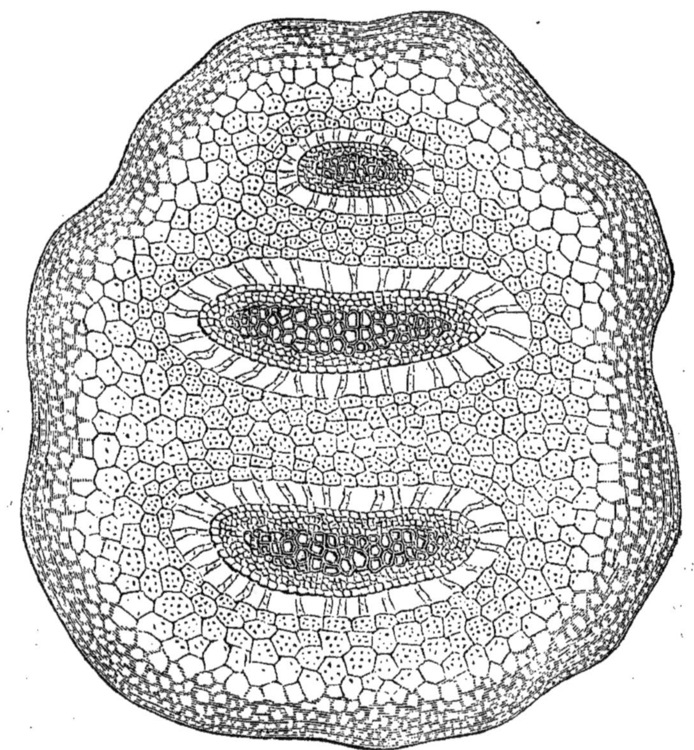

FIG. 133. — Tige de Lycopodiacée (*Sélaginelle*), coupe transversale. Il y a, au centre du parenchyme commun, trois faisceaux parallèles et inégaux.

point végétatif du sommet est constamment formé par la cellule terminale, et non pas, comme dans les axes des Phanérogames constitué par un triple centre d'éléments, représentant un *Plérome*, un *Périblème* et un *Dermatogène* (p. 85).

A partir de ce point végétatif, les phytocystes peuvent se modifier, comme forme et comme consistance, sans cesser d'appartenir à la catégorie des cellules; c'est ce qui arrive dans les axes des Cryptogames dites *cellulaires*, notamment dans les Mousses, où cependant l'on distingue déjà des phytocystes épidermiques et souvent aussi des éléments intérieurs plus épais et plus allongés, répondant à des nervures et servant à donner à la tige une certaine solidité. D'autres Cryptogames, comme les Fougères, les Lycopodiacées, les Équisétacées, les Marsiléacées, sont, au contraire, dites *vasculaires*; leurs

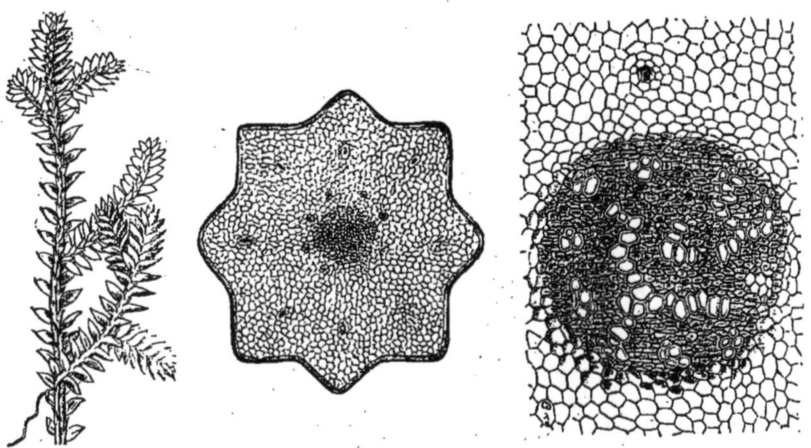

FIG. 134. — Lycopodiacée (*Sélaginelle*) à tige comprimée.

FIG. 135, 136. — Lycopodiacée (*Psilotum*). Section transversale de la tige. Structure symétrique. Portion plus grossie montrant la coupe du faisceau central.

phytocystes intérieurs se transforment en partie pour constituer des faisceaux fibro-vasculaires.

Dans les Lycopodiacées, par exemple, où la tige, cylindrique, cannelée ou comprimée (fig. 133, 134), se ramifie parfois par dichotomie, égale ou inégale, les faisceaux représentent, sur une coupe transversale, des bandes plus ou moins inégales de vaisseaux *scalariformes* (fig. 141), c'est-à-dire de tubes annelés ou rayés qui, au lieu d'être demeurés cylindriques, ont été comme comprimés les uns contre les autres et ont la coupe transversale polygonale. Aux extrémités de ces bandes se trouvent souvent des trachées, et les vaisseaux sont généralement d'autant plus gros qu'ils s'en rapprochent davantage. Une zone libérienne contenant des phytocystes grillagés entoure ces faisceaux. Dans les Sélaginelles, on compte un, deux, trois (fig. 133) ou un plus grand nombre de ces faisceaux, suivant les espèces; on voit qu'ils ne sont pas disposés dans un ordre circulaire et ne forment pas de cylindre central régulier. Dans les Lycopodes, ce cylindre peut exister, formé d'un nombre variable de faisceaux, entourés d'une gaine commune. En dehors se trouve une écorce parenchymateuse, traversée par les faisceaux qui se continuent avec ceux des feuilles. Dans les *Psilotum* (fig. 135, 136), le faisceau central est aussi régulièrement disposé autour d'un centre médullaire.

Les Prêles ont des tiges formées de segments cylindriques, superposés et articulés, au point d'union desquels se voient des gaines tubuleuses, découpées sur leur bord supérieur d'un nombre variable

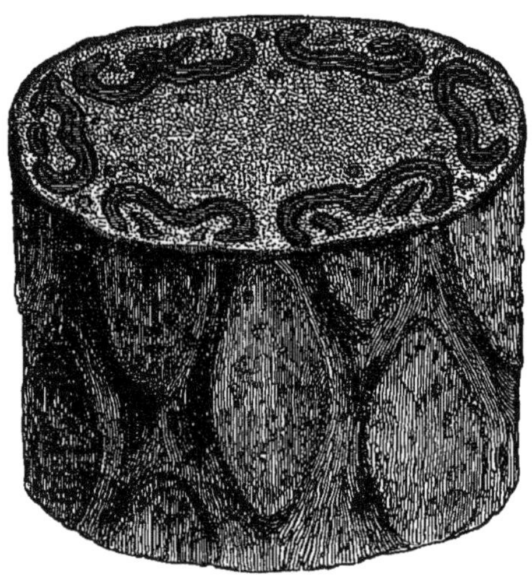

FIG. 137. — *Fougère en arbre.* Coupe transversale de la tige.

de dents, qui ont été souvent considérées comme les sommets d'autant de feuilles verticillées et unies inférieurement. Les tiges sont simples ou ramifiées ; et dans ce dernier cas les rameaux sont verticillés. Tige et rameaux sont cannelés ; et c'est dans l'intervalle de leurs côtes verticales saillantes que sont disposés en files les stomates, cachés par des phytocystes accessoires de l'épiderme. On sait déjà que la cuticule épidermique est encroûtée de silice (p. 61). Chaque entre-nœud, fermé à chacune de ses extrémités par une cloison, est formé de deux cylindres concentriques, unis entre eux par des lames verticales entre lesquelles se trouvent en même nombre des lacunes tubuleuses. Ces entre-nœuds ont un épiderme et un sous-épiderme, enveloppant un parenchyme primitif, incolore et à parois minces.

Sur une section transversale, on voit un cercle unique de faisceaux vasculaires, répondant aux cannelures et alternant avec les lacunes. Tous ces faisceaux sont parallèles, et chacun d'eux s'unit en bas aux deux faisceaux voisins et alternes de l'entre-nœud situé au-dessous, par deux commissures latérales. Ils sont constitués comme ceux d'un grand nombre de Monocotylédones, notamment des Graminées.

Les Fougères (fig. 137-141) n'ont quelquefois qu'un seul faisceau vas-

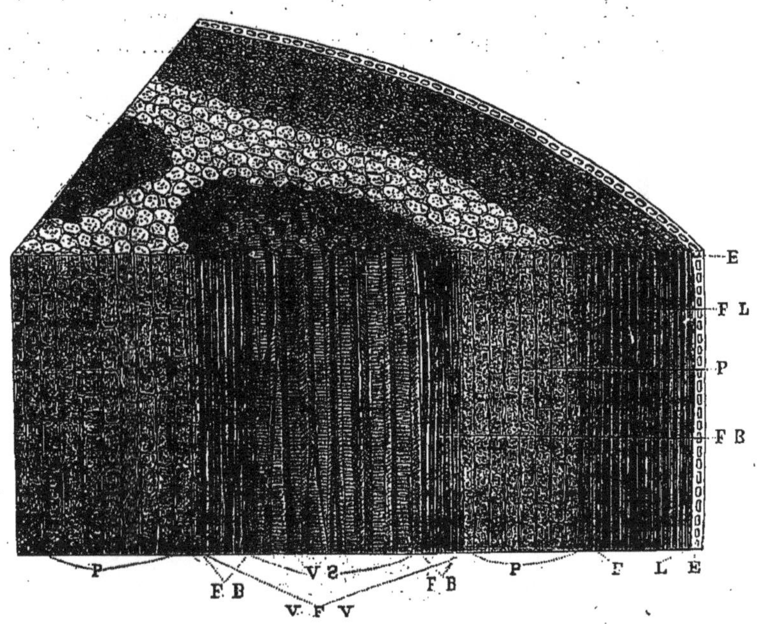

Fig. 138. — *Fougère.* Portion de la tige, coupée en travers et en long. PP. Parenchyme primitif. E, Épiderme. V F V, Faisceaux fibro-vasculaires avec fibres ligneuses F B et vaisseaux scalariformes V S. FL, Gaine fibreuse périphérique.

culaire axile ; c'est ce qui arrive dans les axes très grêles. Mais sur les tiges plus grosses, notamment sur celles des Fougères dites en arbre, on rencontre un réseau de faisceaux anastomosés qui constituent un cylindre creux, à larges mailles séparant le tissu fondamental en une zone médullaire et une zone corticale. Les faisceaux constituants du cylindre s'aplatissent ordinairement ; ce sont comme autant d'épais rubans qui souvent même ont les bords réfléchis vers l'extérieur (fig. 137, 139). De ces bords partent en nombre variable des faisceaux minces qui vont rejoindre les feuilles.

Il y a souvent, en outre, des faisceaux qui ne dépendent point de ce réseau principal et qui occupent la région médullaire. Certaines Fougères en possèdent deux ou trois, et d'autres un nombre plus considérable, qu'on voit traverser les mailles du réseau principal pour rejoindre les feuilles.

Les faisceaux des Fougères sont des faisceaux *fermés*, c'est-à-dire à développement défini. Ils ont un corps ligneux qu'enveloppe de

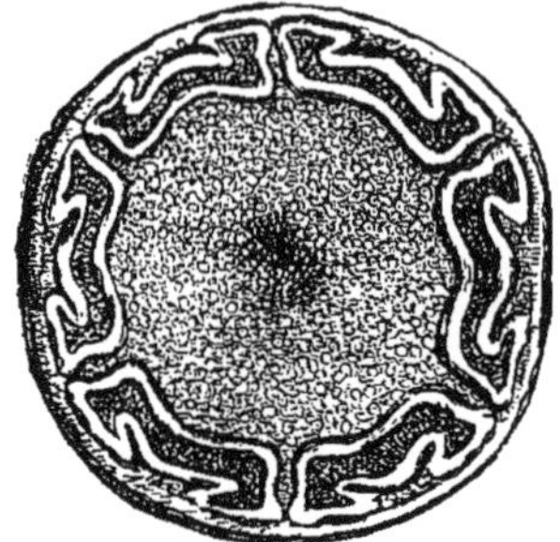

Fig. 139. — Tige de Fougère, coupe transversale.

Fig. 140. — Tige de Fougère portant les cicatrices des feuilles.

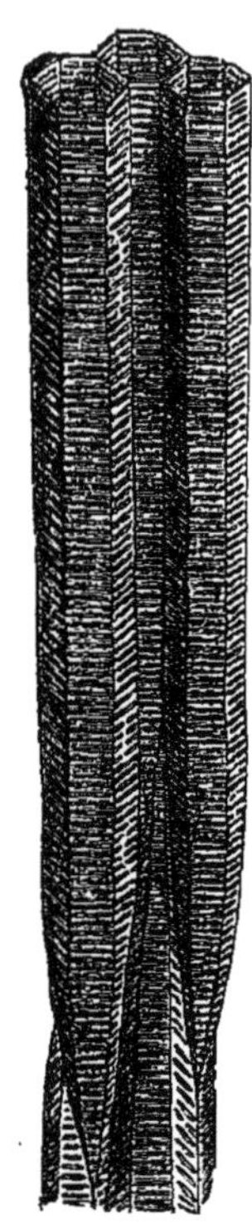

Fig. 141. — Vaisseaux dits scalariformes de Fougère.

toutes parts une zone libérienne. Il y a bien le plus souvent quelques vaisseaux spiralés et même déroulables, qui répondent, sur une coupe transversale, aux foyers de l'ellipse que représente le faisceau; mais le bois est formé en majeure partie de ces phytocystes qu'on a nommés vaisseaux *scalariformes* (fig. 141), qui sont allongés, fusiformes ou coupés obliquement aux deux extrémités, et dont la paroi est toute perforée de ponctuations aréolées, circulaires ou plus ordinairement allongées. Tous les phytocystes à parois plus molles, interposés aux éléments du bois et du liber, sont gorgés pendant la période de repos, dans les Fougères à végétation intermittente, de fécule ou d'aliments analogues, et il y a aussi dans le liber, pour le transport de ces aliments, des phytocystes cribreux et grillagés (fig. 108). Les larges cicatrices que laissent sur le tronc, les feuilles après leur séparation, permettent de voir, disposées dans un ordre plus ou monis régulier, les solutions de continuité des nombreux faisceaux qui se rendent à ces appendices (fig. 137, 140).

TISSU DES FEUILLES

Il y a des feuilles à tissu très simple et dont tous les phytocystes sont des cellules; comme dans les Mousses (fig. 142, 143), les Hépatiques.

Ailleurs, un certain nombre de ces phytocystes deviennent des fibres ou des vaisseaux et forment des faisceaux fibro-vasculaires;

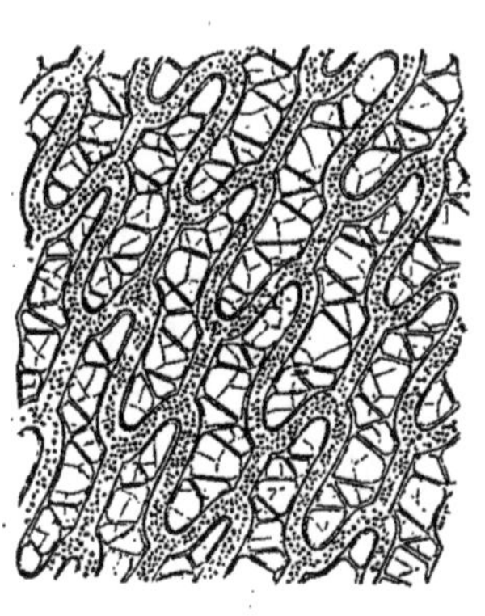

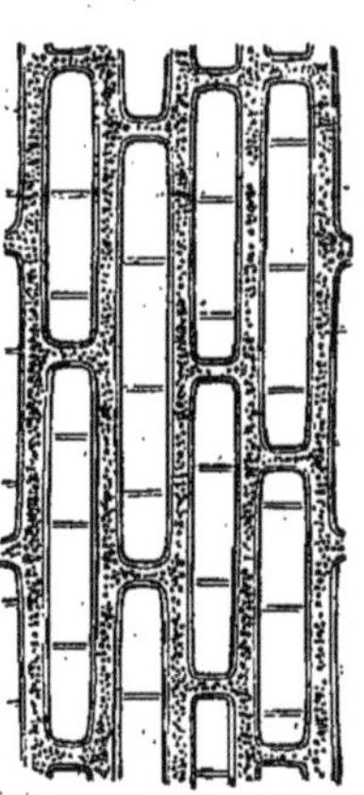

Fig. 142, 143. — *Mousses*. Tissu des feuilles.

c'est ce qui arrive dans les Cryptogames plus élevées en organisation, et dans les Phanérogames, notamment dans le pétiole et les nervures. Les feuilles les plus simples des Cryptogames peuvent être formées par une simple assise de phytocystes-cellules. Ailleurs, le nombre de ces assises s'accroît. Généralement en pareil cas l'assise superficielle, tant au-dessus qu'au-dessous, se modifie de façon à constituer graduellement cette membrane d'enveloppe qu'on nomme *Épiderme*.

A. — Épiderme.

L'épiderme est formé d'une, plus rarement de plusieurs assises de

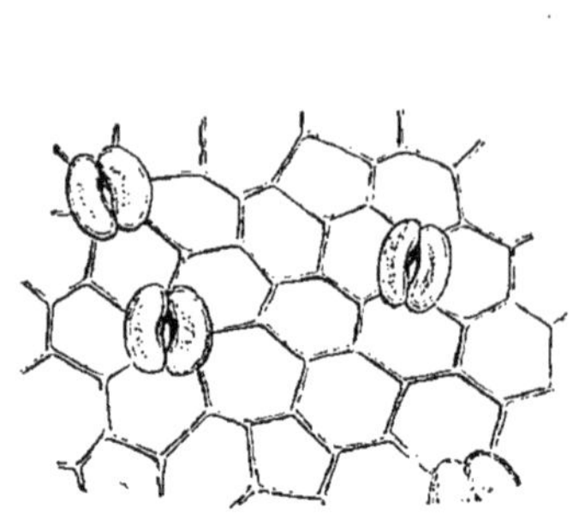

Fig. 144. — Épiderme pourvu de stomates et à phytocystes polygonaux.

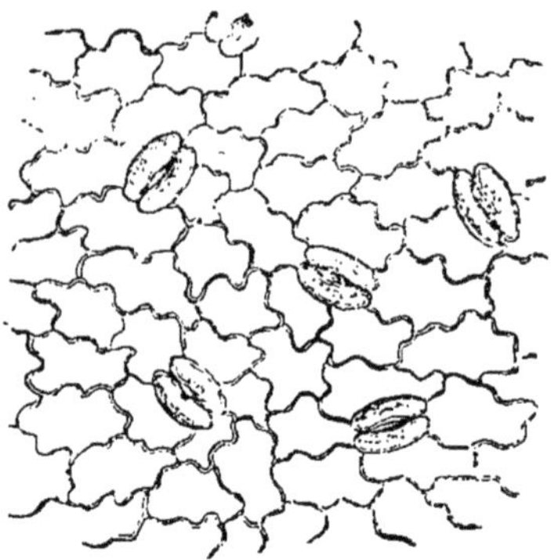

Fig. 145. — Épiderme avec stomates, à phytocystes sinueux.

phytocystes tabulaires, unis intimement par leurs bords et sans méats.

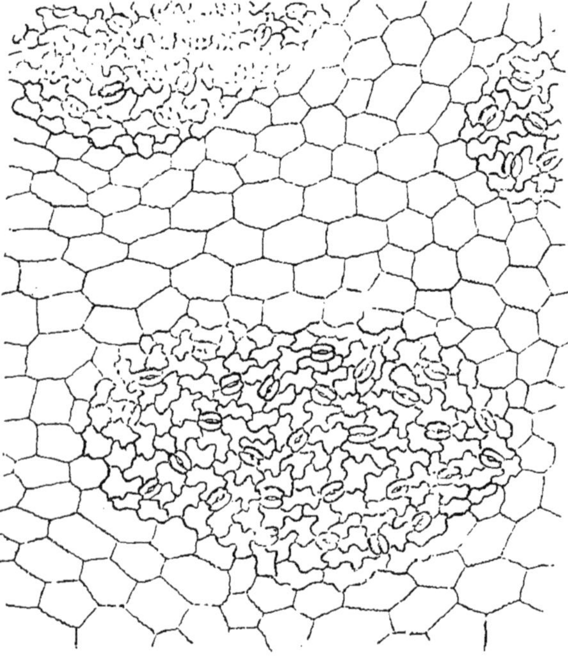

Fig. 146. — *Saxifrage sarmenteuse*. Épiderme à phytocystes polygonaux, avec îlots réservés aux stomates.

Ils peuvent être tous semblables entre eux ou dissemblables. Leur forme est ou régulière, carrée, rectangulaire, losangique, polygonale (fig. 144, 146, 147), etc., ou irrégulière (fig. 145). Leurs bords sont ou rectilignes, ou courbes, ou plus ou moins profondément sinueux. Leur paroi libre se cuticularise plus ou moins profondément. C'est là quelquefois la seule différence que présentent les phytocystes

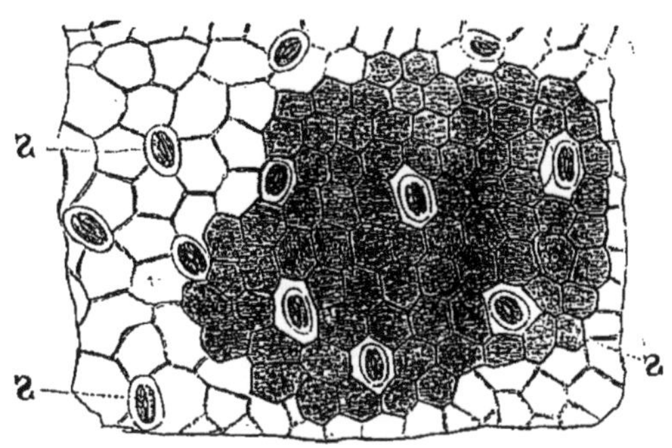

Fig. 147. — Stomates (SS) encadrés par un phytocyste épidermique.

épidermiques avec ceux des couches plus profondes, comme il arrive dens les feuilles submergées des Potamots et d'un grand nombre d'autres plantes aquatiques (fig. 153), et l'on a même contesté en pareil cas à la couche superficielle des feuilles le nom d'épiderme.

B. — Stomates.

Les feuilles submergées sont souvent, mais non constamment, dépourvues de *Stomates*. Les feuilles flottantes n'en ont ordinairement qu'à leur face supérieure qui est en contact avec l'air. Les feuilles des plantes aériennes peuvent en avoir sur leurs deux faces, mais généralement en plus grand nombre sur l'inférieure (fig. 144-147) que sur la supérieure. Il en est beaucoup enfin dans lesquelles cette dernière face en est complètement dépourvue.

Les stomates (fig. 148-152) sont des petites bouches qui permettent l'introduction dans l'intérieur de la plante de certains fluides extérieurs, notamment de l'air. Ils se composent, en effet, d'une ouverture microscopique ou *Ostiole*, presque arrondie ou plus souvent oblongue, bordée de deux lèvres qui sont deux cellules modifiées, arquées, symétriquement placées l'une et l'autre autour de l'ostiole, et parfois nommées *Cellules de bordure* du stomate.

Il y a des plantes à stomates très clairsemés et d'autres dont un millimètre carré d'épiderme en porte plusieurs centaines. Il y a des feuilles sur chacune desquelles on en a compté plus d'un million.

Les rapports des stomates avec les cellules épidermiques sont variables. Le plus souvent ils sont placés entre elles, à leurs points de rencontre (fig. 148, 149). Ailleurs ils sont situés au milieu d'une cellule (fig. 147), ou bien complètement encadrés par deux cellules épidermiques plus grandes qu'eux. Quelquefois aussi ils sont localisés, formant des îlots dans certains points de l'épiderme (fig. 146), qui en est dépourvu dans le reste de son étendue.

Les stomates sont le plus souvent situés dans le même plan que

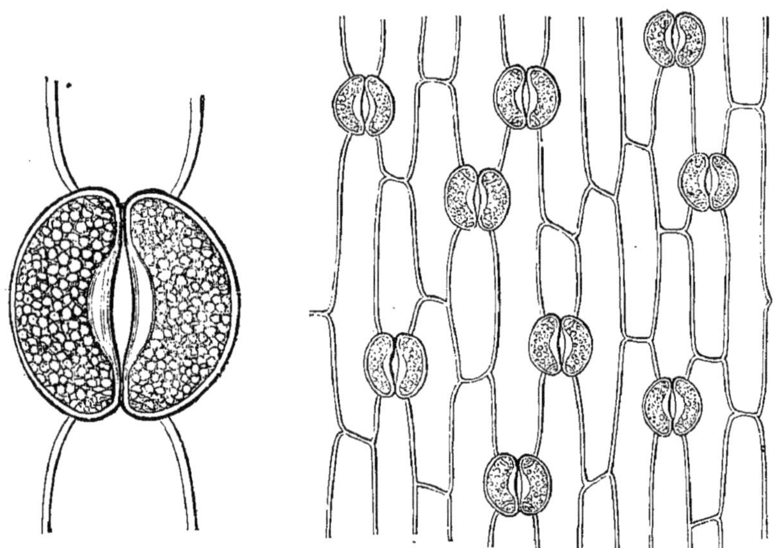

FIG. 148, 149. — *Iris*. Epiderme de la feuille, avec stomates.

l'épiderme, de sorte qu'ils ne le dépassent ni en dehors ni en dedans. Ailleurs, une dépression plus ou moins considérable de l'épiderme, une véritable chambre, renferme tous les stomates qui tapissent sa concavité (fig. 156). Ailleurs encore, cette *antichambre*, plus ou moins profonde et à ouverture parfois fort étroite, ne renferme dans son fond qu'un seul stomate (fig. 150). L'ouverture de ces antichambres peut être plus ou moins masquée par des cellules saillantes ou des phytocystes-poils qui en garnissent les bords.

Au-dessous des stomates se trouve d'ordinaire un méat plus ou moins spacieux, qui fait que l'air entré par l'ostiole se trouve en contact avec la paroi des diverses cellules plus ou moins irrégulières que sépare les unes des autres ce méat. Celui-ci, dilaté quelque-

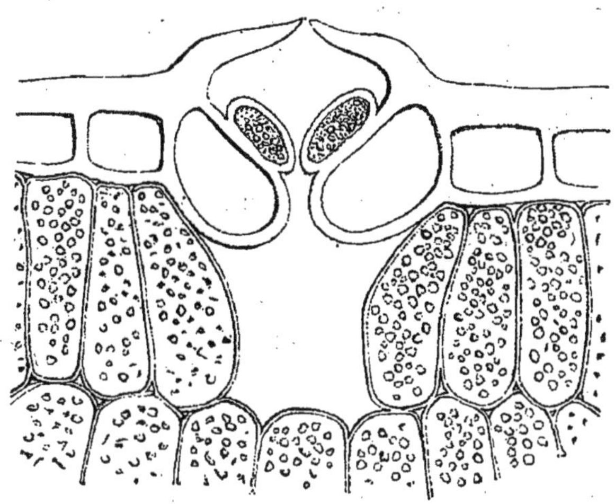

Fig. 150. — *Protea.* Stomate accompagné d'une antichambre et d'une chambre sous-stomatique.

fois en une énorme cavité, a reçu le nom de *Chambre respiratoire* ou *sous-stomatique* (fig. 150, 151).

Formation des stomates. — Sur de jeunes feuilles, et plus facilement sur les jeunes écailles encore incolores, qui sont les feuilles modifiées de certains bulbes, on suit facilement le développement

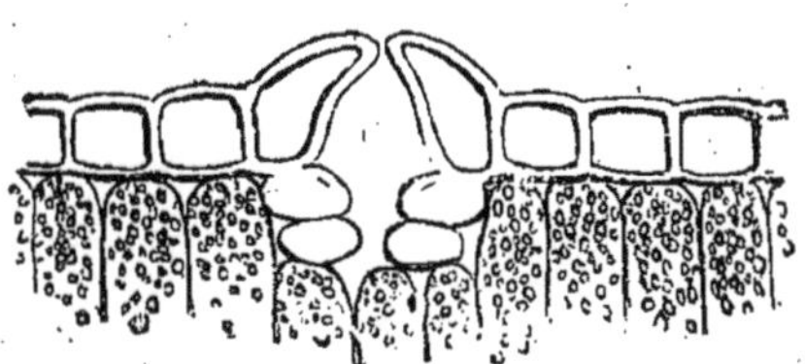

Fig. 151. — *Cycas.* Stomate avec chambre respiratoire.

des stomates. L'épiderme étant primitivement homogène, on y voit çà et là se différencier des phytocystes de forme spéciale, cubiques, à angles souvent arrondis, qui ont reçu le nom de *Cellules-mères* des stomates (fig. 152). Ces cellules-mères se dédoublent bientôt, en présentant les phénomènes que nous avons décrits (p. 69), par formation d'une cloison médiane, perpendiculaire à la surface de l'épiderme. Ainsi se constituent les deux cellules de bordure. Ces cellules renferment fréquemment, dans un épiderme d'ailleurs incolore, des petits grains de chlorophylle. Plus tard, la cloison commune à ces deux phytocystes se dédouble ; et ses deux moitiés, s'écartant l'une de

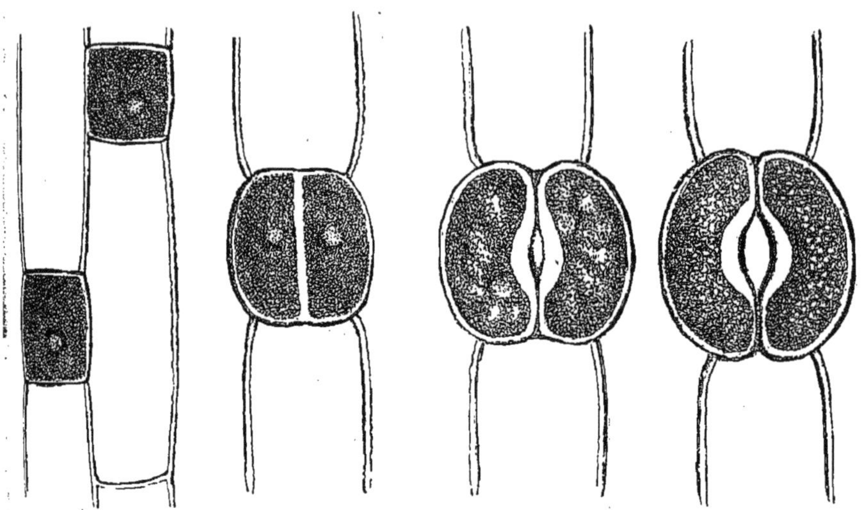

FIG. 152. — Développement des stomates. États successifs.

l'autre, forment la fente allongée de l'ostiole, laquelle communique avec la chambre stomatique placée immédiatement au-dessous d'elle.

C. — Parenchyme de la feuille.

Il y a des feuilles qui, entre les deux épidermes, ne renferment que

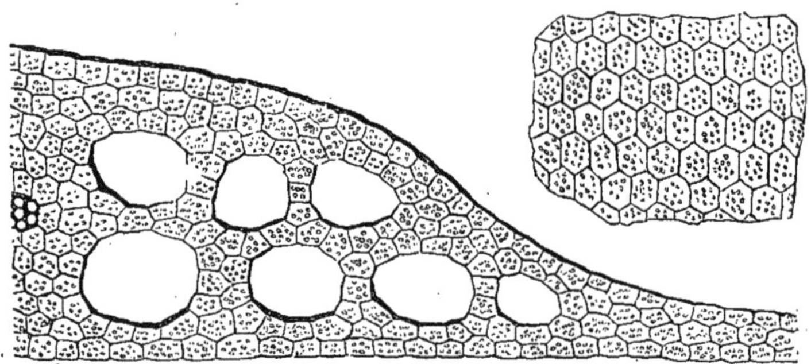

FIG. 153, 154. — Feuille de plante submergée (*Potamot*). Épiderme semblable au reste du parenchyme. Lacunes dont est criblé le parenchyme.

du parenchyme, sans nervures. Celui-ci peut être homogène, c'est-à-dire que les phytocystes dont il est formé sont tous à peu près pareils entre eux, tantôt réguliers et assez serrés les uns contre les autres,

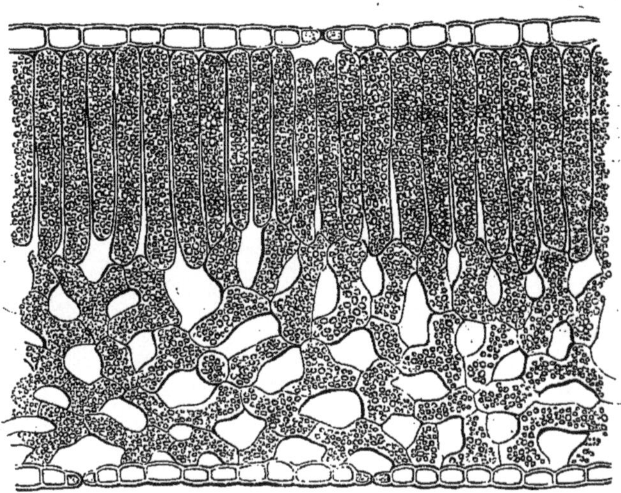

Fig. 155. — *Tabac.* Coupe transversale de la feuille.

tantôt irréguliers, et par conséquent plus lâchement unis et laissant entre eux des méats de taille et de forme variables. Ces méats com-

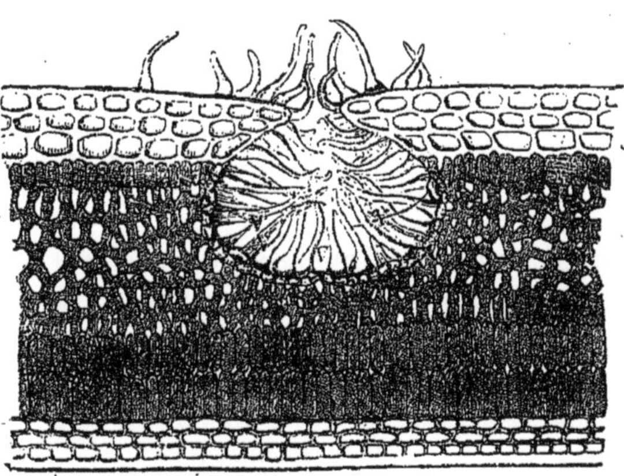

Fig. 156. — *Laurier-Rose.* Feuille, coupe transversale. Les stomates sont disposés sur la paroi concave d'une chambre stomatique garnie de poils.

muniquent largement entre eux et avec les chambres stomatiques ou les ouvertures des ostioles.

Bien plus souvent, et notamment dans les feuilles aériennes, le parenchyme est hétérogène (fig. 155-150). Le plus souvent alors, les phytocystes voisins de l'épiderme supérieur sont, sur une ou plusieurs rangées, égaux ou à peu près, régulièrement disposés en assises et exactement appliqués les uns contre les autres, tandis que dans la portion inférieure du parenchyme les éléments deviennent inégaux, irrégu-

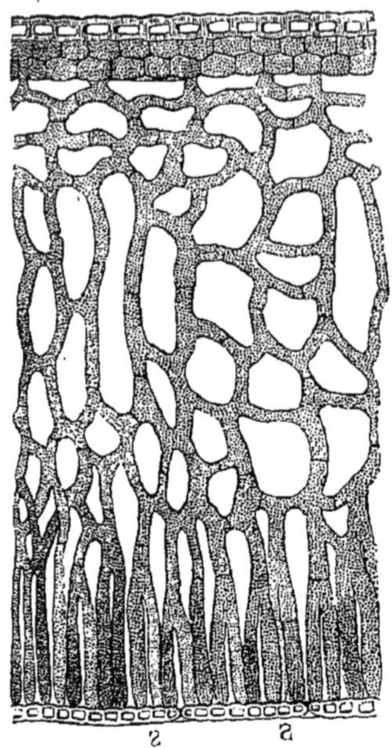

Fig. 157. — Parenchyme hétérogène. Coupe transversale. Les stomates SS de l'épiderme inférieur répondent à un parenchyme lâche formé de phytocystes rameux, laissant entre eux de grands méats. Le parenchyme supérieur est formé de cellules courtes et serrées, disposées sur deux rangs.

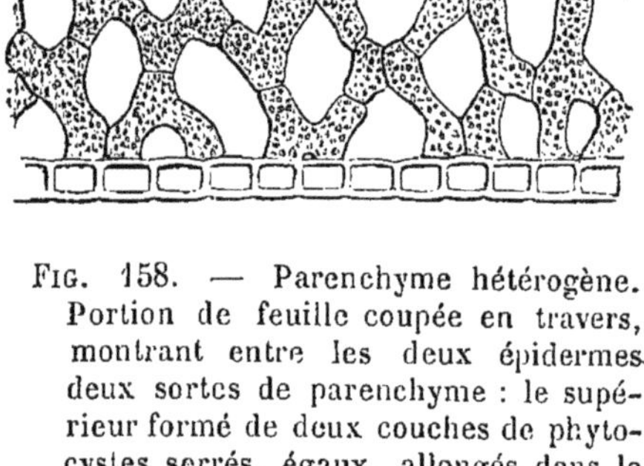

Fig. 158. — Parenchyme hétérogène. Portion de feuille coupée en travers, montrant entre les deux épidermes deux sortes de parenchyme : le supérieur formé de deux couches de phytocystes serrés, égaux, allongés dans le sens vertical, sans méats; l'inférieur, de phytocystes inégaux, rameux, séparés les uns des autres par de larges méats.

liers, plus ou moins rameux, et laissent entre eux de vastes cavités anfractueuses, allant s'ouvrir à l'extérieur par l'ouverture des ostioles des stomates de l'épiderme inférieur (fig. 157, 158).

D. — Nervures.

Ordinairement le pétiole de la feuille, quand il existe, et les nervures, dont on connaît la distribution si variée dans le limbe, ont une organisation identique. Les faisceaux qui les parcourent présentent les mêmes éléments fibreux et vasculaires que ceux de la tige; on peut donc y distinguer des fibres et des vaisseaux du bois, avec des trachées vers la partie intérieure; du liber, même du liège ou du tissu analogue. Mais la zone génératrice n'y présente qu'un faible développement ou y manque totalement : de sorte que l'accroissement de ces faisceaux est limité. Ce sont les trachées, accompagnées ou non de quelques éléments fibreux, qui persistent en dernier lieu sur les nervures les plus ténues.

La disposition des faisceaux des nervures sur un plan est souvent la conséquence de la forme aplatie que présentent les feuilles. Mais il y a des exceptions fréquentes à cette disposition dont il serait puéril de vouloir faire un caractère absolu des organes foliaires et même des organes appendiculaires en général. Elle fait défaut dans la plupart des cas douteux; il y a des pétioles et d'autres parties des feuilles où les faisceaux sont disposés en cercle, et il y a même des organes appendiculaires dont les faisceaux, rapprochés en cercle dans une de leurs portions, sont plus loin étalés sur un plan. Il faut s'en tenir à ce sujet à la formule donnée au commencement du siècle par le plus grand anatomiste de notre pays : « Il y a des feuilles dont les éléments sont disposés comme ceux des tiges, et des tiges dont la structure est semblable à celle des feuilles. »

Il y a souvent dans les feuilles des glandes, des réservoirs à latex, des phytocystes-poils à leur surface, etc.

TISSU DES PARTIES DE LA FLEUR

I. — Calice.

Les sépales ont souvent, comme les bractées, le même tissu que les feuilles. Souvent ils renferment de la chlorophylle dans leur parenchyme, ou bien des matières colorantes semblables à celles des pétales. Les faisceaux de leurs nervures peuvent être fibro-vasculaires, mais ils sont souvent réduits à des trachées, accompagnées ou non de phytocystes allongés, fibreux. L'épiderme porte souvent des stomates, quelquefois même quand le calice n'est pas vert.

II. — Corolle.

Les pétales (fig. 159-162) sont formés d'un parenchyme compris entre deux épidermes minces; il est lui-même ordinairement peu consistant, formé de phytocystes lâchement unis, à contenu gazeux, liquide ou solide, souvent coloré, ou blanc, ou rarement vert. Des pétales colorés peuvent être partiellement pourvus de chlorophylle, de même que leur épiderme est souvent parsemé de stomates, surtout en dehors. Les faisceaux de leurs nervures (fig. 159, 160) n'ont le plus

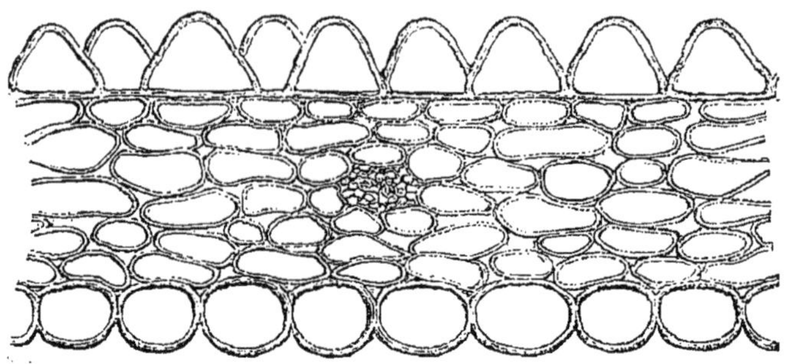

Fig. 159. — Pétale de *Pensée*. Coupe transversale.

souvent que des trachées en fait de vaisseaux, avec une gaine plus ou moins solide de phytocystes allongés. Certains pétales ont des nervures vasculaires marginales. L'épiderme est souvent velouté, surtout

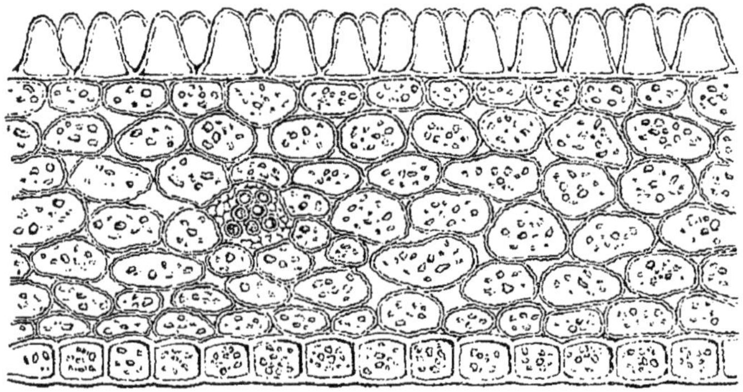

Fig. 160. — Pétale de *Rosier*. Coupe transversale.

en dedans. Cette apparence est due à une saillie centrale de ses phytocystes, saillie complètement convexe ou déprimée à son sommet en une sorte de petit cratère (fig. 162). Les papilles saillantes de certains pétales sont même formées quelquefois par des parties plus profondes, avec des prolongements des éléments vasculaires intérieurs. Nous savons déjà à quoi est due la coloration des pétales

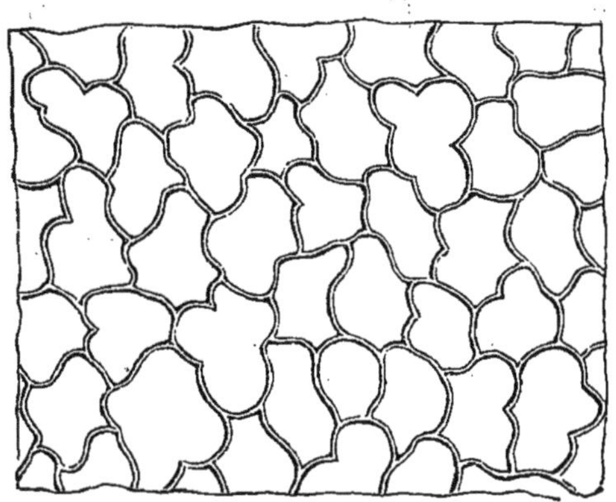

FIG. 161. — *Rosier.* Épiderme inférieur du pétale.

(p. 36). Ils peuvent aussi renfermer des essences odorantes, soit dans leurs phytocystes, soit dans des réservoirs complexes formés

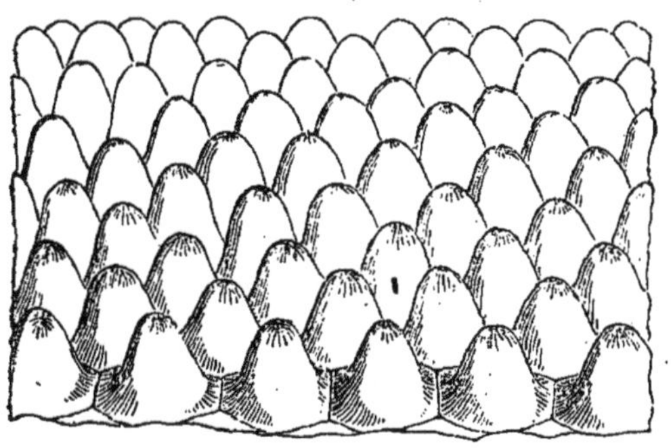

FIG. 162. — *Rosier.* Épiderme supérieur du pétale.

par des glandes, tantôt internes et tantôt superficielles. Ils peuvent aussi contenir du latex, du tannin, des cristaux, etc.

III. — Androcée.

Nous avons à étudier dans les étamines une portion essentielle et qui ne manque jamais (dans les étamines fertiles) : c'est l'anthère, avec le pollen qu'elle contient; et deux portions accessoires et qui peuvent faire défaut : le filet et le connectif.

A. — Anthère.

Si l'on suppose une anthère uniloculaire, comme il y en a un certain nombre dans les plantes de divers groupes, on voit que sa paroi a la forme d'un sac dans lequel est contenu le pollen, et que cette paroi a une épaisseur inégale en ses diverses régions, plus mince généralement au niveau des lignes de déhiscence, épaissie au maximum dans la région opposée et formant souvent là même une saillie intérieure plus ou moins prononcée, qui s'avance à la façon d'un coin dans la masse pollinique.

On distingue à cette paroi adulte trois couches de phytocystes

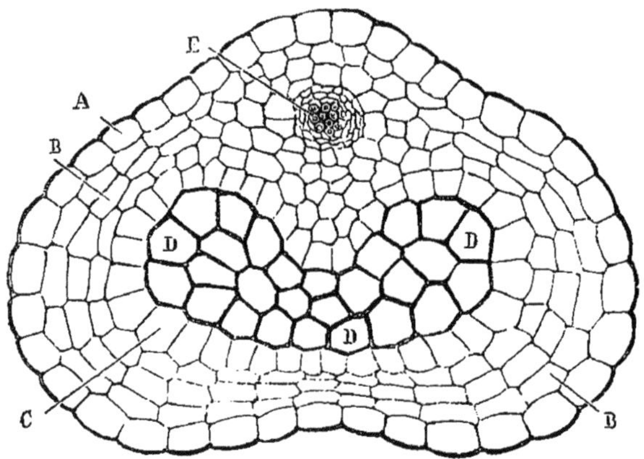

FIG. 163. — Anthère uniloculaire; développement du pollen. A, Épiderme. B, Couche moyenne, ici formée d'une triple assise, multipliée par division tangentielle de ses éléments. C, Couche interne de la paroi. DDD, Phytocystes dits Cellules-mères primordiales du pollen. E, Coupe transversale du faisceau vasculaire du connectif.

(fig. 163) : 1° l'extérieure ou couche épidermique (A), formée d'éléments aplatis ou plus ou moins saillants à la surface de l'anthère; on trouve même quelquefois sur cet épiderme lisse ou granuleux des poils ou des stomates.

2° Une couche moyenne (B), continue ou interrompue par places, et formée d'une ou de plusieurs assises, dues à des segmentations tangentielles, des phytocystes auxquels on a jadis donné le nom impropre de *Cellules fibreuses* (fig. 164). Ce sont des phytocystes à paroi primitivement unie, puis très inégalement épaissie suivant certaines lignes, ou à peu près parallèles, ou irrégulièrement anastomosées, ordinairement très rigides, tandis que dans leurs intervalles la membrane conserve sa minceur primitive. Les diverses portions de ce réseau d'épaississement sont très hygroscopiques, et aussi elles se redressent énergiquement et se brisent même quand elles perdent une certaine quantité d'eau par évaporation; on leur a fait jouer un très grand rôle dans le phénomène de la déhiscence des anthères. Elles manquent d'ailleurs d'ordinaire dans les portions de la paroi où ne se produit aucun phénomène de déhiscence.

3° Une couche intérieure, ordinairement continue, de phytocystes à paroi épaisse et assez molle, souvent colorée, à coupe transversale souvent rectangulaire ou trapézoïdale, qui entoure immédiatement le tissu pollinigène. Cette couche a une existence ordinairement transitoire; fréquemment elle se ramollit ou disparaît dans l'anthère âgée, à moins que la couche des cellules dites fibreuses ne vienne à manquer.

Tout le contenu du sac précédent sera à l'âge adulte le pollen. Au

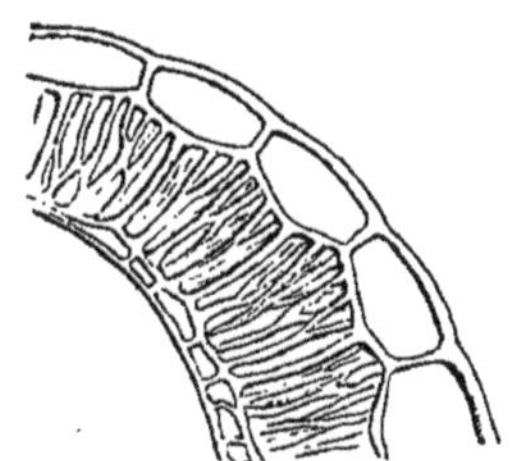

Fig. 164.— Cellules dites fibreuses de l'anthère.

Fig. 165. — *Dentelaire*. Grain de pollen.

Fig. 166.— *Passiflore*. Grain de pollen.

début, la cavité était occupée par de grands phytocystes ordonnés en séries (fig. 163, D) et nommés *Cellules-mères primordiales du pollen.*

En second lieu, chacun de ces phytocystes se cloisonnant, se partage en deux autres qui se dédoublent à leur tour, et ainsi de suite. Il résulte de ces segmentations successives un certain nombre de phytocystes secondaires, le plus souvent polygonaux. Chacun d'eux se nommera une *Cellule-mère secondaire du pollen.*

C'est la segmentation de ces phytocystes qui produit les *Grains de pollen* ou *Cellules mâles, Cellules fécondantes* des plantes phanérogames.

La cellule-mère a un noyau qui se divise en deux, de la même façon que nous avons vu la segmentation s'effectuer dans les phytocystes en général (p. 69). Chacune des deux cellules ainsi formées se dédouble à son tour, et de la même façon. On a de la sorte quatre grains de pollen qui ne sont autre chose que des phytocystes.

Quant aux cellules-mères de ces grains de pollen, elles peuvent, quoique rarement, persister autour d'eux et les maintenir unis en une masse commune. Le pollen, dit alors *en masse*, se rencontre principalement chez la plupart des Orchidées (fig. 169, 170), et les Asclépiadées (fig. 171, 172).

Ou bien elles se détruisent et se résorbent, de façon que les grains

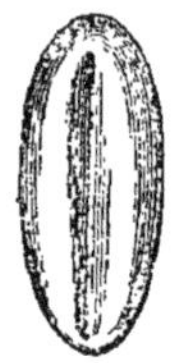
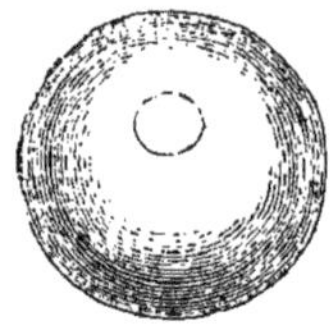

Fig. 167. — Pollen de *Blé*, sec et traité par l'eau.

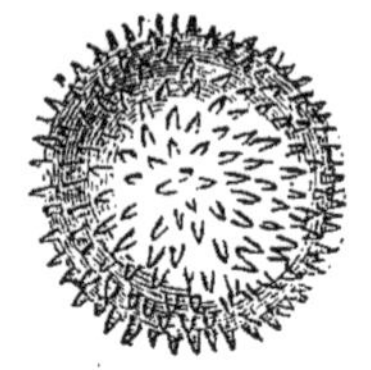

Fig. 168. — Pollen d'*Althæa*, entier et débarrassé de l'exine.

deviennent indépendants. C'est là le cas le plus ordinaire, celui dans lequel le pollen est dit *pulvérulent*. Mais assez souvent alors les divers grains qui constituent cette poussière pollinique peuvent être

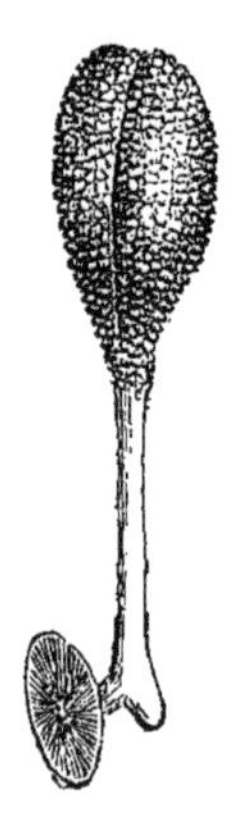
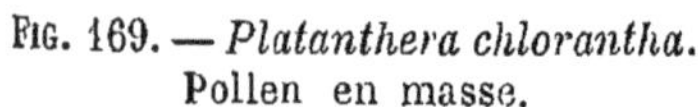

Fig. 169. — *Platanthera chlorantha.* Pollen en masse.

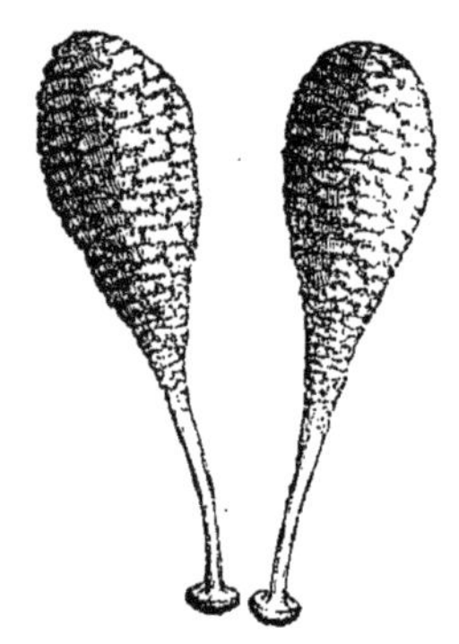

Fig. 170. — *Orchis maculata.* Pollen en masse.

reliés entre eux par de très minces filaments qu'on considère comme des restes de la paroi des cellules-mères.

Ce n'est pas ici le lieu de décrire[1] les formes diverses (fig. 165-168), la couleur, l'état des surfaces de ces phytocystes mâles qu'on nomme grains de pollen. Chacun d'eux est composé d'un phytoblaste qui renferme au moins un noyau et qui devient finalement le liquide fécondant

1. Voyez le *Traité élémentaire de botanique organographique*, pour la classe de quatrième, de H. Baillon.

dit *Fovilla*, et d'une enveloppe double, dont la couche extérieure se nomme *Exhyménine* ou *Exine*, tandis que la couche intérieure a reçu le nom de *Endhyménine* ou *Intine* (fig. 168); et l'on sait que ces deux enveloppes ont des propriétés absolument différentes : l'extérieure ne se laissant que difficilement distendre, tandis que l'intérieure est susceptible de subir une distension énorme, au travers des solutions de continuité de l'exhyménine, comme il arrive alors qu'elle constitue, en s'allongeant, quand sa cavité est pénétrée par un liquide, le cylindre qu'on a nommé *Tube pollinique*.

Le phytocyste pollinique est souvent, sinon toujours, en réalité double, partagé en deux cavités inégales, contenant chacune un noyau. L'une de ces cavités est très petite, relativement à l'autre dont nous

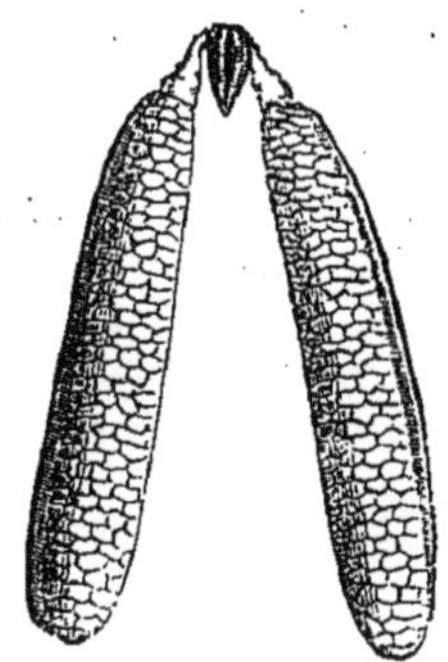

FIG. 171. — *Asclepias floribunda.* Pollen en masse.

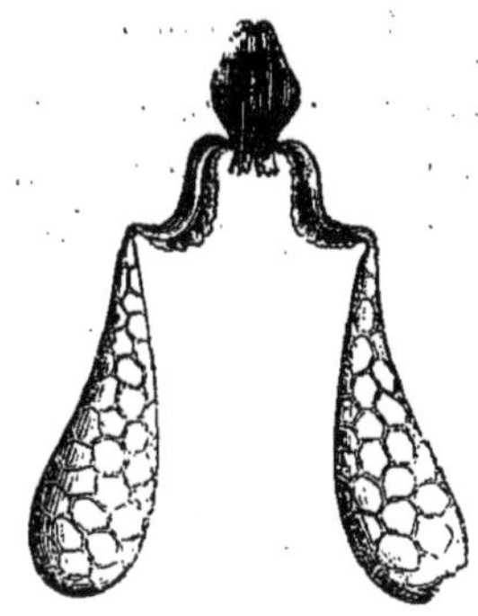

FIG. 172. — *Asclepias curassavica.* Pollen en masse.

verrons plus loin le rôle prépondérant dans la formation du tube pollinique.

Comme les anthères ont souvent plus d'une loge, et ordinairement deux (fig. 173), en pareil cas les phénomènes de développement que nous venons d'indiquer se produisent, bien entendu, simultanément sur chacune des moitiés de l'organe.

B. — Filet et Connectif.

Quand l'anthère n'est pas sessile, son filet, généralement de couleur blanche, a la structure ordinaire aux onglets rétrécis de certains pétales, c'est-à-dire qu'il présente, sous un épiderme, un parenchyme mou, parcouru suivant sa longueur par un ou quelques faisceaux de trachées. Dans l'anthère biloculaire, la structure du connectif est la même, les trachées s'y terminant au voisinage des loges par des phytocystes de plus en plus courts, placés bout à bout ou

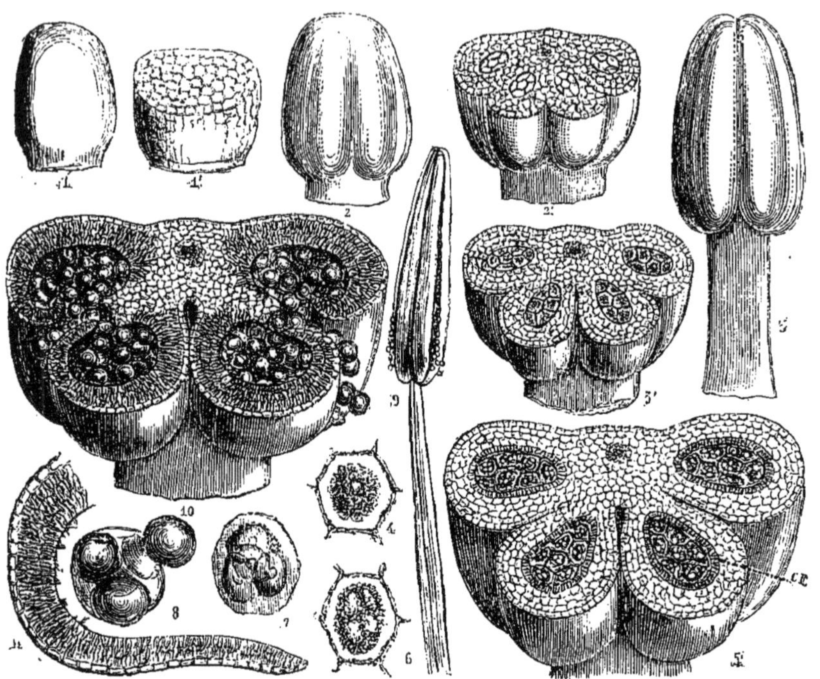

Fig. 173. — Anthère biloculaire à ses divers états de développement. Figure d'ensemble. Le parenchyme est d'abord homogène (*a a*) ; puis on voit se différencier les parois de l'anthère et les demi-loges renfermant les Cellules-mères primordiales (4-6), puis secondaires, du pollen, et finalement (10) les phytocystes-grains de pollen qui sortent par les lignes de déhiscence.

à peu près, et spiralés comme elles. Ces organes peuvent d'ailleurs renfermer des cristaux, notamment des raphides, des glandes, etc.

IV. — Gynécée.

L'histologie du gynécée comprend celle de l'ovaire, du style, de la portion de ce dernier qu'on nomme stigmatique, du contenu de l'ovaire, c'est-à-dire des ovules et de leurs différentes parties.

A. — Ovaire.

Les feuilles carpellaires qui entrent dans la constitution de l'ovaire, ont la même structure fondamentale que les feuilles caulinaires et les bractées, avec une simplification dans les faisceaux fibro-vasculaires des nervures telle, que les vaisseaux y sont, comme dans les sépales, le plus souvent réduits à des trachées. Le parenchyme est d'ailleurs compris entre deux épidermes qui portent des stomates, abondants surtout dans l'extérieur, plus rares ou absents sur l'intérieur. Les faisceaux les plus développés répondent généralement à la ligne dorsale du carpelle, mais il peut aussi s'en former vers ses bords ; dans

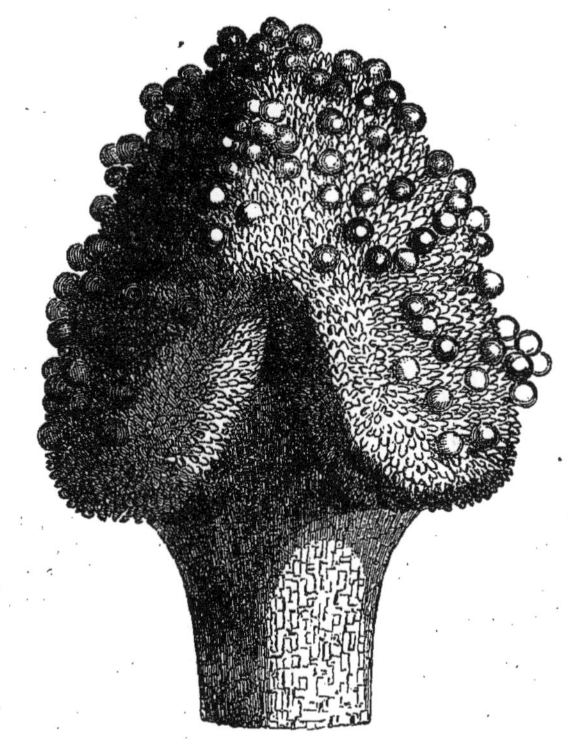

FIG. 174. — Extrémité stigmatique du style, retenant le pollen.

l'ovaire infère ces derniers ne doivent pas être confondus avec ceux qui appartiennent au réceptacle floral lui-même. Il y a souvent dans l'ovaire des phytocystes à cristaux, à tannin, à latex, des glandes, etc., et des phytocystes-poils à sa surface. Les cloisons interloculaires sont souvent, dans les Monocotylédones surtout, occupées par des glandes *septales* qui versent leurs produits dans la fleur. C'est souvent aussi la base même de l'ovaire ou plus rarement son sommet qui s'épaissit en tissu glanduleux formant un *disque*.

B. — Style.

Son tissu est ordinairement semblable à celui de l'ovaire. Sa portion centrale est souvent pleine et occupée par un parenchyme plus ou moins lâche, mais continu. Ailleurs, comme dans les tiges creuses, ce parenchyme délicat disparaît au centre du style qui devient tubuleux, et il se réfugie vers ses parois. Ce parenchyme fait partie du *tissu conducteur* du style et il peut avoir son représentant dans la

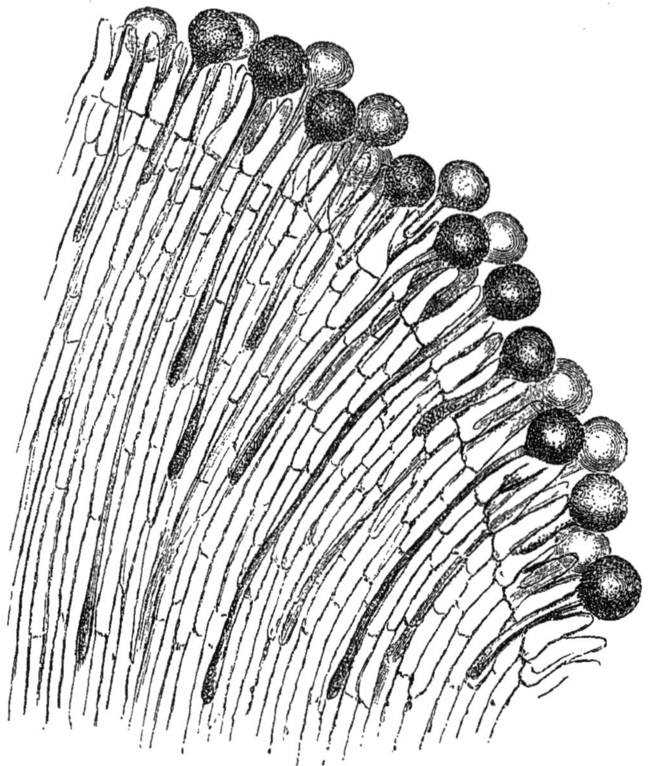

Fig. 175.— Portion de l'extrémité stigmatique du style, avec pollen germant.

cavité ovarienne elle-même. Le funicule ovulaire même peut servir de tissu conducteur; souvent il se dilate dans ce but. Le placenta joue le même rôle et s'hypertrophie quelquefois, toujours dans le même but, en languettes, en palettes, en *obturateurs* de diverses formes. Mais la région la plus importante du style, au point de vue du support qui doit être prêté à l'agent fécondateur, est sans contredit sa région *stigmatique* ou *stigmatifère* (fig. 174, 175), qui, comme l'on sait, peut, par défaut du style, être immédiatement située sur l'ovaire.

Cette région est richement *papilleuse;* elle est formée de phytocystes superficiels, isolés ou réunis en groupes, en bouquets, souvent courts, assez souvent aussi allongés, filiformes, simples ou plus ou moins rameux. Leur paroi est mince et peu résistante, et leur phytoblaste fabrique une matière visqueuse, souvent abondante, qui est excrétée à leur surface. On a souvent dit que cette surface stigmatique était dépourvue d'épiderme ; il serait plus logique peut-être de dire que, pour constituer les papilles stigmatiques, les phytocystes épidermiques se sont modifiés quant à leur forme et surtout quant à la nature de leur sécrétion.

C. — Ovule.

Il peut y avoir dans les ovules deux sortes de phytocystes : des cellules (fig. 177), de forme très variable, et des vaisseaux caractérisant les faisceaux (fig. 178). Ces vaisseaux sont des trachées, qui souvent manquent

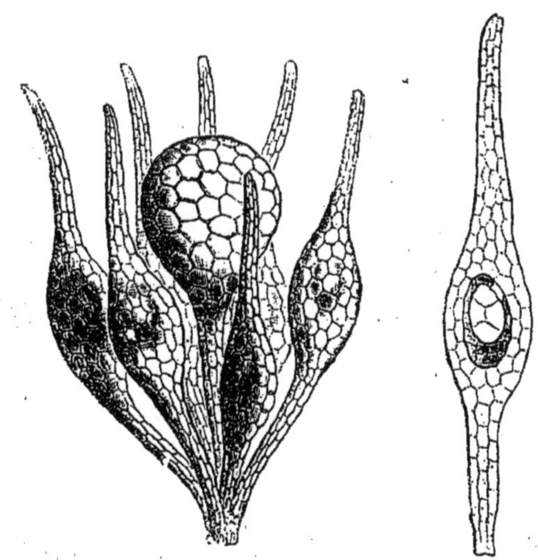

FIG. 176, 177. — *Balanophora.* Fleurs femelles. Ovule réduit à quelques phytocystes-cellules.

totalement dans les ovules, notamment dans ceux, en si grand nombre, qui sont dépourvus complètement ou à peu près de ce qu'on a nommé des enveloppes ovulaires. En pareil cas, les trachées qui existent dans le placenta et le funicule s'arrêtent le plus souvent au niveau de la base de l'ovule. Quand celui-ci a un raphé (R), les trachées centrales du funicule se continuent dans ce raphé et viennent de la sorte aboutir, ou toutes, ou en partie, à une sorte de plateau ou de cupule qui répond à la région de la *Chalaze* (C). A partir de cette région, les faisceaux de trachées se portent en se ramifiant et en s'épuisant, soit, superficiellement, dans l'enveloppe ovulaire extérieure, soit, dans des cas bien plus rares, profondément. Dans les ovules orthotropes, où manque le raphé, il est représenté uniquement

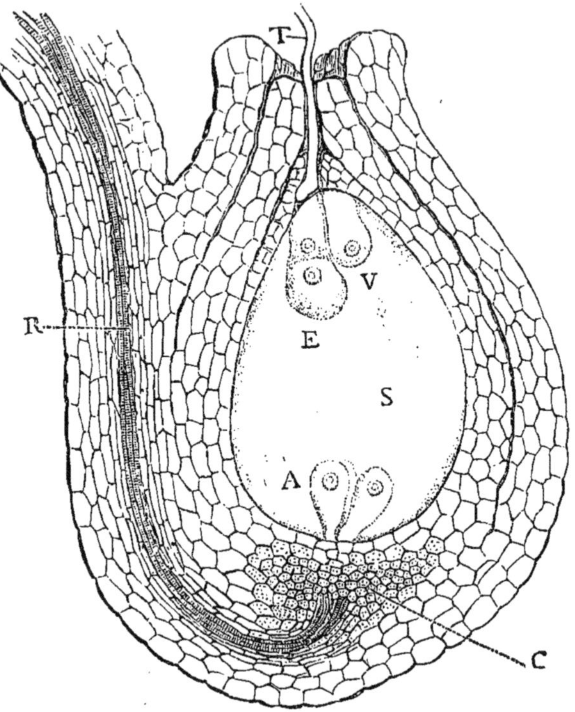

FIG. 178. — Ovule anatrope. Coupe longitudinale.

par un très court paquet de faisceaux trachéens qui vont directement du hile de l'ovule à la plaque chalazienne. Quand, dans un semblable ovule, le développement du système trachéen se produit au maximum, on peut se le représenter théoriquement comme une double cage formée par deux réseaux trachéens, placés l'un dans l'autre et reliés l'un à l'autre à la base par un court tronc commun qui va de la surface ovulaire ombilicale à la région chalazienne.

Les modifications les plus importantes dans le parenchyme de l'ovule ont trait à la formation d'un ou plusieurs *sacs embryonnaires* (S) dans l'intérieur du nucelle. Cette formation sera étudiée à propos de la fécondation.

Tissu du fruit.

Péricarpe.

Le péricarpe proprement dit, c'est-à-dire la portion enveloppante du fruit, n'est autre chose que la paroi de l'ovaire modifiée comme épaisseur, consistance, etc., pendant la maturation. Ces modifications peuvent être à peu près nulles dans les cas d'un péricarpe sec, membraneux et indéhiscent.

En pareil cas, en effet, les deux épidermes, extérieur et intérieur, du péricarpe, peuvent se dessécher sans changer de caractère, et il en est de même du parenchyme interposé ; si bien que les éléments ne sont pas modifiés quant à leur phytocyste, et que leur phytoblaste, ne fabriquant rien dans son intérieur, se dessèche comme celui d'une feuille caduque. Réduits alors à une mince pellicule (fig. 179), les phytocystes du péricarpe peuvent même tomber en partie et ne laissent subsister de la paroi du fruit qu'un réseau desséché de nervures.

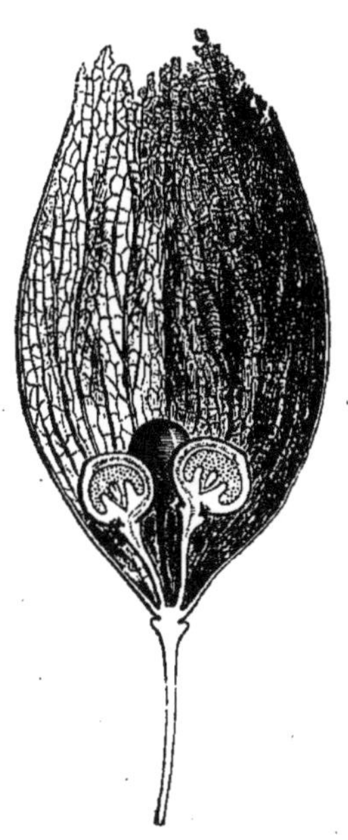

Fig. 179.— *Leontice*. Péricarpe réduit à une mince membrane réticulée.

Mais beaucoup plus souvent, quand le péricarpe doit être sec et indéhiscent, il prend beaucoup d'épaisseur et de dureté (fig. 81). En pareil cas, tandis que les nervures demeurent ténues et se réduisent même parfois à de très minces filaments, chacun des phytocystes de son parenchyme s'accroît presque également, souvent dans toutes les dimensions. Leur forme devient plus ou moins polyédrique, et pendant que leur cavité se r éduit à d'étroites limites, leur paroi s'incruste de substance ligneuse, quelquefois même de matières inorganiques, comme du carbonate de chaux. Les deux épidermes prennent part à ces modifications ou ne changent pas du tout d'épaisseur, soit qu'ils se détachent du reste du péricarpe, soit qu'ils s'unissent intimement avec les couches sous-jacentes.

Quand, au contraire, un péricarpe doit devenir mou, pulpeux dans toute son épaisseur, comme il arrive dans les baies, entre ses deux épidermes peu modifiés, les cellules de son parenchyme, d'abord très petites, continuent longtemps de s'accroître et finissent même par devenir très volumineuses, sans que leur paroi augmente de consistance. Souvent aussi cette paroi subit la modification dite *gélification*, et se laisse en même temps distendre par le contenu mou ou liquide du phytocyste. La masse est d'ailleurs parcourue par les

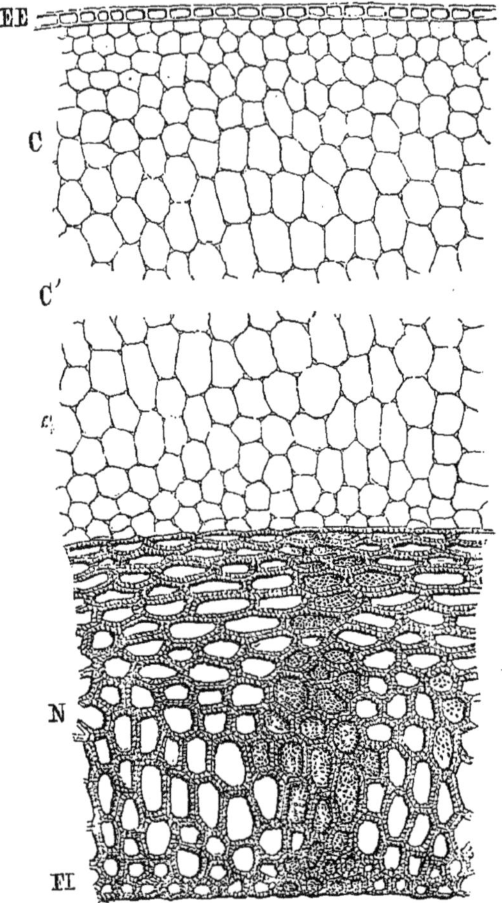

Fig. 180. — Tissus du péricarpe d'un fruit drupacé (*Cerise*). EE, Épiderme extérieur. CC, Portion charnue du fruit (interrompue en C', à cause de sa très grande épaisseur). N, Portion profonde du parenchyme dont les phytocystes deviennent durs, comme ceux des achaines, pour constituer le noyau. EI, Épiderme intérieur (ou supérieur) de la feuille carpellaire.

faisceaux trachéens ramifiés que nous avons observés dans la paroi de l'ovaire, et les phytocystes de la pulpe deviennent en général d'autant plus grands et plus lâchement unis qu'on s'éloigne davantage de ces ramifications vasculaires. Il en résulte que quand une baie est plus que mûre, on peut souvent, sous le microscope, séparer les uns des autres, par une légère traction, ces phytocystes inégaux qui semblent autant de petits fruits succulents attachés à une grappe commune. Ici le phytoblaste ne s'arrête point de bonne heure dans son travail. Pénétré d'une grande quantité de liquides, il élabore et dépose dans sa masse des produits très divers : de la fécule, du tannin, des sels, des cristaux, des matières colorantes, etc., etc. Accumulés dans ces cavités, ses principes s'y transforment vers l'époque de la maturité: l'amidon, le tannin, les sels acides, etc., en matières sucrées ; la pectose, en pectine, dit-on; et beaucoup d'autres, en glucosides divers qui donnent aux fruits charnus des propriétés très variables.

Quand, au contraire, un fruit doit devenir une drupe (fig. 180), c'est-à-dire présenter à la fois une chair extérieure située sous l'épiderme, et un noyau dur intérieur, ce n'est pas, comme on l'admettait, l'épiderme intérieur qui se transforme en noyau résistant, tandis que la chair du mésocarpe serait produite par une transformation du

Fig. 181. — *Euphorbe.* Fruit déhiscent élastiquement.

Fig. 182. — *Rinorea.* Fruit déhiscent élastiquement.

parenchyme médian de la feuille. C'est ordinairement ce parenchyme qui, entre les deux épidermes demeurés généralement minces, subit dans les phytocystes de ses couches profondes les mêmes modifications que nous avons constatées dans les achaines durs, et dans ceux de ses couches extérieures, au contraire, les transformations qui viennent d'être décrites dans les baies.

Dans les ovaires à plusieurs loges, les cloisons et la colonne centrale peuvent aussi, suivant les espèces, devenir dans le fruit soit ligneuses, soit pulpeuses. Les épidermes peuvent aussi s'accroître, soit à l'intérieur, soit à l'extérieur, en phytocystes-poils, et il y a même des fruits dans lesquels des couches plus profondes s'allongent pendant la maturation en lames souvent épaisses, constituant à l'extérieur des ailes, des aiguillons, à l'intérieur des saillies ou des fausses cloisons plus ou moins développées.

Les fruits secs étant souvent déhiscents, et parfois aussi les fruits charnus, comme celui du Muscadier (fig. 189), il y a des lignes de déhiscence indiquées d'avance sur leur paroi (fig. 187, 188). Là se produisent

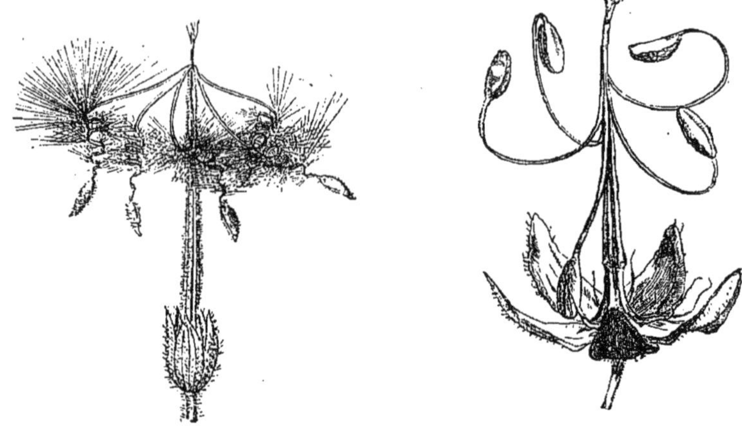

FIG. 183, 184. — Fruits de Géraniacées, déhiscents. Les carpelles sont supportés par une portion du style qui se courbe ou s'enroule hygrométriquement.

des phytocystes de forme distincte, souvent tabulaires et constituant une

FIG. 185. — *Ecballum*. Fruit déhiscent quoique charnu, s'ouvrant à sa base par la séparation du pédoncule et lançant ses graines avec un liquide.

sorte de lame aplatie qui coupe, pour ainsi dire le péricarpe en travers, comme il arrive dans les pyxides (fig. 188). Ailleurs ces phytocystes *de déhiscence* sont sinueux, inégalement onduleux et se pénètrent par leurs saillies et leurs rentrées alternatives (fig. 187). Quand une

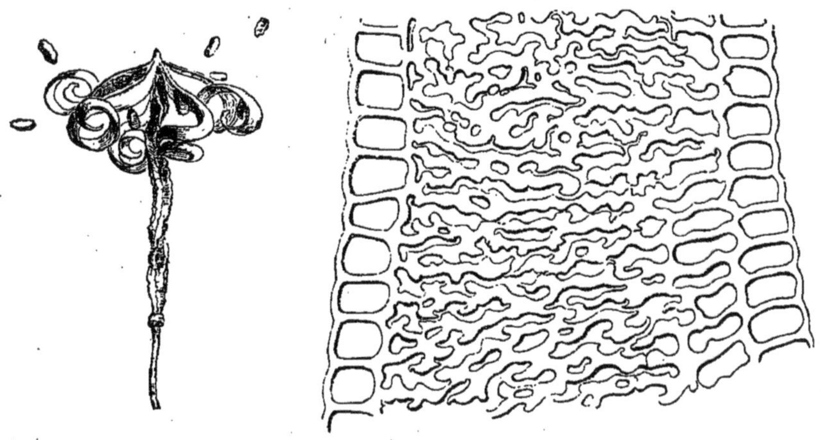

Fig. 186. — *Balsamine*. Fruit déhiscent et lançant ses graines.

Fig. 187. — *Fraxinelle*. Cellules de déhiscence du follicule.

perte d'eau suffisante s'est produite dans ces éléments, ils se recroquevillent et s'abandonnent, et cela quelquefois si brusquement, que

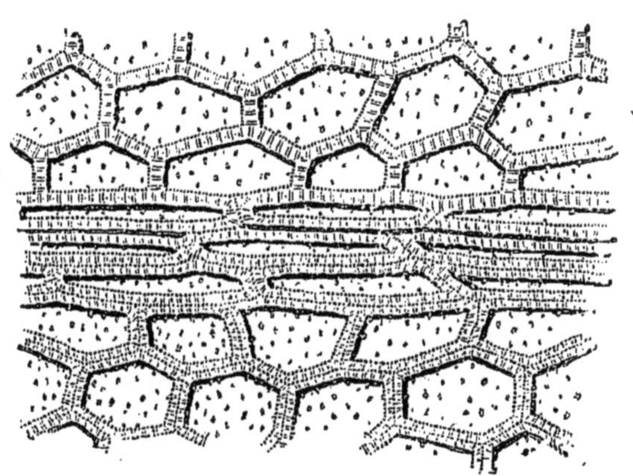

Fig. 188. — *Mouron rouge*. Cellules de déhiscence de la pyxide.

les fragments du fruit éclatent et que les graines peuvent être projetées (fig. 185, 186), avec les couches et les segments divers du péricarpe, à des distances parfois considérables. Que les fruits s'ouvrent ainsi *élastiquement* (fig. 180, 184) ou simplement, on prouve que c'est une perte d'eau qui est la cause déterminante de la déhiscence, car

FIG. 189. — *Muscadier*. Fruit charnu (baie) et cependant déhiscent.

on empêche indéfiniment celle-ci en maintenant ces fruits plongés dans un liquide qui ne les attaque pas.

Graine.

a. — L'ovule le plus simple pouvant être réduit à une masse parenchymateuse à peu près homogène, avec un sac embryonnaire intérieur, une ou quelques assises extérieures de la masse parenchymateuse peuvent se durcir, se colorer, tandis que le reste demeure composé de phytocystes à paroi plus mince, moins résistante, plus pâle. La graine est cependant alors dite *complète*. Outre son *embryon* central, elle possède une masse molle qui l'entoure, et dont les phytocystes renferment des aliments de réserve; c'est l'*albumen* (fig. 190).

Autour de l'albumen, les cellules périphériques durcies forment un *tégument* protecteur, plus ou moins résistant (fig. 190-192).

b. — Si l'on suppose maintenant (ce qui arrive fréquemment) qu'entre l'embryon et le sac embryonnaire qui le contient il se forme aussi une couche plus ou moins épaisse de phytocystes à cavité gorgée d'aliments, on verra qu'entre le tégument et l'albumen extérieur dont nous connaissons l'origine, cette graine, plus favorisée encore en quelque sorte que la précédente, possède un autre albumen

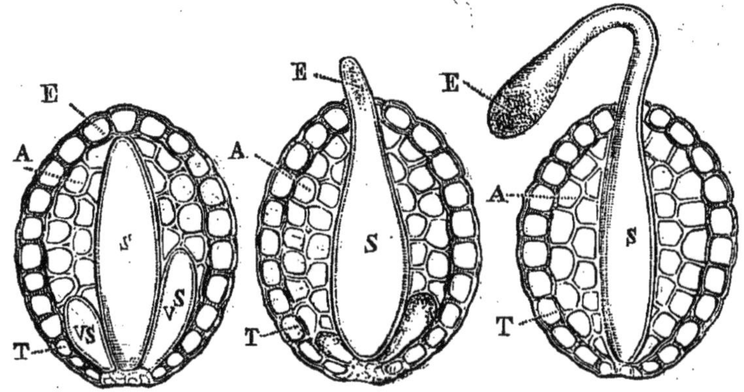

Fig. 190-192. — Formation de la graine. Schéma. A, Parenchyme ovulaire continu. T, Couche superficielle tégumentaire. S, Sac embryonnaire fertile. E, Son sommet embryonifère, inclus ou exsert. VS, Sacs embryonnaires accessoires.

intérieur et, au centre de celui-ci, l'embryon. La paroi ténue du sac embryonnaire formera ici la limite entre les deux albumens.

c. — Il y a des ovules dans lesquels le sac embryonnaire prend en peu de temps un si grand développement, qu'au lieu de rester

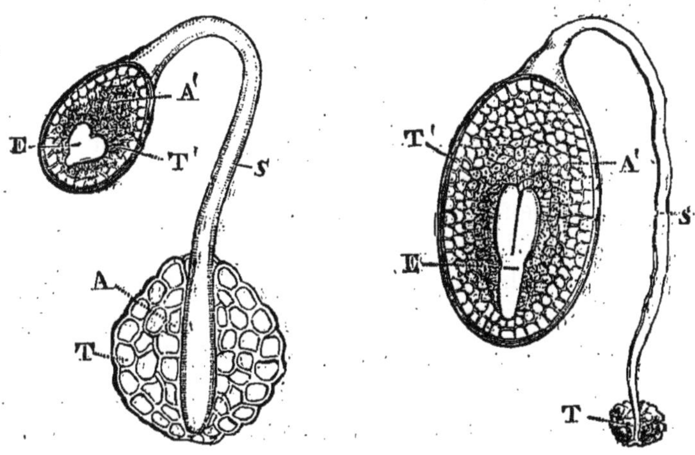

Fig. 193, 194. — Formation de la graine. Schéma. Mêmes lettres que dans la figure précédente. E, Embryon formé dans la portion exserte dilatée du sac embryonnaire S, dont la surface s'est, dans sa portion supérieure, durcie en tégument T' et qui renferme le deuxième albumen A'.

inclus dans la masse parenchymateuse de l'ovule, il en sort en partie ou même presque complètement. C'est dans cette portion issue de l'ovule et plus ou moins dilatée que se forment, ou l'embryon seul, ou, avec l'embryon, un albumen qui l'entoure. Alors, le sac embryonnaire durcissant autour de l'albumen (et parfois avec lui les couches superficielles de ce dernier), on a sous les yeux une graine complète, formée d'un tégument, d'un albumen et d'un embryon; mais, sauf le sac embryonnaire, la masse de l'ovule ne prend aucune part à la constitution de cette graine, et l'on ne trouve plus, à la base du système, qu'un reste desséché de sa substance (fig. 193, 194).

d. — Dans un quatrième cas (comme les précédents et même plus souvent qu'eux réalisé dans la nature), l'ovule, au lieu d'être une masse ovoïde continue, porte au niveau de la région micropylaire un petit rebord ou bourrelet plus ou moins saillant, qui peut, comme l'on sait, graduellement passer à l'état d'enveloppe ou de sac plus

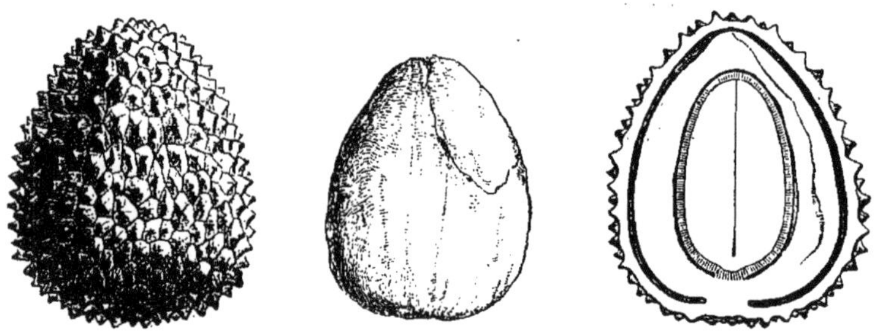

FIG. 195-197. — *Litchi.* Fruit et graine à arille ombilical.

ou moins profond, dégagé d'adhérence avec la portion centrale de l'ovule, sauf à sa base. C'est cette sorte de saillie sacciforme qu'on a appelée improprement une enveloppe ovulaire, tandis qu'on a réservé pour le corps central le nom de nucelle. En pareil cas, le nucelle peut durcir ses couches superficielles pour constituer un tégument à la graine; mais, en même temps, la prétendue enveloppe de l'ovule peut elle-même se durcir en un tégument plus extérieur.

e. — En cinquième lieu, comme il se forme dans beaucoup de plantes, en dehors du nucelle, non pas une, mais deux enveloppes ovulaires, la plus extérieure peut aussi durcir, s'incruster de matières dures et se colorer. Dans l'hypothèse, énoncée dans le cas précédent, de la préexistence de deux téguments séminaux plus intérieurs, on voit que la graine que nous examinons pourra avoir trois téguments en dehors de son albumen simple ou double et de son embryon.

f. — Le nombre trois est, en effet, le plus ordinaire pour les téguments séminaux; mais leur origine individuelle n'est pas ordinairement celle que nous venons d'indiquer, et voici pourquoi :

1° Au lieu d'arriver à un entier développement, à une épaisseur et à une consistance notables, une ou plusieurs des couches tégumentaires dont nous venons de parler s'arrêtent souvent dans leur évolution, demeurent réduites à une minceur extrême ou même disparaissent, se résorbent complètement.

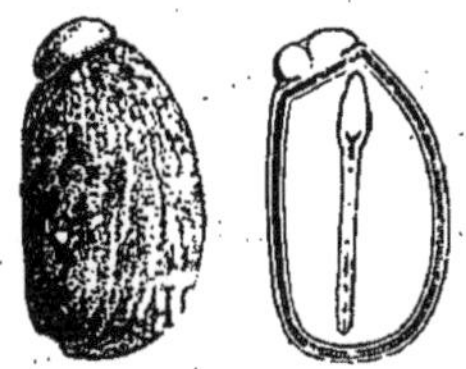

FIG. 198, 199. — *Ricin.* Graine à arille micropylaire.

FIG. 200. — *Croton* Arille micropylaire.

FIG. 201.— *Fusain.* Arille mixte.

2° Une seule des trois couches tégumentaires indiquées peut se dédoubler et produire, par différenciation de ses phytocystes, deux téguments qui se distinguent bien l'un de l'autre à l'époque de leur complète évolution.

FIG. 202, 203. — *Euphorbe-Épurge.* Arille micropylaire.

FIG. 204. — *Pignon d'Inde.* Arille micropylaire.

Les modifications finales de ces diverses couches, et chacune d'elles peut indifféremment, suivant les espèces observées, en être également le siège, sont comparables à celles qui s'observent dans le péricarpe. Ainsi :

Ou les phytocystes conservent des parois molles, avec une cavité spacieuse dans laquelle le phytoblaste fabrique ou dépose des matériaux de réserve, des principes actifs, des matières colorantes, etc.;

Ou bien les phytocystes n'ont plus qu'une cavité relativement étroite, parce que la paroi s'est épaissie, indurée et colorée.

Il faut ajouter à ce qui précède que là où l'ovule avait des vaisseaux, ces organes peuvent persister dans la graine; que là où la

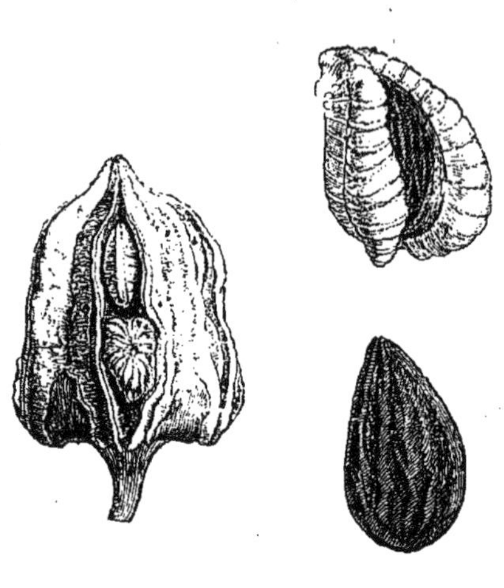

Fig. 205, 206. — *Oxalis*. Graine à arille généralisé, vu d'abord dans le fruit déhiscent, puis chassant au dehors la portion séminale intérieure.

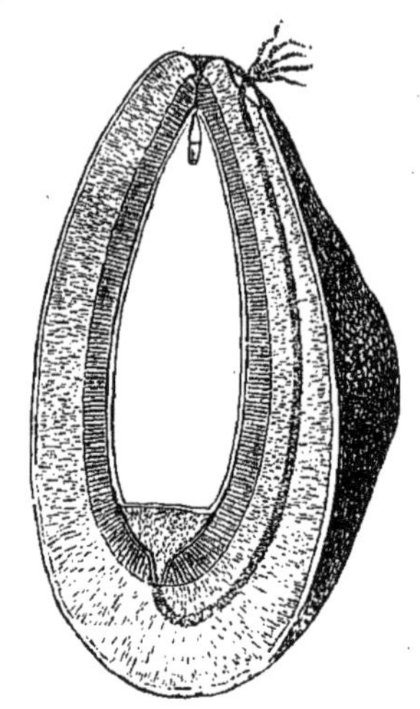

Fig. 207. — *Magnolia*. Graine à arille généralisé, le tégument sous-jacent (et vasculaire) devenant également charnu.

membrane qui les renfermait disparaît, ils disparaissent, cien entendu, également, et enfin que d'une zone qui en renferme naturellement,

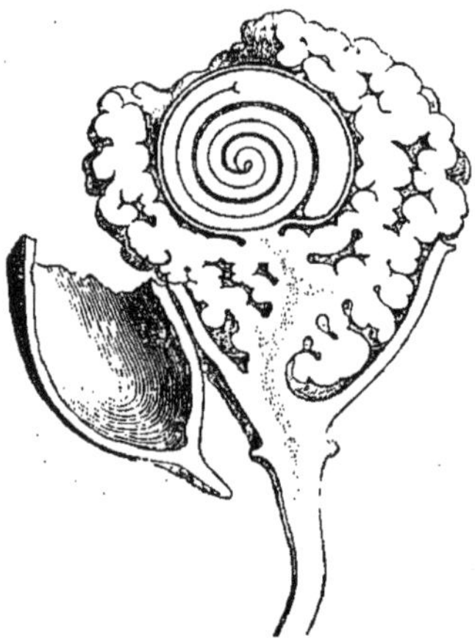

Fig. 208. — *Alectryon*. Arille ombilical volumineux.

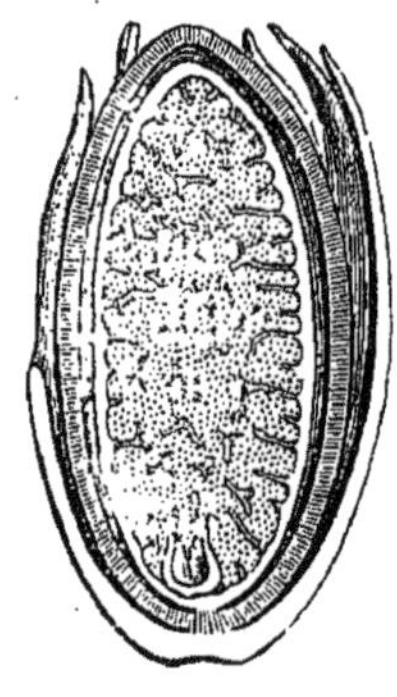

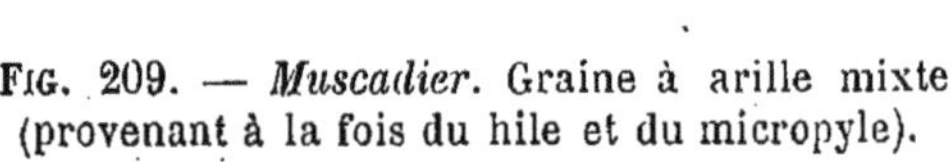

Fig. 209. — *Muscadier*. Graine à arille mixte (provenant à la fois du hile et du micropyle).

comme le disque chalazique, ils peuvent secondairement se prolonger plus ou moins loin dans une couche séminale persistante.

Les arilles dont la graine est souvent pourvue (fig. 198-209), de quelque région de sa surface qu'ils naissent, sont de nature épidermique et formés uniquement de phytocystes-cellules ou de phytocystes-poils. Quand il y a, en outre, des trachées dans leur substance, comme dans les *Oxalis* (fig. 205, 206), les *Magnolia* (fig. 207), etc., cela tient à ce que les modifications dont les phytocystes superficiels ont été le siège, se sont également produites sur les phytocystes plus profonds des téguments, ceux qui sont interposés aux ramifications du réseau trachéen.

Tissu du réceptacle floral.

Il y a des réceptacles floraux qui sont cylindro-coniques ; de même qu'ils ont la forme d'une branche, ils en ont la structure, et les faisceaux des appendices floraux se continuent dans le réceptacle, de la même façon que ceux des feuilles dans les tiges.

Mais quand les réceptacles floraux, devenant de plus en plus concaves, prennent la forme d'un sac à paroi plus ou moins membraneuse, les faisceaux vont fréquemment, du pédoncule floral où ils étaient disposés comme dans la tige, se rendre respectivement à la base de chacun des appendices de la fleur ; et ces faisceaux, sauf dans des cas exceptionnels, encore insuffisamment connus, s'étalent et s'écartent les uns des autres de la même façon que dans la base gamophylle d'un périanthe ; de sorte qu'ici les faisceaux peuvent être disposés dans un axe comme ils le sont dans un verticille d'organes appendiculaires réunis ; ce qui rend encore illusoires, au point de vue de la distinction des axes et des appendices, les caractères tirés de la disposition des faisceaux (voy. p. 128).

Les réceptacles peuvent contenir dans leur tissu tous les matériaux de réserve qu'on rencontre dans les tiges : leur épiderme peut avoir les mêmes caractères que ceux des tiges ; et celui qui recouvre leur surface concave peut souvent s'épaissir, d'une façon régulière ou irrégulière, en un tissu glanduleux et constituant un disque d'origine réceptaculaire.

MORPHOLOGIE GÉNÉRALE

ORIGINE DES PARTIES DE LA FLEUR. — MÉTAMORPHOSE ASCENDANTE ET DESCENDANTE DE LA FEUILLE.

Au milieu du dix-huitième siècle, G.-F. Wolff formula nettement la théorie dite de la *Métamorphose*, en admettant que les organes divers que peut porter l'axe végétal « sont de nature identique, si variée que soit leur forme ». Sans doute il avait eu beaucoup de précurseurs, et mêlée à de nombreuses erreurs, comme dans les ouvrages de Jung, de Tournefort, et surtout dans le *Prolepsis plantarum* de Linné, cette manière de voir était acceptée dans les écoles, dès la fin de la première moitié du même siècle. Mais c'est au génie de Gœthe qu'on attribue d'ordinaire la création de cette grande doctrine de la métamorphose, quoique son *Versuch die Metamorphosen der Pflanzen zu erklæren*, ne date que de 1790, et quoiqu'elle y soit aussi altérée par des théories telles que celle de l'expansion et de la contraction alternantes, trop souvent contredite par les faits pour être conservée.

La doctrine des métamorphoses divise celles-ci, dans le livre de Gœthe, en *métamorphose ascendante*, qu'il appelle aussi régulière, et en *métamorphose descendante* ou irrégulière, sans parler de sa *métamorphose accidentelle* dont la notion ne semble pas mériter d'être conservée.

D'après cette théorie, tout organe appendiculaire dérive de la feuille, qui se modifie d'une façon très variable pour devenir un organe appendiculaire floral, sépale, pétale, étamine ou carpelle, quand la métamorphose est ascendante; ou bien c'est une feuille florale, de celles qui appartiennent au gynécée, à l'androcée, au périanthe, qui devient feuille quand la métamorphose est descendante. C'est aussi, bien entendu, par le fait d'une métamorphose descendante ou irrégulière que le carpelle devient étamine, ou pétale, ou sépale; que l'étamine devient pétale, qu'un sépale se transforme en une feuille ordinaire, et ainsi de suite.

Ces idées, acceptées au début avec défiance, et plus tard adoptées jusqu'à l'exagération, ne sont pas faites pour surprendre les organo-

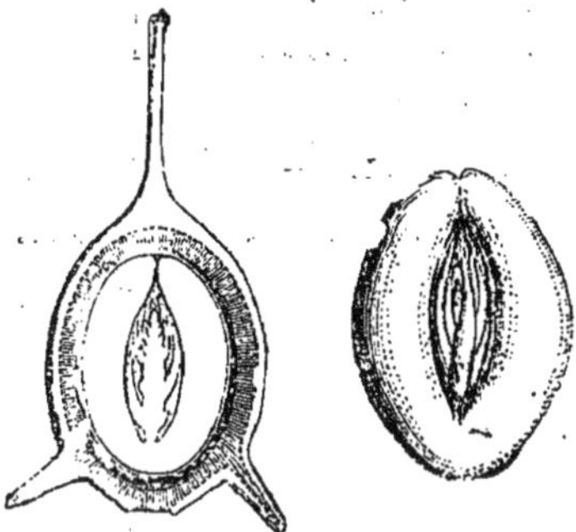

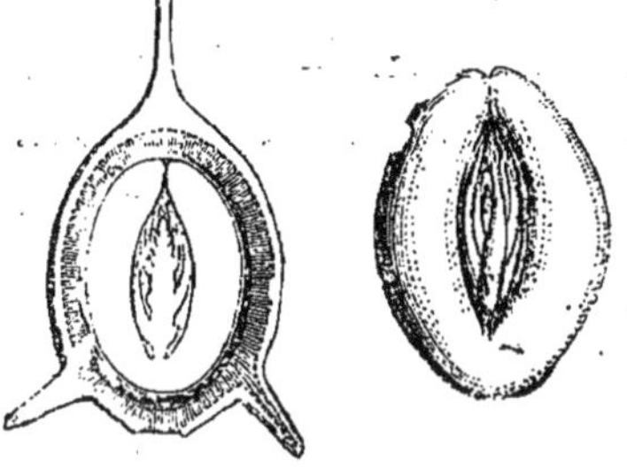

FIG. 210, 211. — *Ceratophyllum.* Embryon à feuilles nombreuses.

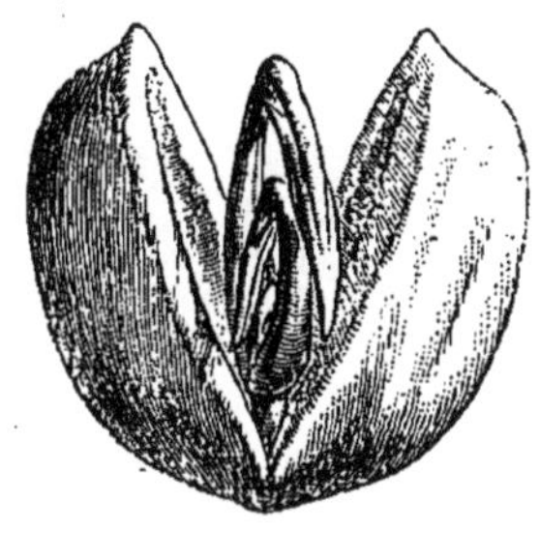

FIG. 212. — *Nelumbo.* Embryon.

génistes qui voient sur un axe commun se produire, avec les mêmes caractères et la même forme initiale, une foule d'organes appendiculaires destinés à des fonctions très différentes et qui sont tous d'abord des mamelons parenchymateux incolores. Plus tard, ils

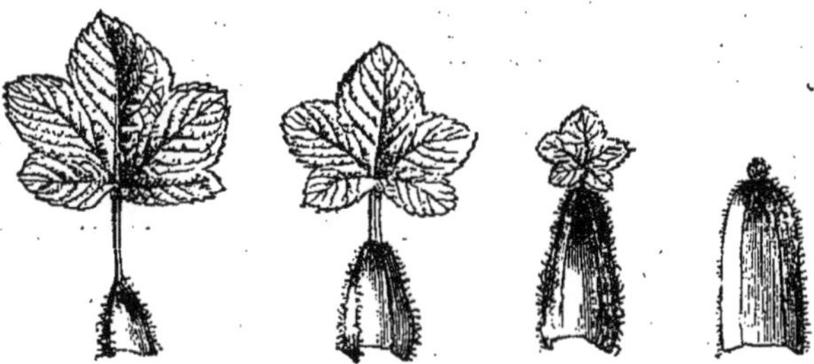

FIG. 213. — *Groseillier.* Bractées polymorphes. De la feuille pourvue d'un limbe ou d'un pétiole, on passe graduellement à une bractée représentant la gaine dilatée.

s'étalent ou s'aplatissent plus ou moins en s'accroissant; leur forme, leur taille, leur consistance, leur couleur, caractères sans valeur foncière, se modifient graduellement suivant qu'ils sont destinés à former des feuilles caulinaires, organes respiratoires; des sépales, étuis protecteurs solides enveloppant les jeunes organes sexuels en voie de formation; des pétales, lames délicates, éclatantes de teintes, odorantes, attractives pour les animaux auxiliaires de la fécondation; des étamines, agents fécondateurs qui développent en eux la poussière fertilisante ; des carpelles, enfin, réceptacles plus ou moins clos des organes qui renferment les jeunes plantes de la génération sui-

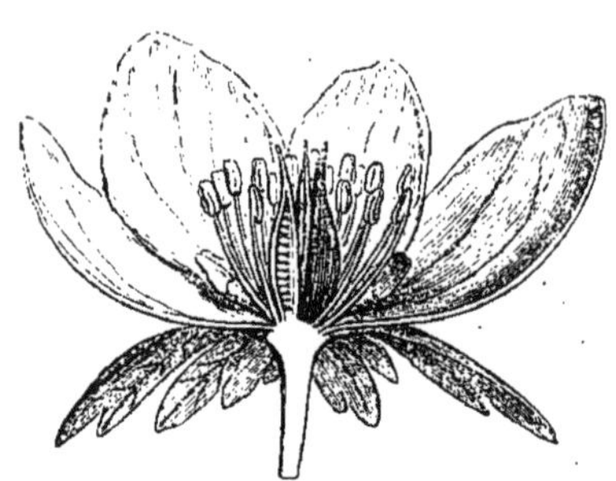

Fig. 214. — *Hellébore d'hiver.* Le calice pétaloïde y ressemble à une corolle, et au-dessous de lui, une collerette verte, formée de feuilles, simule un calice.

Fig. 215. — *Oxandra.* Bractées du pédoncule floral, distiques et passant insensiblement aux sépales disposés en verticilles trimères

vante. Avec les idées transformistes aujourd'hui triomphantes, il ne faut voir là qu'une adaptation d'appendices divers à des milieux variables et à l'accomplissement de fonctions multiples.

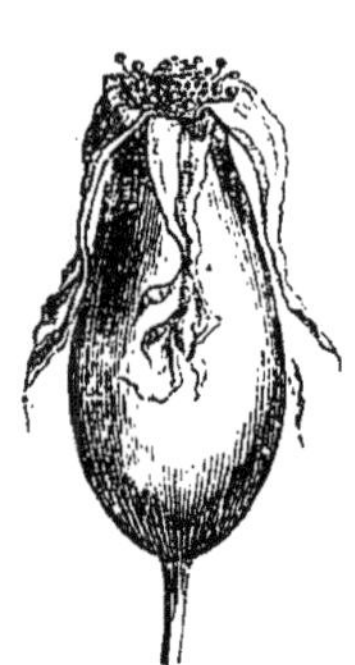

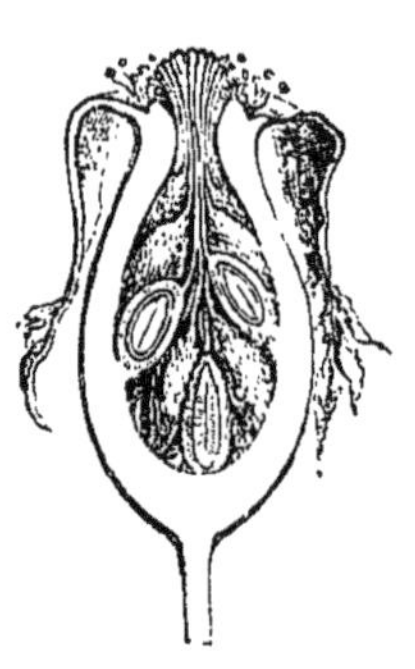

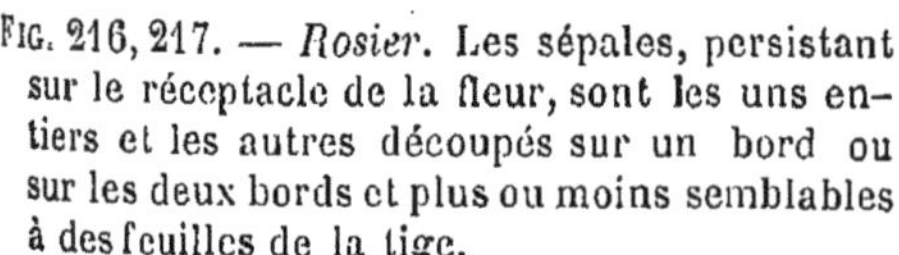

Fig. 216, 217. — *Rosier.* Les sépales, persistant sur le réceptacle de la fleur, sont les uns entiers et les autres découpés sur un bord ou sur les deux bords et plus ou moins semblables à des feuilles de la tige.

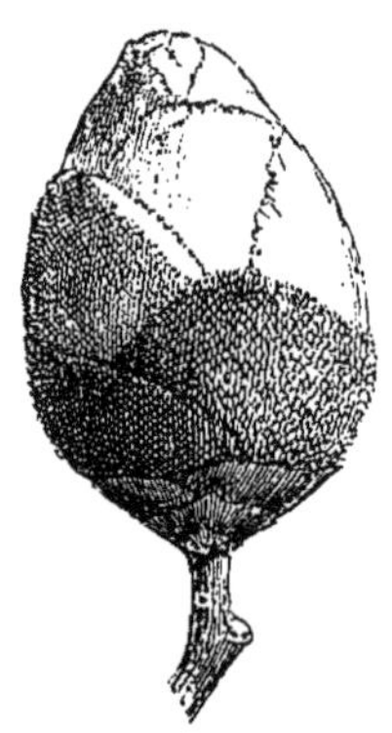

Fig. 218. — *Camellia.* Bouton dans lequel il y a passage insensible des pétales aux sépales et aux bractées écailleuses extérieures à ceux-ci.

Quelques exemples suffisent aujourd'hui à faire comprendre cette théorie si simple de la métamorphose.

Les cotylédons sont les premiers organes appendiculaires d'un Haricot. Chargés de fournir des aliments à la jeune plante, de rendre solubles et de consommer des matériaux de réserve pendant la germination ils sont ici épais, charnus, blanchâtres.

Les feuilles qui leur succèdent immédiatement en sont une pre-

FIG. 219, 220. — *Hortonia*. Fleur entière et coupée en long. Le périanthe est formé d'un nombre variable de folioles, les plus intérieures plus grandes et pétaloïdes, mais sans délimitation possible entre un calice et une corolle.

mière modification ; elles sont chargées, non pas de dépenser des matériaux accumulés, mais surtout d'en assimiler d'autres qui existent dans le milieu ambiant. Aussi deviennent-elles larges, membraneuses, gor-

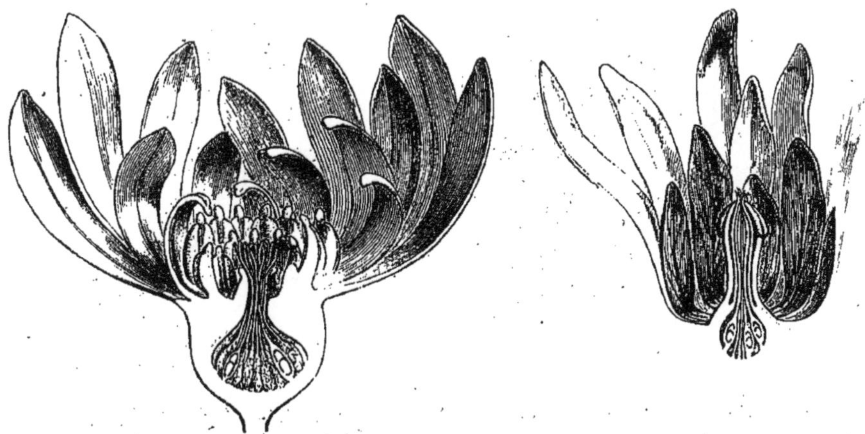

FIG. 221, 222. — *Calycanthus*. Périanthe dans lequel la limite entre les sépales et les pétales ne peut être nettement établie.

gées de chlorophylle et pourvues de nombreuses bouches absorbantes. Mais ce sont, au fond, des organes foliaires, comme les cotylédons, et dans bien d'autres plantes il y a toutes les transitions possibles pour la forme, l'épaisseur, la couleur, entre le cotylédon blanc et charnu et la feuille verte et membraneuse.

Dans un embryon tel que celui du *Ceratophyllum* (fig. 210, 211), on reconnaît une petite tige qui porte une série de nombreuses feuilles dans toute sa hauteur. Elles sont de plus en plus larges à mesure qu'elles sont plus voisines de la base, et les cotylédons sont

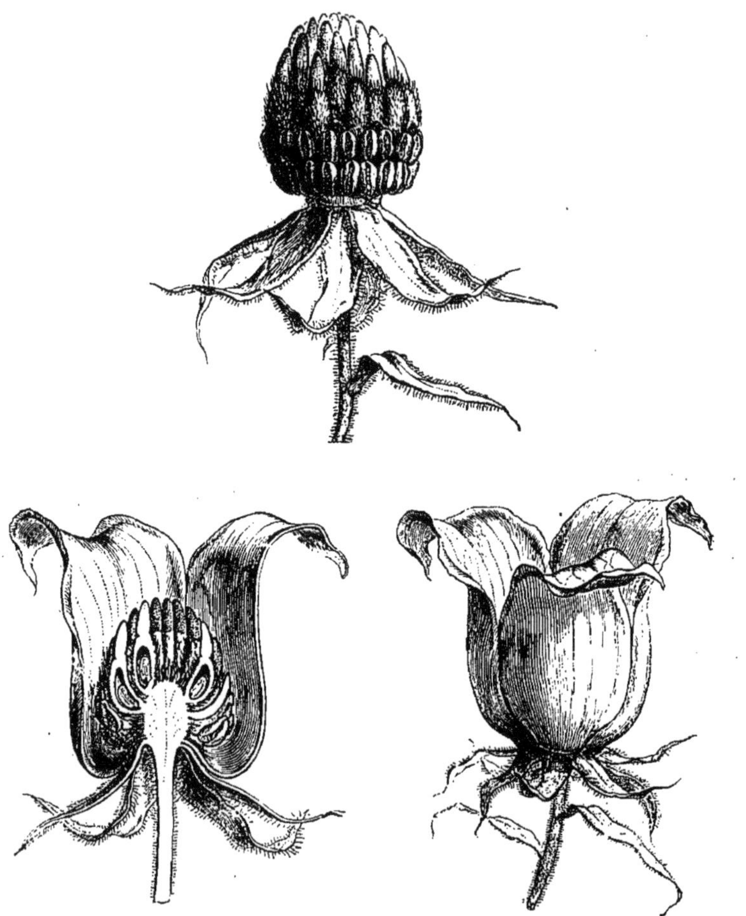

FIG. 223-225. — *Miliusa.* Fleur dans laquelle les trois pétales extérieurs sont pareils aux trois sépales et non aux trois pétales intérieurs.

les plus larges de toutes ; ceux-ci sont cependant des feuilles comme les autres quant à leur insertion, à leurs rapports de position, mais le rôle qu'ils ont à remplir est tout particulier; de là des différences dans leur épaisseur, leur consistance, la nature de leur contenu.

Plus haut sur la tige du Haricot se montrent des feuilles, non plus simples et entières, comme les premières, mais composées, formées de plusieurs petites folioles; et cela parce que la fonction d'assimilation doit être remplie avec plus d'intensité; mais il y a tous les passages entre la feuille unifoliolée et celles qui, dans d'autres plantes du même groupe que le Haricot, possèdent un nombre parfois considérable de folioles.

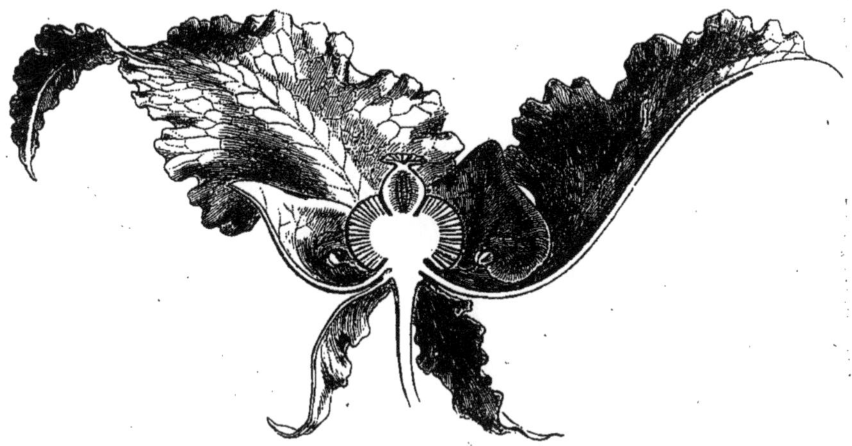

FIG. 226. — Anonacée (*Monodora*) dont les sépales réfléchis sont plus semblables aux pétales extérieurs que ceux-ci aux pétales intérieurs.

Au-dessus des feuilles composées, il y a de nouveau des lames simples, minces, souvent peu volumineuses; ce sont des bractées qui n'ont pour rôle que de protéger les jeunes fleurs. Il y a beaucoup d'autres plantes où elles ne possèdent plus de chlorophylle, n'étant

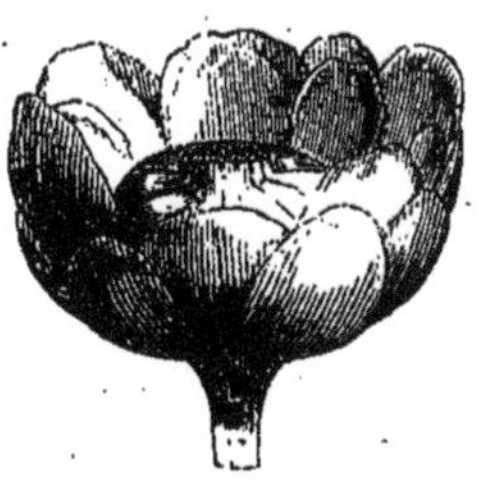

FIG. 227, 228. — *Badianes*. Fleurs dans lesquelles le périanthe est formé de folioles graduellement modifiées, sans délimitation nette des sépales et des pétales.

pas destinées à remplir la fonction réductrice; d'autres où elles prennent déjà les couleurs de la fleur, devenant ainsi des organes d'attraction pour les insectes qui doivent visiter celle-ci.

Les feuilles d'un Groseillier, par exemple (fig. 213), voient ainsi peu à peu diminuer, puis disparaître, leur limbe vert, tandis que la base de leur pétiole se dilate de plus en plus en une lame protectrice au-dessus de laquelle le limbe finit par disparaître totalement.

Dans le *Camellia* (fig. 218), l'*Oxandra* (fig. 215), on voit tous les passages successifs entre les bractées parfois très nombreuses que porte le pédoncule floral immédiatement au-dessous du calice, et les folioles plus grandes et plus membraneuses de ce dernier.

FIG. 229. — *Magnolia grandiflora*. Fleur dans laquelle on passe graduellement des sépales aux pétales.

Dans un Rosier, les bractées qui sont interposées au calice et aux feuilles ne sont que ces dernières plus petites, perdant en partie ou en totalité un certain nombre de leurs folioles, en même temps que la base de leur pétiole commence à se dilater.

Plus haut, les pièces du calice, c'est-à-dire les sépales (fig. 216, 217), se présentent avec une base bien plus dilatée encore en lame membraneuse; mais les folioles latérales sont réduites à de faibles dimensions et tendent à disparaître totalement à mesure qu'on passe des sépales inférieurs vers les supérieurs.

Ainsi, ces folioles ou ces lobes existent souvent sur les deux bords des deux sépales inférieurs ; le sépale intermédiaire n'en a plus que d'un seul côté, et ils ont le plus souvent disparu sur les deux sépales supérieurs, dont le bord s'amincit, pâlit, se colore quelquefois même un peu comme feront les pétales sur toute leur étendue.

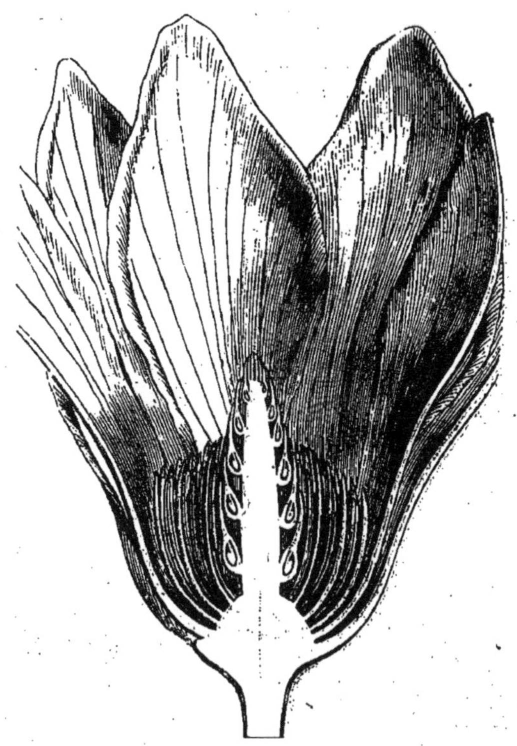

Fig. 230. — *Magnolia grandiflora.* Fleur coupée en long. Passage graduel des sépales aux pétales.

Les fleurs des *Magnolia* (fig. 229-231) ou des *Calycanthus* (fig. 221, 222) sont classiques quant aux variations successives que présentent les folioles de leur périanthe. Joignons-y les Badianes (fig. 227, 228), les *Hortonia* (fig. 219, 220), etc. Il n'y a plus dans ces plantes un calice et une corolle nettement séparés; il y a un périanthe formé d'un nombre variable de folioles, insérées les unes au-dessus des autres et graduellement dissemblables ; les inférieures sont vertes, épaisses, solides, comme sont d'ordinaire les sépales ; les intérieures sont plus grandes, colorées, minces, délicates, comme sont généralement les pétales; mais il est bien difficile de dire au niveau de quel appendice commence la corolle et finit le calice.

FIG. 231. — *Magnolia Figo.* Fleur dont le calice est formé de véritables feuilles; l'une d'elles pourvue d'un limbe, et l'autre réduite à sa portion basilaire.

Le Nénuphar blanc (fig. 232, 233) possède aussi une fleur classique au point de vue de la démonstration du passage insensible du sépale au

FIG. 232. — *Nénuphar blanc.* Fleur entière.

pétale et de celui-ci à l'étamine. D'un sépale vert et coriace on passe graduellement à un sépale qui a un bord mince, pétaloïde et blanc; d'un pétale tout blanc et large, à un pétale de plus en plus étroit, qui n'est plus bientôt qu'un filet staminal encore large, en haut duquel il n'y a que deux rudiments marginaux des loges jaunes d'une anthère. Mais, à mesure qu'à l'intérieur les loges de celle-ci grandissent et se rapprochent jusqu'au contact, la lame blanche de la base se rétrécit, pour ne plus représenter qu'un filet linéaire (fig. 234, 235).

Dans les *Sterculia* (fig. 238), les carpelles présentent la forme de

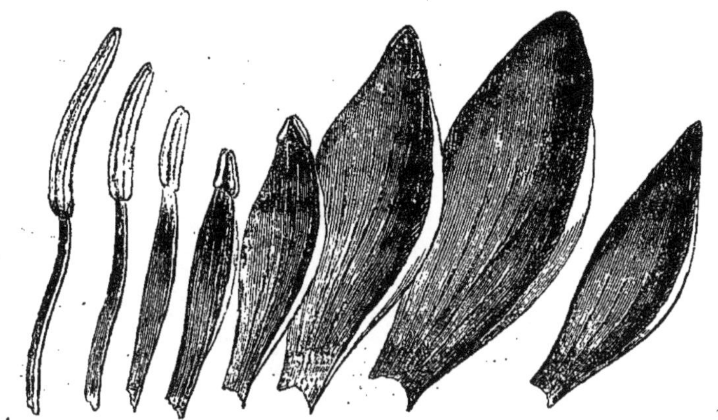

Fig. 233. — *Nénuphar blanc.* Appendices floraux détachés. Passage insensible des sépales aux pétales et aux étamines.

larges feuilles étalées et plus ou moins épaisses. Dans la plupart des autres Malvacées, ils se rapprochent et s'unissent entre eux pour enclore les ovules. Dans beaucoup d'autres encore, chacun d'eux demeure

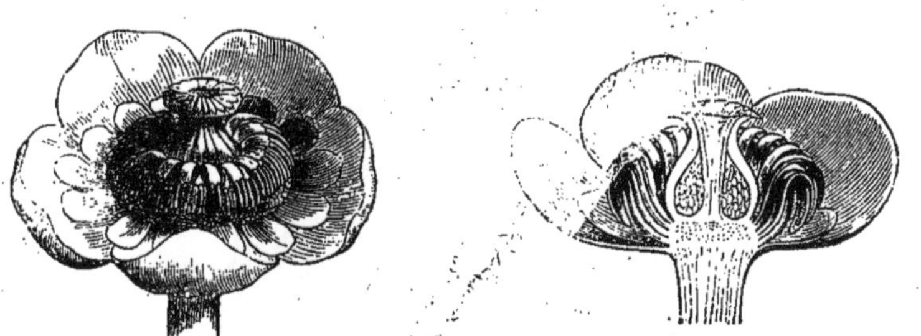

Fig. 234, 235. — *Nénuphar jaune.* Fleur et coupe longitudinale. Passage graduel des sépales aux pétales et aux étamines.

séparé des carpelles voisins, mais il se clôt lui-même par le rapprochement de ses bords ; c'est un état intermédiaire aux deux précédents. Le *follicule* tire son nom de sa ressemblance avec une feuille; il se ferme plus ou moins complètement pour contenir et protéger les ovules, puis les graines. Je ne parle pas des fleurs doubles et monstrueuses dans lesquelles le carpelle affecte la forme et la couleur, tantôt d'un pétale teinté et tantôt d'une petite feuille verte, étalée, semblable en somme aux sépales ou même aux feuilles de la tige.

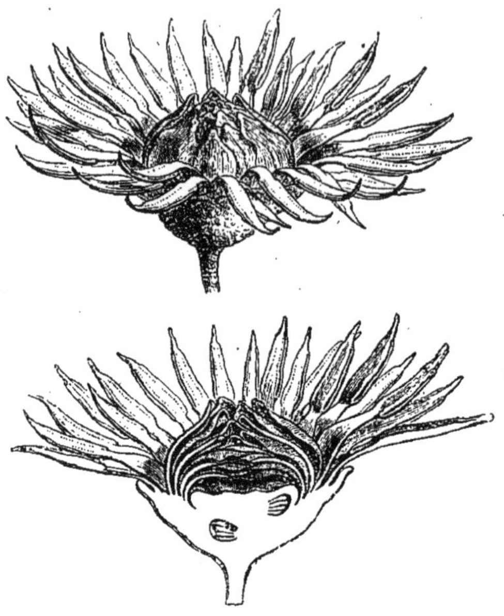

FIG. 236, 237. — *Eupomatia*. Fleur sans véritable périanthe. Les étamines intérieures devenues stériles sont semblables à des pétales.

Ces quelques faits, et bien d'autres, soit normaux, soit accidentels,

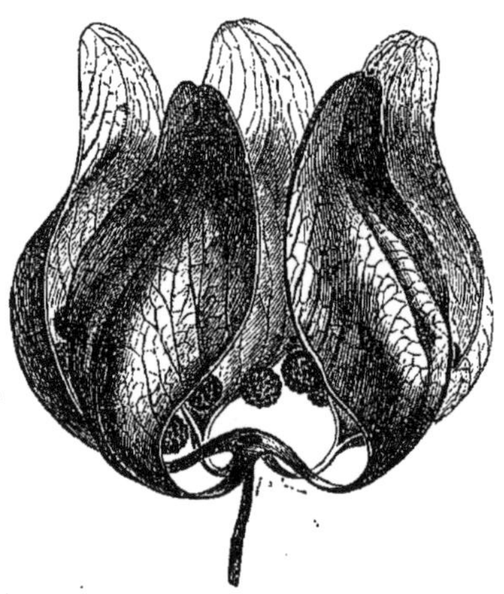

FIG. 238. — *Sterculia*. Fruit, formé de cinq follicules foliiformes.

qu'il est inutile de rappeler, justifient suffisamment l'ancien adage : « *natura foliorum ac florum eadem est.* »

Il s'applique aussi plus qu'on ne pense aux organes axiles de la fleur. Là où celle-ci possède des placentas manifestement axiles, ils jouent, par rapport aux feuilles carpellaires, le même rôle que les tiges par rapport aux feuilles caulinaires. Le réceptacle floral n'est pas différent, en somme, comme dérivation de la tige, du réceptacle de l'inflorescence. Il y a même des passages évidents de l'organe axile à l'organe appendiculaire, quoiqu'il soit commode en théorie de les distinguer l'un de l'autre ; et l'un de nos éminents savants, M. Trécul, a même, non sans raison, énoncé cette opinion que les organes floraux, notamment les carpelles, ne sont pas forcément des feuilles modifiées, mais « des formes diverses de la ramification de la tige ». Quand de semblables idées, quand de semblables faits seront mieux connus et plus approfondis, ils n'ébranleront pas la doctrine de la métamorphose ; ils la consolideront en lui donnant plus d'extension.

Mais nous n'admettons plus que la théorie de la métamorphose s'étende aux ovules, qui pour nous ne sont que les conceptacles des véritables œufs végétaux des Phanérogames, et ne sont ni des feuilles, ni des bourgeons, ni des rameaux.

SYMÉTRIE FLORALE

Il n'y a pas une *loi de la symétrie florale*, qu'on a définie, un peu vainement : « la disposition relative des verticilles dont la fleur est formée » ; il y a divers types de symétrie que, dans l'état actuel de nos

Fig. 239, 240. — *Ternstrœmia brevipes*. Fleur et Diagramme. Pétales en quinconce superposés aux sépales.

connaissances, il n'est pas toujours aisé de rapprocher l'un de l'autre. Nous exposerons les principaux, qui peuvent être graphiquement figurés par les plans ou diagrammes [1] que l'on emploie aujourd'hui

1 Voyez le *Traité de Botanique organographique*, de H. Baillon.

pour représenter les rapports de position des organes ou des verticilles floraux, abstraction faite de leur forme et de leurs autres caractères extérieurs.

Si nous examinons d'abord la fleur femelle d'un *Cissampelos* (fig. 241-244), nous voyons qu'elle est fort peu compliquée, puisqu'elle ne se compose que d'un sépale, d'un pétale et d'un carpelle. Or

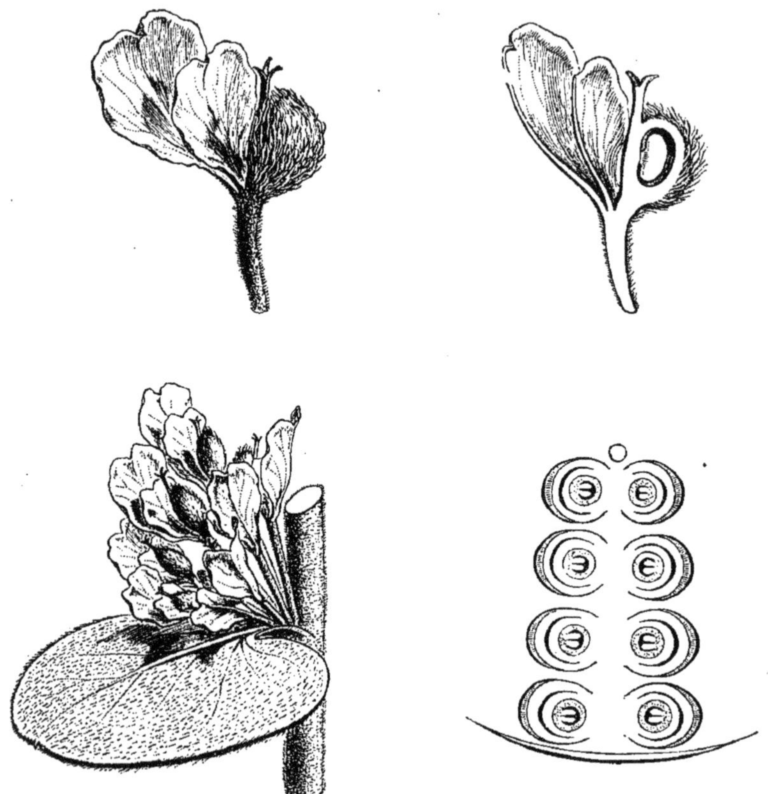

Fig. 241-244. — *Cissampelos*. Fleurs femelles. Leur gynécée est superposé au pétale qui est lui-même superposé au sépale unique.

le pétale est placé en face (ou au-dessus), c'est-à-dire *superposé* au sépale, et le carpelle unique est également superposé au pétale.

Dans la fleur d'un Santal, d'un *Loranthus* (fig. 245) ou d'un *Thesium* (fig. 246) où il n'y a pas de calice, on compte quatre, cinq ou six pétales et un même nombre d'étamines superposées.

Dans le *Ternstrœmia brevipes* (fig. 239, 240), où le calice a cinq pétales disposés en quinconce, nous voyons cinq pétales superposés aux sépales et disposés également en quinconce. Les lois de la métamorphose nous ayant fait voir que les sépales et les pétales sont

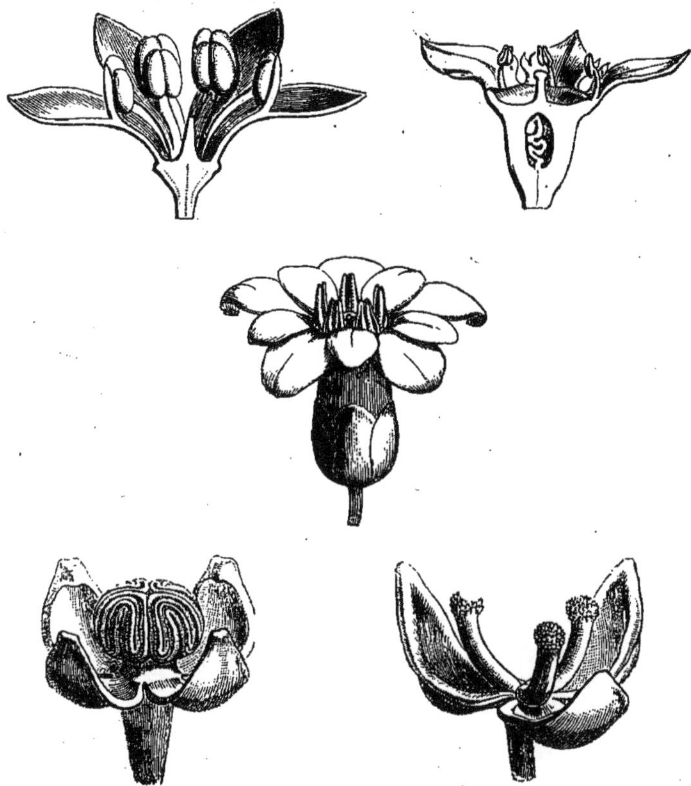

Fig. 245-249. — Fleurs de Loranthacées (*Loranthus*, *Thesium*), d'une Primulacée (*Jacquinia*), à étamines oppositipétales, et de deux Balanophorées (*Balanophora*, *Sarcophyte*), les étamines superposées aux folioles du périanthe.

des feuilles modifiées, le calice et la corolle se comportent ici comme

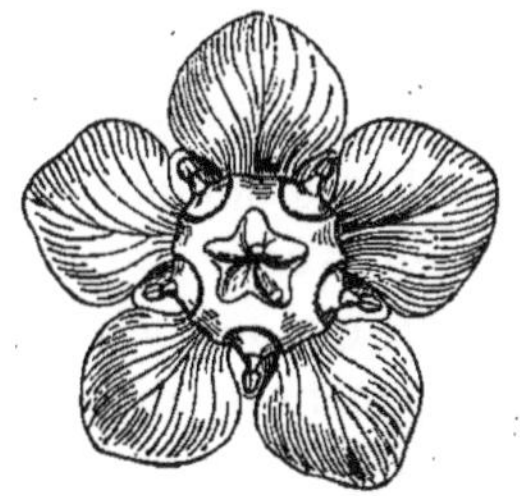

Fig. 250. — *Rhamnée*. Étamines superposées aux pétales.

Fig. 251. — *Symphonia*. Étamines superposées aux pétales.

le feraient dans une branche des feuilles qui seraient insérées suivant l'ordre exprimé par la fraction $\frac{2}{5}$. A cinq feuilles florales considérées comme formant un groupe particulier sont exactement superposées une à une cinq autres feuilles qui viennent sur l'axe immédiatement au-dessus d'elles.

Les étamines de l'*Hermannia* (fig. 254), de la Vigne, des Primu-

FIG. 252-255. — Diagrammes de *Rhamnus*, d'une *Clusiacée* (*Quapoya*) et de deux Malvacées. Les étamines, au nombre de cinq, sont superposées aux pétales.

lacées (fig. 247), des Rhamnées (fig. 250, 252), des Plumbaginées, de certaines Clusiacées (fig. 251, 253), etc., sont oppositipétales.

Dans un très grand nombre de fleurs, les carpelles sont superposés aux étamines ; nous pouvons citer entre autres les Iris.

Il est donc peu exact de dire que « la loi fondamentale qui régit la symétrie de la fleur est que les pièces de deux verticilles consécutifs *alternent* entre elles ». Il est rare, il est vrai, que les pétales n'alternent pas avec les sépales. Mais plus on se rapproche de l'intérieur de la fleur, plus il est fréquent de voir les pièces de deux verticilles voisins se superposer les unes aux autres, et il arrive très souvent que, comme nous le disions, les carpelles soient exactement placés au-dessus des étamines qui les précèdent sur l'axe floral.

Rien n'est commun, nous venons de le voir, comme l'alternance des pétales avec les sépales. Il y a des superpositions apparentes.

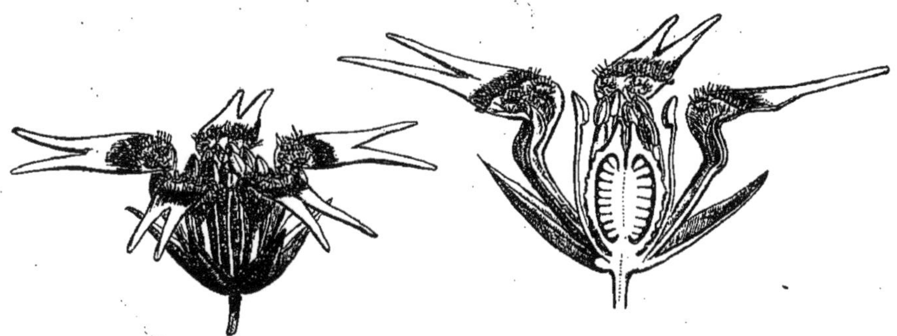

FIG. 256, 257. — *Garidelle.* Fleur entière et coupée en long.

Ainsi dans les Berbéridées, on observe quatre ou six pétales super-

FIG. 258. — *Garidelle.* Diagramme. Les nectaires (pétales?) sont superposés aux cinq sépales.

FIG. 259. — *Circée.* Fleur à verticilles tous dimères et disposés en alternance régulière.

posés à quatre ou six sépales, quatre ou six étamines superposées

FIG. 260. — *Cabomba.* Fleurs à verticilles tous trimères, en alternance régulière (les étamines dédoublées).

FIG. 261. — *Evonymus.* Fleur à verticilles tous tétramères et disposés en alternance régulière.

FIG. 262. — *Canthium.* Fleur d'une Rubiacée-type, à verticilles tous pentamères et alternant régulièrement entre eux.

à autant de pétales (fig. 308-311). En réalité, il y a deux verticilles au calice, à la corolle, à l'androcée, et l'on a deux ou trois sépales dans une première rangée du calice, deux ou trois autres sépales alternes avec les premiers, deux ou trois pétales alternes avec les sépales intérieurs, deux ou trois pétales du verticille intérieur alternes avec ceux du verticille extérieur et ainsi de suite. On donne les pétales de certaines Renonculacées (Garidelle, Dauphinelles, etc.) comme superposés aux sépales (fig. 256-258, 263); mais ce sont probablement des staminodes, c'est-à-dire des étamines péta-

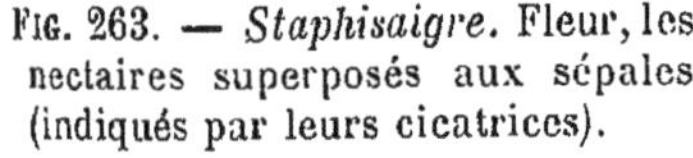

FIG. 263. — *Staphisaigre.* Fleur, les nectaires superposés aux sépales (indiqués par leurs cicatrices).

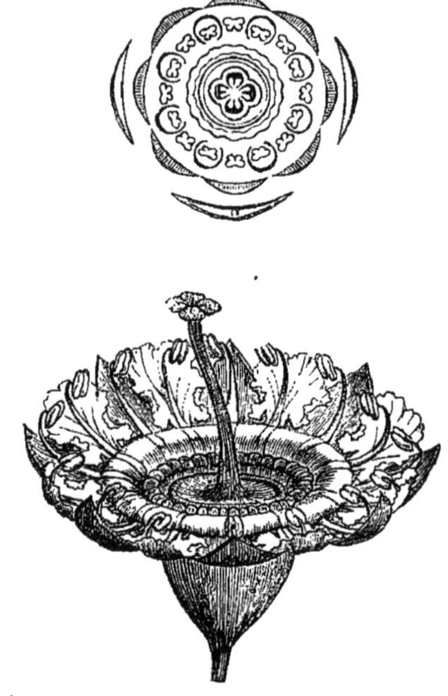

FIG. 264. — *Barraldeia.* Diagramme et fleur à verticilles tous octomères, sauf le gynécée.

loïdes. Ailleurs, comme dans bien des Labiées, etc., une division de la corolle paraît superposée à une division du calice, parce que l'une d'elles représente en réalité deux sépales ou deux pétales, unis congénitalement, quelquefois même dans toute leur étendue.

Certaines Crassulacées, telles que le *Rochea*, sont souvent citées comme exemples de fleurs dans lesquelles il y a alternance successive de tous les verticilles. On y voit, en effet (fig. 266), alterner les cinq carpelles avec les cinq étamines qui répondent elles-mêmes aux intervalles des cinq pétales alternes avec les cinq sépales.

La Circée (fig. 259) a deux sépales, deux pétales alternes, deux étamines alternes avec les pétales et deux carpelles alternes avec les étamines.

Le *Cabomba* (fig. 260) a trois sépales, trois pétales, trois étamines (dédoublées) alternant avec les pétales et trois carpelles alternes avec les étamines.

L'*Evonymus* (fig. 261) a quatre verticilles de quatre pièces chacun, toutes disposées en alternance continue.

Si l'on a, comme dans les *Sedum* (fig. 267), deux verticilles à

Fig. 265. — *Venana*. Verticilles tous pentamères, disposés en alternance continue. L'androcée n'a qu'un verticille.

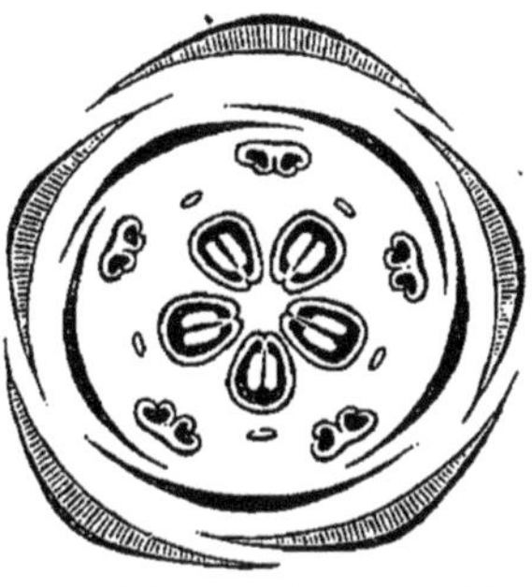

Fig. 266. — *Crassula* (*Rochea*). Verticilles tous pentamères, disposés en alternance continue. L'androcée n'a qu'un verticille.

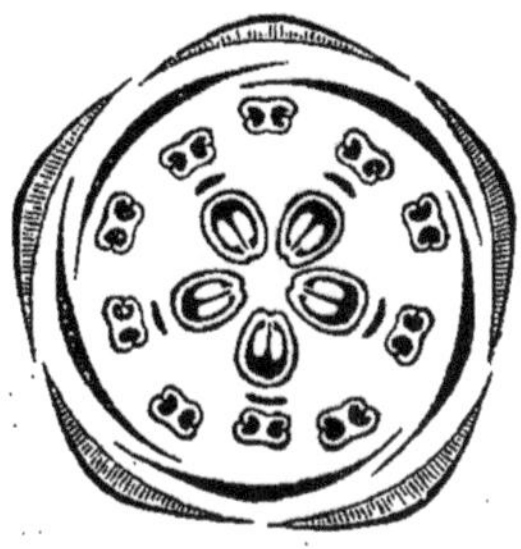

Fig. 267. — *Sedum*. Fleur à verticilles pentamères, alternes (sauf les carpelles, l'androcée étant diplostémoné).

l'androcée, les étamines sont par moitié alternipétales et superposées aux pétales par moitié. Mais les étamines alternes avec les sépales sont tantôt les intérieures, et tantôt les extérieures.

Il est fréquent aussi que dans l'androcée on observe des superpo-

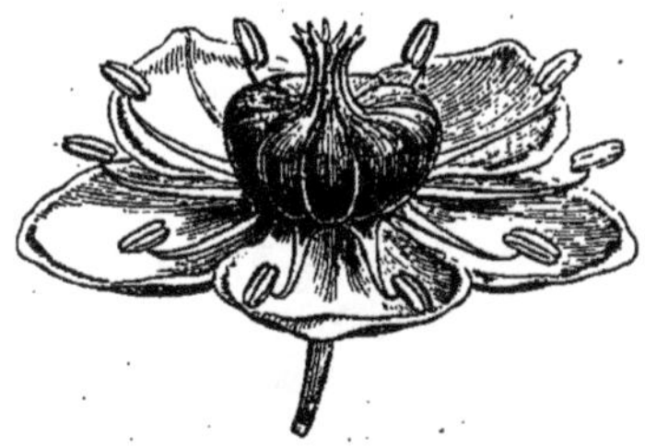

Fig. 268, 269. — *Phytolacca decandra*. Il n'y a qu'un verticille à l'androcée, mais ses pièces sont toutes dédoublées.

sitions plus apparentes que réelles. Ainsi, dans les Ancolies (fig. 271), dont les étamines sont nombreuses, elles peuvent paraître disposées sur dix lignes rayonnantes placées cinq en face des sépales et cinq en face des pétales. En réalité, il y a de nombreux verticilles d'étamines alternes, savoir cinq étamines alternipétales, cinq autres appartenant à un verticille plus intérieur et alternes avec les précédentes, un troisième verticille de cinq étamines alternes avec celles

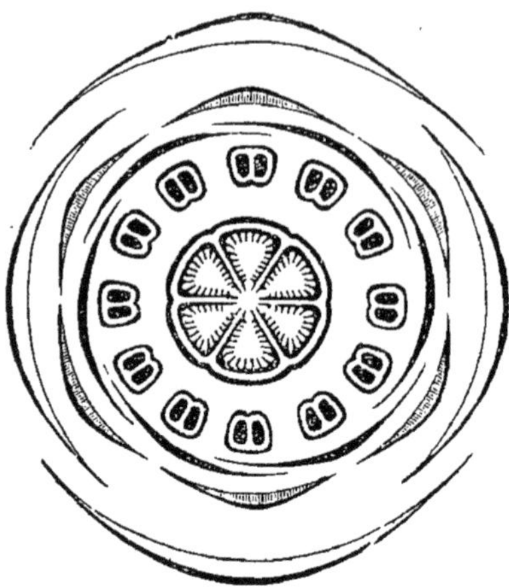

FIG. 270. — *Blakea*. Diagramme d'une fleur à verticilles tous hexamères et alternes. Les étamines, malgré les apparences de l'état adulte, sont disposées sur deux verticilles alternes. Les six carpelles sont alternipétales.

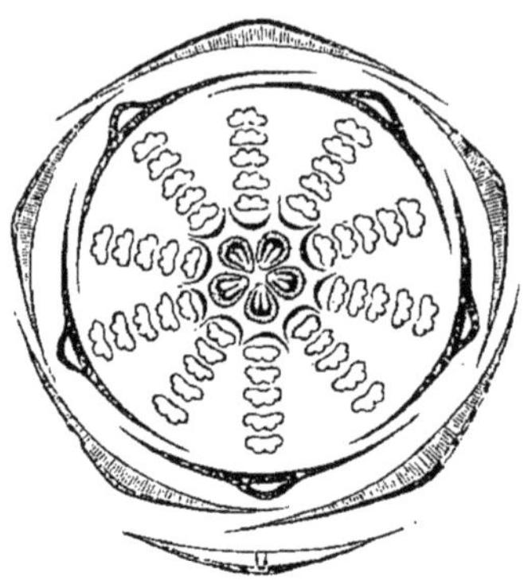

FIG. 271. — *Ancolie*. Diagramme d'une fleur à verticilles nombreux, pentamères, alternes. Cependant, les étamines semblent superposées en dix séries rayonnantes aux sépales et aux pétales.

du deuxième verticille et venant, par conséquent, se placer en face de celles du premier, et ainsi de suite.

Quand une fleur devient accidentellement double ou pleine, les

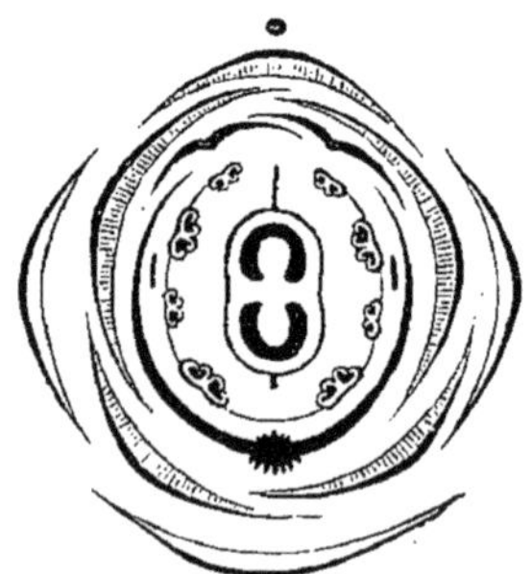

FIG. 272, 273. — Diagrammes de *Platytheca* et de *Polygala*, le premier à fleurs régulières, et le dernier à fleurs irrégulières.

nombreuses folioles pétaloïdes qu'on considère comme des étamines ou des carpelles modifiés, sont disposées tantôt dans l'ordre alterne, et tantôt dans l'ordre de superposition ; il n'y a là aucune loi.

Dans les fleurs des *Platycodon* cultivés, il y a assez souvent double corolle ; en pareil cas les divisions de la corolle intérieure alternent avec celles de la corolle normale ; mais comme les étamines alter-

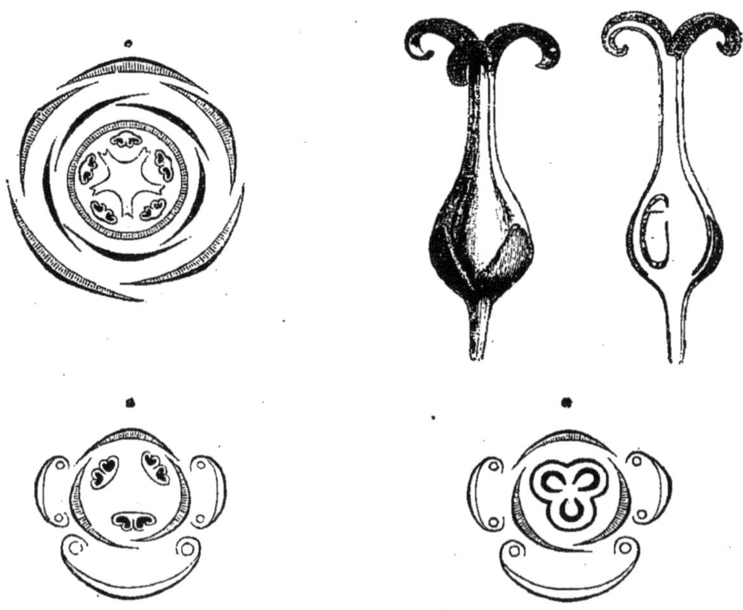

FIG. 274-278. — *Euphorbiacées*. Fleurs mâles à gauche. Dans l'une, les étamines sont superposées et, dans l'autre, alternes aux sépales. Les loges ovariennes (à droite), sont alternes avec les sépales, comme les étamines dans la fleur mâle.

nent toujours avec les lobes de la corolle qui les précède immédiatement, elles deviennent, dans le cas de corolle double, alternes

FIG. 279-280. — Androcées de *Phyllanthus*. Les trois étamines sont constamment superposées aux sépales extérieurs.

avec les sépales, tandis qu'elles leur étaient superposées dans la fleur simple ; et les cinq loges de l'ovaire présentent les mêmes variations dans leur situation relativement aux sépales et aux divisions de la corolle normale, attendu qu'elles demeurent toujours, que la corolle soit simple ou double, alternes avec les étamines.

Quand les organes floraux sont nettement disposés sur une ligne spirale continue, il n'y a plus ni alternance, ni superposition immé-

Fig. 281, 282.— *Sauvagesia.* La corolle est dédoublée, chaque pétale étant remplacé par deux pétales superposés ; cependant la symétrie florale n'est pas altérée.

diate. Ainsi dans les *Magnolia* (fig. 229-231), les *Myosurus*, etc., on voit la symétrie du *Ternstrœmia brevipes* se répéter sur une grande étendue, parce qu'en même temps le réceptacle floral est très allongé. Et, selon la fraction de divergence des appendices floraux,

Fig. 283. — *Candollea.* Chaque étamine est remplacée par un groupe de quatre pièces, mais la symétrie générale de la fleur n'est pas modifiée.

Fig. 284. — *Spirée.* Les verticilles de l'androcée sont au nombre de deux, mais il y a dédoublement dans chacun des verticilles, et la symétrie n'est pas modifiée.

il y a un nombre variable de lignes verticales suivant lesquelles les appendices, sépales, pétales, étamines, carpelles, sont superposés les uns aux autres, mais il n'y a jamais et il ne peut y avoir d'alternance *exacte* entre deux organes quelconques.

Dans les Monocotylédones, les loges ovariennes sont généralement superposées aux sépales extérieurs, quel que soit le nombre des verticilles de l'androcée. Ainsi les Lis et les Amaryllis qui ont six éta-

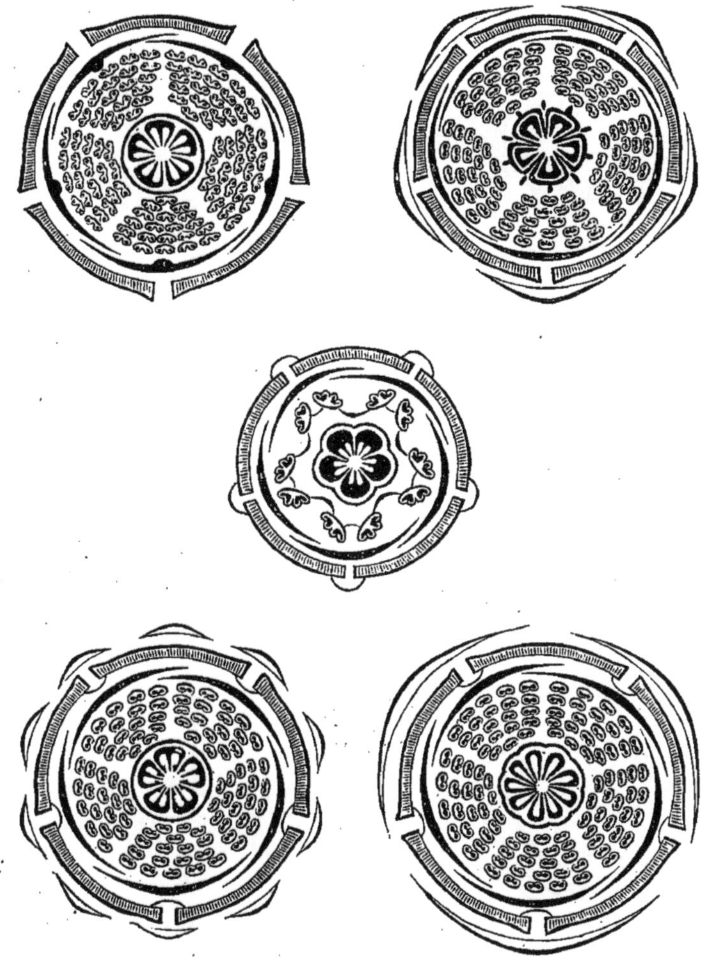

FIG. 285-289. — Diagrammes de Tilleul et de quatre Malvacées, dont les étamines se sont plus ou moins dédoublées, les faisceaux restant néanmoins superposés aux pétales; la symétrie générale de la fleur n'est donc pas modifiée.

mines sur deux rangs, et les Iris qui n'en ont que trois, ont les trois loges ovariennes dans la même situation par rapport aux sépales.

Dans les Dicotylédones, les carpelles sont plus souvent en face des pétales qu'en face des sépales, mais bien souvent aussi ils alternent avec les premiers.

Quand il n'y a que deux carpelles dans une fleur d'ailleurs pentamère, ils sont presque toujours, l'un antérieur et l'autre postérieur.

Avec trois carpelles, deux sont antérieurs ou postérieurs (fig. 278). Chacun de ces trois carpelles peut être exactement superposé à un

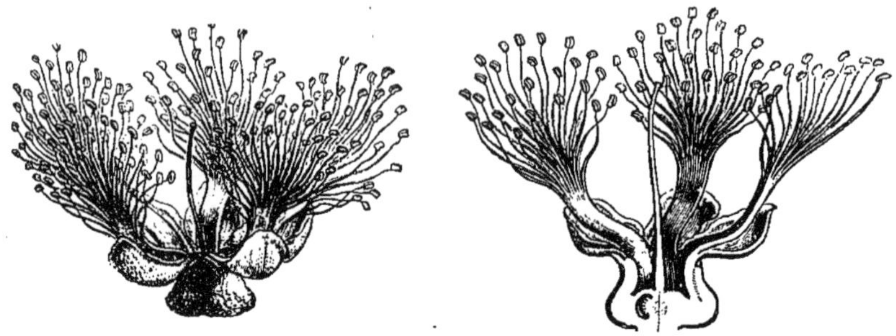

FIG. 290, 291. — *Melaleuca*. Chaque étamine est remplacée par un faisceau d'étamines, sans que la symétrie florale soit altérée.

sépale ou à un pétale, mais parfois, comme dans l'Aconit (fig. 303), aucun d'eux n'est exactement superposé à une des pièces du périanthe.

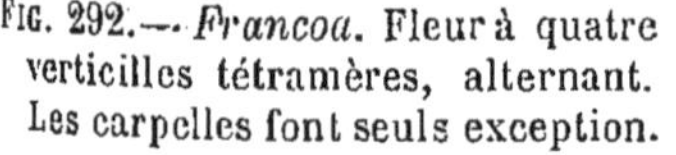

FIG. 292. — *Francoa*. Fleur à quatre verticilles tétramères, alternant. Les carpelles font seuls exception.

FIG. 293. — *Adoxa*. Étamines au nombre de cinq, à loges disjointes et superposées cependant aux divisions du calice.

De même dans le Pied d'Alouette des champs (fig. 304, 305), le carpelle unique n'est exactement ni en face d'un des sépales, ni en face du milieu de leurs intervalles.

Il y a des fleurs d'un même groupe très naturel, d'ailleurs absolument pareilles par leur symétrie florale et dont les carpelles n'ont pas la même situation, Ainsi, la Nielle des blés a cinq carpelles oppositipétales, et les *Lychnis,* que bien des auteurs ont cependant placés dans le même genre, les ont oppositisépales.

Beaucoup de fleurs mâles d'Euphorbiacées ont deux ou trois sépales avec deux ou trois étamines alternes (fig. 277), et d'autres,

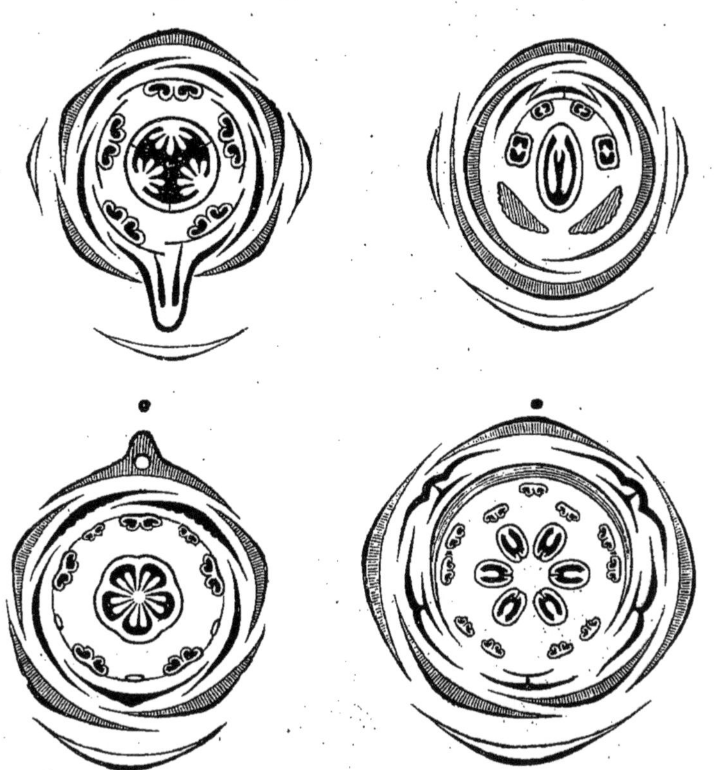

FIG. 294-297. — Fleurs irrégulières (*Violette, Krameria, Capucine, Astrocarpus*) qui n'ont toutes qu'un plan commun de symétrie, le plan antéro-postérieur.

quoique appartenant à des genres extrêmement voisins, ont de deux à cinq étamines superposées aux sépales (fig. 274).

On a dit que les *dédoublements* modifient la symétrie florale. Mais le plus souvent ils ne l'altèrent pas. Certaines Malvacées, telles que les *Hermannia,* ont cinq étamines oppositipétales (fig. 254). La plupart des autres Malvacées ont les étamines nombreuses ; mais un faisceau d'étamines tenant toujours la place d'une seule (fig. 285-289), la symétrie générale n'est pas modifiée. De même une paire d'étamines peut, comme dans les *Cabomba* (fig. 260), occuper la place d'une seule étamine qui s'est dédoublée ; la symétrie de la fleur n'en est pas altérée.

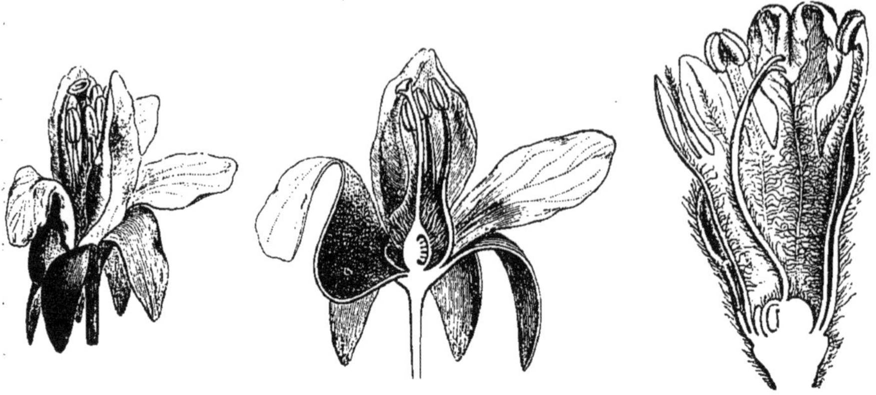

FIG. 298, 299. — *Trigonia*. — FIG. 300. — *Tapura*. Fleurs irrégulières, à deux plans de symétrie, inclinés l'un sur l'autre de 36 degrés.

On a dit aussi que les *soudures* modifiaient la symétrie. Mais dans

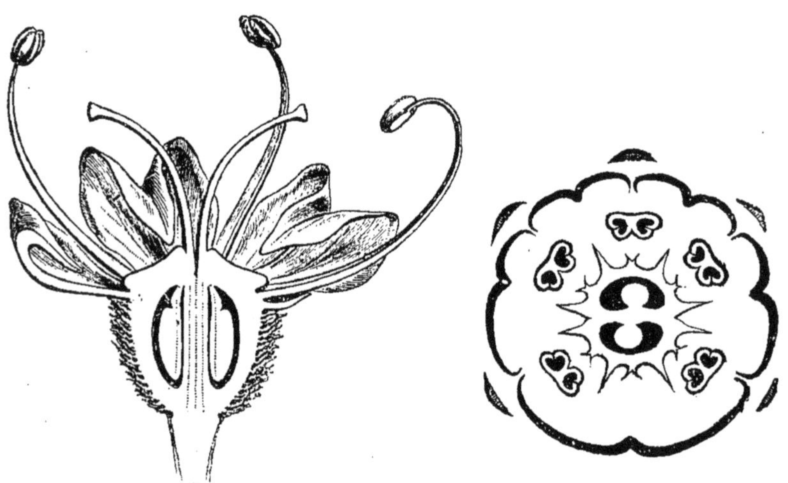

FIG. 301, 302. — *Carotte*. Fleur (coupe longitudinale et diagramme) irrégulière et cependant symétrique.

les fleurs citées comme exemples à l'appui, on peut dire qu'il n'y a jamais eu réellement de soudure.

Plans de symétrie.

On sait qu'on nomme *côté antérieur* de la fleur, celui qui regarde

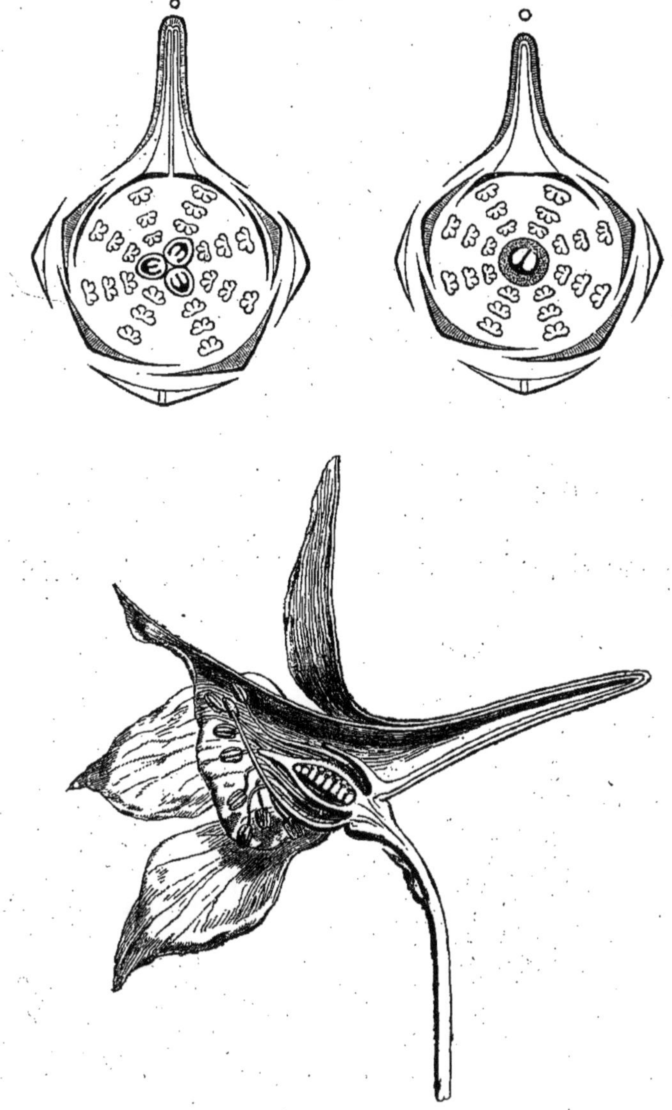

Fig. 303-305. — *Delphinium*. Diagrammes et coupe longitudinale. Fleurs irrégulières, n'ayant aucun plan commun de symétrie.

la feuille ou la bractée axillante, et *côté postérieur*, celui qui est tourné du côté de l'axe de l'inflorescence.

Dans les fleurs irrégulières, la fleur n'a souvent qu'un plan de symétrie ; c'est ce plan antéro-postérieur qui passe par le milieu de l'axe et par le milieu de la feuille ou de la bractée axillante.

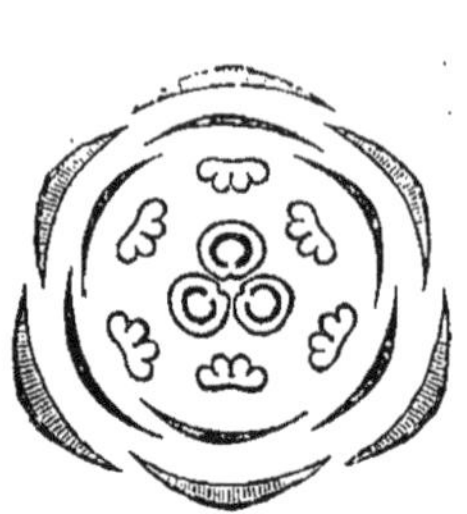

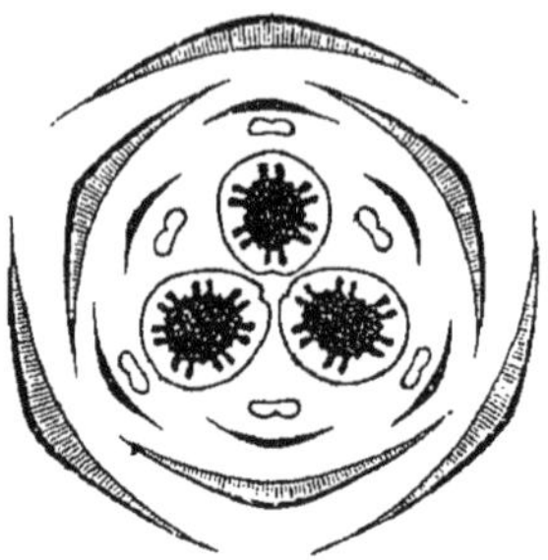

FIG. 306, 307. — *Cocculus* et *Lardizabala*. Fleurs à type 3 répété pour le calice, la corolle et l'androcée. Il n'y a que trois carpelles.

Mais les fleurs irrégulières ont souvent deux plans de symétrie; nous avons cité l'exemple des *Trigonia* (fig. 298, 299), des *Tapura* (fig. 300).

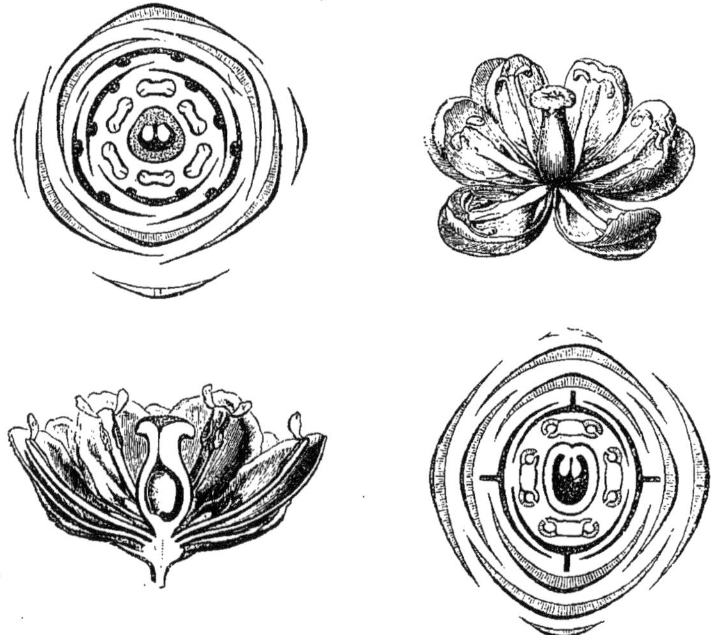

FIG. 308-311. — Fleurs de Berbéridées, ou du type 3 répété (*Berberis*), ou, la dernière, du type 2 répété (*Epimedium*).

Le plan de symétrie de la fleur femelle du *Cissampelos* est unique ; il est perpendiculaire au plan antéro-postérieur de l'inflorescence. Une fleur telle que celle de la Circée (fig. 259) a deux plans de symétrie qui se coupent à angle droit et dont l'un est antéro-postérieur.

Dans une fleur tétramère régulière, il y a ordinairement aussi deux plans de symétrie, et l'un d'eux peut être antéro-postérieur. Mais parfois aussi, quoique rarement, ces deux plans sont exactement

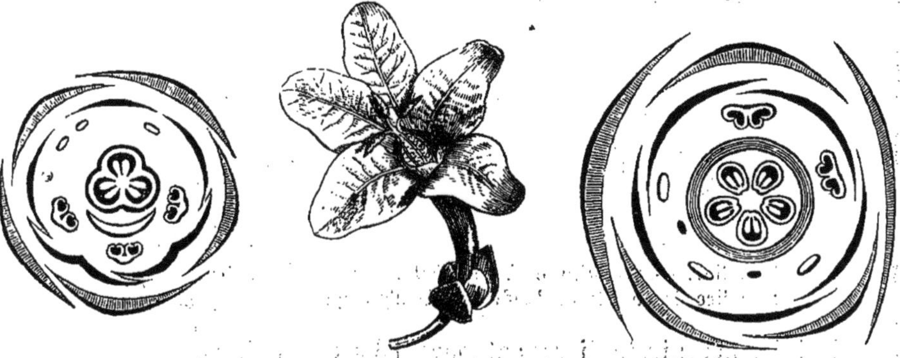

Fig. 312, 313. — *Ravenia.* Fleur irrégulière, à deux plans de symétrie (l'un d'eux appartenant au calice seul), inclinés l'un sur l'autre de 36 degrés.

Fig. 314. — *Ticorea.* Diagramme d'une fleur irrégulière, à deux plans de symétrie, inclinés l'un sur l'autre de 36 degrés.

alternes avec le plan antéro-postérieur et celui qui lui est perpendiculaire. Il y a plutôt en réalité quatre plans de symétrie.

Une fleur régulière, trimère, tétramère, pentamère, etc., peut

Fig. 315. — *Nard indien.* Fleur irrégulière et dépourvue en même temps de tout plan commun de symétrie.

Fig. 316. — *Garidelle.* Fleur régulière et cependant dépourvue de tout plan commun de symétrie.

avoir autant ou plutôt deux fois autant de plans de symétrie qu'elle a de parties à chaque verticille.

Mais une fleur parfaitement symétrique peut être irrégulière, ses parties, symétriquement disposées autour de l'axe floral, étant cependant toutes dissemblables (fig. 301, 302), et nous avons vu qu'une fleur irrégulière peut avoir un ou plusieurs plans de symétrie ; on ne doit donc point confondre l'insymétrie avec l'irrégularité.

Il y a des fleurs irrégulières qui ne possèdent aucun plan de symétrie. Payer a cité comme exemple celle du Balisier (fig. 317, 318), avec laquelle on ne peut obtenir deux moitiés symétriques, par quel-

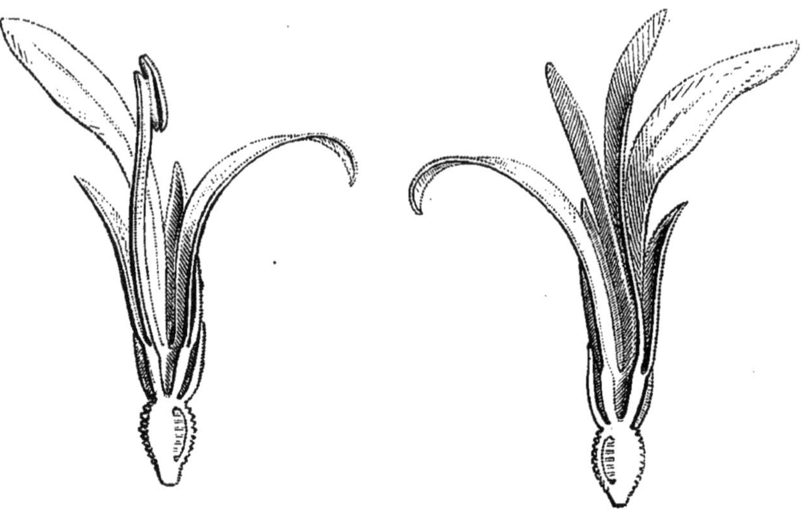

Fig. 317, 318. — *Balisier*. Fleur dépourvue de tout plan de symétrie.

que plan vertical que l'on coupe la fleur. Il y a même des fleurs décrites comme régulières qui n'ont pas non plus un seul plan de symé-

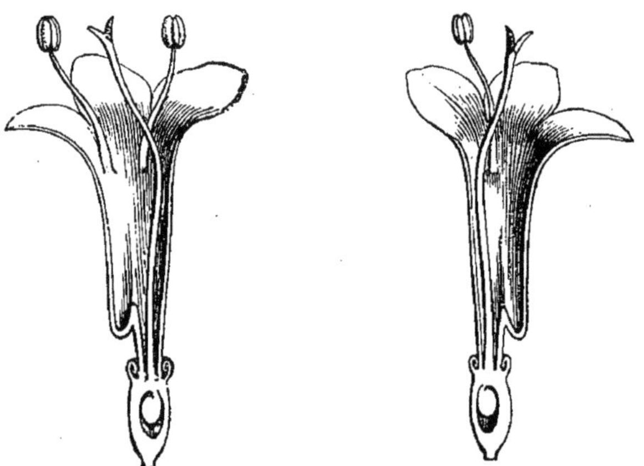

Fig. 319, 320. — *Valériane officinale*. Fleur qui ne possède aucun plan commun de symétrie.

trie; telle est celle de la Garidelle (fig. 316). La fleur de la Valériane officinale (fig. 319, 320) est dans le même cas que celle du Balisier, et celle du Nard indien (fig. 315) n'a pas non plus un seul plan de symétrie commun à tous les verticilles.

PHYSIOLOGIE VÉGÉTALE

FONCTIONS DE NUTRITION

I. — Absorption.

Les plantes absorbent des fluides, gazeux et liquides, notamment de l'eau et des matériaux nutritifs tenus en dissolution; elles peuvent les absorber par différents organes : les feuilles, les racines, par exemple, ou même par la totalité de leur surface.

Quand une plante [1] d'organisation inférieure et partout homogène comme tissu vit aux dépens d'un fluide dans lequel elle est plongée en totalité, ainsi qu'il arrive, par exemple, pour un grand nombre de Cryptogames submergées et aussi pour quelques Phanérogames, on peut bien admettre que tous les points de sa surface opèrent avec le milieu ambiant des échanges de liquide, sans que tel ou tel d'entre eux soit plus particulièrement chargé de cette fonction. Mais dans les végétaux plus élevés en organisation et vivants (car il ne faut pas confondre avec l'absorption la seule imbibition des tissus), il y a des portions spéciales, plus ou moins étendues, de la surface auxquelles est dévolue cette fonction. Lorsqu'il s'agit de la pénétration des gaz, ces voies d'absorption sont plus nombreuses, car les racines, les tiges suffisamment tendres, les feuilles et certaines parties même des fleurs et des fruits peuvent les admettre. Mais pour les liquides le phénomène semble plus circonscrit. Les racines les absorbent, mais non pas dans toutes leurs portions; de même les tiges et les feuilles; et, pour ces dernières, il y a même bien des cas où l'on a affirmé que le phénomène ne se produit pas. Dans les graines ordinairement, les points par lesquels peut se faire l'absorption des liquides sont extrê-

1. *Dictionnaire de botanique* de H. Baillon, I, 7.

mement limités. Nous examinerons d'abord d'une façon sommaire en quoi consiste l'absorption par les racines et par les feuilles; si elle existe oui ou non; quelles sont les substances que peuvent absorber ces organes. Beaucoup de ces questions ne pourront être, dans l'état actuel de la science, résolues d'une façon nette et absolue; à plus forte raison resterons-nous souvent dans le doute quand il s'agira, à la fin de ce chapitre, des autres organes absorbants et de la façon dont peut se produire le phénomène.

Les racines absorbent des gaz qui passent ensuite dans la circulation, et qui, s'ils sont délétères, peuvent tuer les plantes. De Saussure l'a démontré en faisant vivre des plantes pendant un certain temps alors que leurs racines plongeaient dans l'air pur; tandis qu'elles mouraient si le gaz absorbé était de l'azote, de l'hydrogène, de l'acide carbonique. De Saussure admet que l'oxygène, qui peut ainsi passer par la racine dans la plante, est employé par cette dernière à produire de l'acide carbonique (par combustion des matériaux carbonés du végétal); et il a démontré que l'absorption de l'oxygène est bien plus considérable lorsque la racine est continue au végétal dans lequel le gaz peut pénétrer que lorsqu'elle en est séparée. Cette absorption de gaz qui existe pour l'air, bien entendu, est indispensable à la vie des plantes. On a vu souvent des arbres trop profondément enterrés souffrir et mourir, parce que leurs racines occupaient une couche du sol dans laquelle l'air n'arrivait pas ou ne se renouvelait pas suffisamment. Dans les plantations des villes et des routes, les arbres recouverts, par suite de travaux de terrassement, ou d'une trop épaisse couche de terre, ou d'une couche d'eau stagnante, dépérissent très rapidement. On les sauve quelquefois, en pareil cas, par des binages, dont l'effet est d'ameublir le sol et de permettre à l'air de le pénétrer. Ailleurs, on les ramène à la santé en les débarrassant, comme fit Lardier, d'une certaine épaisseur de ce sol surajouté. Quand le gaz absorbé par les racines est délétère, l'arbre meurt, et l'on a vu périr, sur nos boulevards, ceux dont les radicelles étaient en contact avec les fuites de gaz provenant de l'éclairage ou de quelque excavation suspecte. Quand le gaz est de l'air, la plante se développe mieux, produit davantage, outre encore que l'air absorbé peut être chargé d'humidité dont l'influence peut avoir sa valeur dans un terrain trop sec. Les terres meubles sont plus que d'autres favorables à la production végétale. Les agriculteurs ne s'y trompent pas, et les horticulteurs ont à cet égard un adage connu : « Que deux binages valent un arrosage. » Il y a d'ailleurs des racines dont les extrémités vivent très longtemps dans l'air :

telles sont les racines adventives des Monocotylédones; et il est probable qu'elles absorbent l'air en nature.

Il paraît donc vraisemblable que les racines aériennes absorbent les gaz dans lesquels elles sont plongées, alors même que ces gaz sont neutres et ne détruisent pas leur tissu. Pour la vapeur d'eau, il s'en faut que les botanistes soient d'accord : les uns, comme Unger (*Sitzungsberg.*, 12), admettent que ces racines absorbent de l'eau en vapeur; les autres, comme M. Duchartre (in *Journ. Soc. hortic.*, II, 67), rejettent cette opinion et considèrent les racines adventives des Orchidées comme ne prenant pas la vapeur d'eau contenue dans l'atmosphère, mais seulement l'eau liquide que les pluies, la rosée ou les arrosages peuvent déposer à leur surface. Le même auteur ajoute (*Élém. bot.*, 219) : « Que, d'après les rapports de divers voyageurs, ces plantes, dans leur pays natal, développent une masse considérable de racines entre lesquelles s'accumulent des poussières, surtout des débris organiques, d'où résulte pour elles une sorte de sol artificiel qui rend peu utile cette absorption de vapeur aqueuse dont on croit, en général, qu'elles tirent essentiellement leur nourriture. »

On s'accorde généralement à considérer les racines comme n'absorbant, outre les gaz, que de l'eau et des substances dissoutes dans l'eau. Les particules, aussi ténues qu'on puisse les supposer, de matières en suspension, ne seraient point absorbées. Mais les substances dissoutes sont elles-mêmes prises en proportions très différentes, suivant leur composition. Quand l'une d'elles est seule dissoute dans l'eau, les plantes qui plongent leurs racines dans la solution prennent plus d'eau que de substance dissoute, et concentrent ainsi peu à peu la solution. Quand il y a dans l'eau un mélange de différentes substances, chacune de celles-ci est absorbée en proportions différentes, les unes très peu, les autres beaucoup plus. De Saussure a vu, par exemple, dans un mélange, l'acétate de chaux n'être pris à l'eau qu'en quantité à peu près inappréciable; et la même racine qui prenait à ce mélange 33 ou 34 de chlorure de potassium ou de sulfate de cuivre, n'absorbait que 4 ou 6 d'azotate de chaux ou de sulfate de soude. De là à cette idée que, dans un sol donné, contenant beaucoup de sels solubles dans l'eau, les plantes absorberont en quantités très variables, il n'y a, on le voit, qu'un pas. La nature chimique des sels dissous a-t-elle ici une importance capitale? Beaucoup ne l'ont pas pensé. On a supposé que la viscosité plus ou moins grande des solutions (de Saussure) et l'adhérence plus ou moins grande des substances au sol (Bouchardat) étaient seules causes de l'inégalité d'absorption par une racine qui, à égalité d'adhérence et de viscosité, prendrait indifféremment toutes les substances dissoutes, quelle que fût leur composition chimique.

Fig. 321. — Absorption de l'eau par une branche feuillée coupée. Elle détermine l'ascension de l'eau dans le tube au sommet duquel la plante est fixée. (Expérience de Hales, modifiée par Pouchet.)

C'est là la négation de cette faculté d'élection attribuée ailleurs aux racines des végétaux, qui ne prendraient au sol ou à une solution, à ce qu'on supposait, que les matières qui conviennent à l'alimentation de la plante. Il est vrai que, dans une solution, les racines peuvent absorber les substances les plus vénéneuses, celles qui tuent la plante à coup sûr, comme le sulfate de cuivre, l'acide arsénieux, etc. Mais alors, ont dit plusieurs expérimentateurs, ce n'est pas une racine normale qui est l'instrument d'absorption ; c'est une extrémité radiculaire désorganisée au contact du poison, détruite en partie et comparable à une racine coupée, dont l'absorption est bien plus active et plus considérable que celle d'une racine intacte. Les liquides colorés pénètrent abondamment dans une racine ou dans tout autre organe d'une plante qui a été coupé. En est-il de même dans une racine intacte? Magnol est le premier qui, en 1709, ait répondu à cette question par l'affirmative. Mais est-il bien certain que, dans toutes les expériences qu'on a citées depuis les siennes, aucune radicelle n'ait été brisée et n'ait pas permis l'introduction par une solution de continuité d'un liquide dont la coloration n'est souvent due qu'à des parcelles solides teintées et tenues en suspension dans un fluide lui-même incolore? On peut dire que jamais on n'a pu affirmer qu'il n'en fût pas ainsi dans les expériences telles qu'elles ont été conçues jusqu'à celles de Bonnet. Celui-ci a imbibé une éponge d'un liquide coloré. Les graines qui germèrent sur cette éponge émettaient de jeunes racines qui, dit-il, demeuraient intactes et qui n'absorbaient pas la couleur. MM. Trinchinetti et Cauvet n'ont pu faire absorber les liquides dont la coloration était due à une matière fine suspendue (bois de Brésil, de Campêche, safran, cochenille), par les radicelles complètement intactes. De Candolle avait avancé le fait contraire. Dans de l'eau colorée, il faisait tremper des racines qui, développées au sein même de ce liquide, devaient, pense-t-il, avoir conservé leur intégrité. Rien n'est moins certain; et il aurait été sage, sans doute, de n'accepter que sous bénéfice d'inventaire cette expérience de Biot, confirmée cependant par Unger, et dans laquelle une Jacinthe à fleurs blanches aurait absorbé de l'eau rougie par le suc des fruits du *Phytolacca decandra;* si bien qu'on aurait vu dans ses organes de végétation des traînées de tissu rougies par ce suc, et que ses fleurs elles-mêmes se seraient, assure-t-on, teintées en rose. Il faudrait pouvoir affirmer que, dans ces essais, la surface du plateau du bulbe, qui présente une véritable cicatrice, une solution énorme de continuité, n'a pas été en contact avec l'eau teintée, qu'elle aurait absorbée sans difficulté : nous verrons tout à l'heure qu'il n'en est nullement ainsi dans les expériences citées, il s'en faut de beaucoup. On ne saurait d'ailleurs comparer ces prétendues absorptions de liquide coloré avec la coloration que peut prendre une plante dont les racines ont pris successivement deux liquides parfaitement solubles (comme un sel de fer dissous et plus tard le cyanoferrure jaune de potassium), lesquels réagissent l'un sur l'autre, et produisent un précipité dans les cavités naturelles du végétal où ils ont pénétré l'un après l'autre par la voie des racines intactes, mais à l'état de corps complètement dissous dans l'eau. Il faudrait démontrer que les liquides teintés qu'auraient réellement absorbés les racines entières dans certaines expériences ne doivent pas leur coloration à la présence d'une matière complètement soluble dans l'eau. Et savons-nous suffisamment, à l'heure qu'il est, et dans l'état imparfait de nos connaissances sur les phénomènes dialytiques, la véritable limite qui sépare la solution de la suspension ?

Nous avons d'abord voulu répondre par des faits positifs à ce qu'on a dit de l'absorption par les racines des sucs colorés des végétaux. En laissant de côté ceux qui ne sont qu'un liquide chargé d'une matière colorante insoluble, mais très divisée, nous avons examiné ce qui se passe avec le suc du *Phytolacca*, après nous être assuré que celui-ci représente une véritable solution. Son absorption par des racines normales, si elle se produisait, ne prouverait donc autre chose que ce qu'on admet depuis longtemps, savoir que les racines absorbent avec l'eau les substances qu'elle tient en dissolution.

Biot n'a pas indiqué exactement de quelle façon il procédait, et n'a pu tirer de son expérience aucune conséquence physiologique. Il y a lieu toutefois de penser qu'à l'exemple de De la Baïsse, dont il rappelait les observations, il opérait presque toujours sur des fleurs coupées. Dans de pareilles conditions, l'absorption du suc de *Phytolacca* se produit très souvent, et quelquefois même avec une étonnante rapidité. Des Jacinthes blanches, coupées, dans une enceinte à 20°, ont pu, en une demi-heure et moins, se colorer suivant toutes les côtes des sépales. Dans une atmosphère à 0°, l'absorption de la couleur rouge a été de trois à cinq fois moins rapide, suivant les plantes employées. Une température basse, tout en retardant le phénomène, ne l'a pas empêché de se produire dans les plantes coupées qui l'auraient présenté dans une pièce chauffée. Mais il y a des portions de plantes dont la section n'a pu, dans quelque condition que ce fût, admettre la substance colorante et la faire monter au delà du point en contact avec le liquide teinté. Peut-être que Biot, de même que De la Baïsse, a coloré des Jacinthes blanches en rose, en substituant de la teinture de *Phytolacca* à l'eau dans laquelle on a fait pousser ces plantes dans des carafes. En agissant de la sorte, on réussit assez souvent à colorer les fleurs en faisant reposer sur la surface du liquide la base du bulbe, celui-ci se trouvant en contact avec la teinture, soit avant tout développement de racines, de feuilles et de fleurs, soit d'un jour à l'autre, à une époque où les fleurs sont épanouies et où l'on remplace tout d'un coup l'eau ordinaire par le suc de *Phytolacca decandra.* Mais dans toutes les expériences où l'on prend soin de ne jamais laisser la surface du plateau en contact avec le liquide coloré, et où les racines seules plongent dans ce liquide, la coloration ne se manifeste pas. Il nous est même arrivé de plonger dans le suc de *Phytolacca decandra* des bulbes de Jacinthe blanche ayant des racines de quelques centimètres de longueur, et, à l'aide de précautions convenables pour que le liquide ne s'altérât pas trop, d'y maintenir les bulbes pendant tout le temps qu'ils ont mis à développer leurs feuilles et leurs fleurs; et ces dernières se sont épanouies parfaitement blanches, sans qu'une parcelle de la matière colorante ait été absorbée.

Ce n'est donc pas la racine intacte de la Jacinthe qui peut absorber le suc rouge du *Phytolacca.* C'est la surface cicatricielle du bulbe, c'est-à-dire une véritable solution de continuité. Et toutefois, point bien digne d'être noté, ce n'est pas la cicatrice elle-même qui, à son état normal, semble absorber la matière colorante. Sans doute son tissu est constitué de telle façon que, si le contact prolongé d'un liquide ne le désorganise pas plus ou moins, l'absorption ne peut se faire. Car dans un certain nombre de nos expériences, avec cette surface en contact continuel avec le liquide rouge, dans des bulbes dont l'entier développement des feuilles et des fleurs s'est fait dans une carafe, il n'y a pas même eu trace d'absorption de la matière colorante. Unger a répété les expériences de De la Baïsse et de Biot dans des conditions toutes particulières où elles réussissent toujours rapidement. Alors que les Jacinthes sont fleuries dans la terre d'un pot à fleurs ordinaire, on place celui-ci sur un plat creux dans lequel on verse graduellement la teinture du *Phytolacca.* Mais cette expérience ne prouve rien pour la physiologie des racines intactes, attendu que le liquide coloré monte par imbibition au travers de la terre jusqu'à la cicatrice du plateau, par laquelle il est absorbé, et surtout parce que les racines très développées, qui se rassemblent dans la portion inférieure du vase, s'altèrent rapidement au contact du liquide, et que celui-ci pénètre alors par les solutions de continuité de leur surface en partie putréfiée.

Nous ne savons comment étaient installées les expériences à résultats positifs, telles que celles qu'a citées De Candolle (*Physiol.*, 85), et qui l'ont conduit à penser que Bischoff « se trompe quand il croit que l'eau colorée ne pénètre que par des solutions de continuité », parce qu'il l'a « vue en particulier pénétrer par les spongioles de radicelles nées dans l'eau colorée et certainement intactes ». Nous ne connaissons pas de liquide coloré duquel, soit qu'on fasse plonger dans sa masse des racines de plantes en germination, soit qu'on imbibe des éponges sur lesquelles germent des graines, on puisse dire qu'il n'altère pas plus ou moins le tissu de ces jeunes racines.

Il faudra d'ailleurs revenir sur cette assertion, que les racines intactes absorbent forcément avec l'eau les substances qu'elle tient en dissolution. Le suc du *Phytolacca* représentant une solution,

FIG. 322. — Absorption par les racines. Une plante plongée dans le sable sec se flétrit et meurt (Pouchet).

nous avons vu des bulbes qui développent normalement leurs racines, leurs feuilles et leurs fleurs sur un flacon de ce liquide, convenablement renouvelé pour éviter qu'en s'altérant trop lui-même il n'attaque les tissus de la plante avec lesquels il se trouve en contact. Ces bulbes prenaient à cette masse de liquide une grande quantité d'eau qui fournissait à leur évolution; et cependant, dans le cas où les fleurs demeuraient parfaitement blanches et où aucune parcelle de matière colorante ne pénétrait dans les plantes, il faut bien admettre que l'eau était séparée par dialyse de la substance rouge qu'elle tenait en solution, et que plus la racine absorbait, plus la teinte du liquide devenait foncée. Les racines ne sont donc pas seulement des organes d'absorption, ce sont encore des instruments dialyseurs d'une grande délicatesse, et l'on peut déjà prévoir le rôle que joueront un jour les faits qui précèdent dans l'explication des phénomènes physiologiques dont ces organes sont le siège.

Les racines des plantes sont donc des instruments de dialyse qui ne peuvent absorber indifféremment avec l'eau toutes les substances dissoutes; mais elles peuvent prendre aussi au sol des corps parfaitement insolubles dans l'eau et que ce liquide seul ne pourrait introduire dans leur intérieur. Dans ce cas, elles rendent ces corps solubles en les modifiant par les excrétions acides qu'elles produisent. Des matériaux qui sont inutiles à la plante, ou qui même doivent lui être nuisibles, peuvent bien aussi être absorbés par ces organes, mais il

FIG. 223. — Absorption par les racines (Pouchet). Celles-ci étant plongées dans l'eau, la plante garde sa fraîcheur.

n'est pas probable que, dans ce cas, ceux-ci soient complètement intacts. Les poisons qui pénètrent de la sorte dans un végétal, et que l'analyse y retrouve plus ou moins haut, n'y sont vraisemblablement introduits, comme on l'a dit, que par des solutions de continuité qu'ils déterminent en altérant les tissus par un contact plus ou moins prolongé avec eux; et ces poisons agissent en pareil cas comme le font des substances bien plus innocentes qu'eux, et par exemple le suc de *Phytolacca*, ainsi que nous l'avons vu plus haut.

En supposant l'eau ou d'autres liquides qui n'altèrent point le tissu de la racine, arrivés au contact des phytocystes les plus jeunes et les plus actifs qui sont situés en dedans et au-dessus de la piléorhize, comment explique-t-on que ces liquides pénètrent dans une de ces cellules et, de là, dans les cellules voisines, puis de proche en proche jusqu'aux parties supérieures du végétal? En laissant de côté ce qui, dans ce transport de l'eau de cellule à cellule, d'une cavité aux cavités voisines, concerne la circulation, le liquide est absorbé, pensait Dutrochet, en vertu de la force qu'il a nommée endosmose; et quoique des plus contestables, ces faits sont tellement connus, qu'il faut au moins les rappeler sommairement. Soit une série verticale de cellules radiculaires actives, à paroi perméable, mouillées par les liquides et pleines de sève plus ou moins épaisse, c'est-à-dire d'eau plus ou moins chargée de principes dissous. Si la première, en commençant par le bas, des cellules de cette série, soit la cellule 1, est en contact avec de l'eau pure ou à peu près, comme celle des arrosages, cette cellule 1 se trouve, dit-on, dans les mêmes conditions qu'un endosmomètre plongé dans l'eau et contenant lui-même de l'eau sucrée ou gommée (fig. 326). Aux points de contact de la paroi cellulaire avec le liquide extérieur, il se produira un double courant, l'un d'exosmose, relativement peu considérable, et l'autre d'endosmose, qui aura pour résultat de gorger d'eau la cellule et de délayer, par conséquent, son contenu. Celui-ci différera alors du contenu séveux de la cellule 2, dont il sera séparé par la cloison inférieure de celle-ci, et qui passera par exosmose en quantité minime dans la cellule 1, tandis que celle-ci enverra par endosmose une bien plus grande masse du liquide qu'elle renferme à la cellule 2. La cellule 2, à son tour, se comportera de la même façon à l'égard de la cellule 3, celle-ci à l'égard de la cellule 4, et ainsi de suite. Le résultat final serait l'ascension du liquide aqueux extérieur dans les cellules 1, 2, 3, 4 et suivantes, sans que le phénomène puisse s'arrêter, tant que la plante exhalera de l'eau par son extrémité supérieure feuillée, attendu que la perte constante de ce liquide dans l'air épaissira toujours le contenu des cellules supérieures et leur permettra de continuer à jouer, en présence de celles qui leur sont inférieures, le rôle d'endosmomètres. Comme toutefois on sait que ce qu'on nomme avec Dutrochet endosmose et exosmose, n'est autre chose qu'un cas particulier de la diffusion, on comprend que l'on ait voulu substituer à ces expressons celle de *Membrandiffusion* (Schumacher). Les phytocystes qui sont le point de départ de ce mouvement de liquide peuvent tout aussi bien être les cellules saillantes et étirées qu'on a nommées *succiatori* que les cellules ordinaires de la surface ou de l'intérieur. Mais la faculté d'absorption de ces différentes cavités élémentaires n'est pas seulement un phénomène physique, c'est aussi une fonction vitale, et on le conçoit aisément quand on se rend compte de la constitution, lors de la plus grande activité fonctionnelle, de ces éléments anatomiques des racines. Il n'était point nécessaire de faire intervenir, comme on le fit au commencement de ce siècle, dans une certaine école, la faculté de contraction qu'on supposait résider dans les parois de cellulose vivante, et qui aurait amené la propulsion de proche en proche du liquide dans les cellules successives. Dans la cellule aussi vivante que possible, il y a une masse protoplasmique considérable, relativement à la capacité de l'enveloppe cellulosique, qu'elle peut même remplir en entier. Cette masse ne se comporte pas à l'égard des liquides de la même manière quand elle est vivante et quand elle est morte. On sait, par exemple, qu'elle absorbe bien plus facilement les liquides colorés après sa mort que de son vivant (p. 2), et qu'on lui avait même, dans ce dernier cas, refusé cette faculté[1]. Elle ne doit pas non plus permettre la même somme d'absorption de l'eau quand elle est presque continue que quand elle est criblée de cavités, elles-mêmes remplies de ce qu'on a appelé le suc intracellulaire. Cette masse protoplasmique est vivante; on peut la tuer sans que la quantité, la disposition de ces parties semblent modifiées; et cependant cet arrêt, dans sa vitalité, altère aussitôt, immédiatement quelquefois, les phénomènes d'endosmose, de diffusion, dont la cellule était le siège. Dans l'état vivant, d'ailleurs, cette force rencontre des obstacles dans la résistance même des milieux voisins de la cellule que l'on considère comme agent d'absorption et de circulation du liquide. Au-dessus d'elle, les autres cellules forment par leur ensemble une colonne de liquide qui exerce sur elle une pression d'autant plus forte qu'elles sont plus nombreuses, plus allongées, plus gorgées de suc; il y a un moment où cette pression peut suffire à arrêter la montée de l'eau dans un point du système. En dehors d'elle, le milieu ambiant est rarement une masse d'eau au sein de laquelle l'absorption soit facile. Plus ordinairement, c'est un sol mouillé, mais de nature très variable. Les cavités capillaires qui retiennent l'eau avec plus ou moins de force sont en quantité et de dimensions variables suivant la configuration même de ce sol.

Quand ces cavités sont entièrement remplies d'eau qu'elles retiennent, ce qui vient se surajouter de liquides ne tient plus au sol en vertu de la capillarité, et passe dans la racine à peu près aussi facilement que l'eau qui entourerait librement cet organe. Tous les sols

1. MM. Cornu et Mer ont bien fait voir qu'il ne fallait pas confondre l'absorption des liquides colorés par le phytoblaste avec l'imbibition dont les parois du phytocyste sont le siège.

ne sont pas également hygroscopiques. Le sable l'est peu ; il laisse échapper la presque totalité de l'eau qu'il renferme, et elle passe facilement dans les plantes qui s'y trouvent. M. Sachs a vu une plante de tabac prendre à un sol sablonneux jusqu'à 98,5 pour 100 de l'eau qu'il avait reçue et ne commencer qu'alors à se faner. Dans un sol argileux, elle n'en put prendre que 92 centièmes ; après quoi, elle se fana également. Dans un sol riche en humus, elle se fanait déjà que le sol conservait 12,3 pour 100 de l'eau qu'il avait reçue. Les expériences de M. Schumacher sont assez concordantes avec les précédentes. Un Pois absorba dans le sable toute l'eau contenue, moins un centième et demi. Dans l'argile, il en laissa deux centièmes et demi, et trois centièmes et demi dans un sol riche en humus. On comprend donc qu'on puisse entourer une racine d'un liquide assez visqueux pour qu'aucune parcelle d'humidité ne passe dans son intérieur, et c'est ce qui justifie très bien, à certains égards, la théorie de l'adhérence au milieu ambiant, invoquée autrefois par M. Bouchardat, et dont il a été question plus haut (page 182).

Les feuilles absorbent les gaz et les vapeurs ; on le voit bien quand les vapeurs mercurielles ou des gaz délétères, et qui altèrent plus ou moins le tissu de ces parties, les pénètrent néanmoins et les détruisent en un temps variable. Il n'y a pas ici de sélection, et les ouvertures des stomates par lesquels semble se faire cette introduction admettent à l'intérieur du parenchyme les corps gazéiformes les plus nuisibles. Ceux qui sont inertes pénètrent de même, notamment l'air, qui circule ensuite dans l'épaisseur des parenchymes et qui y subit des modifications chimiques considérées jusqu'ici comme étant toutes du ressort des phénomènes de la respiration végétale. Les feuilles, sous l'influence de la lumière directe du soleil et de certaines autres lumières, absorbent, dit-on, de l'acide carbonique, dont elles exhalent ensuite l'oxygène en retenant le carbone. On pourrait tout aussi bien dire qu'elles absorbent, dans d'autres circonstances données (et peut-être dans toutes les circonstances possibles), de l'oxygène, qu'elles combineront ensuite avec les éléments hydrocarbonés qu'elles renferment. On ne sait pas trop comment les feuilles se comporteraient au point de vue de l'absorption d'un gaz neutre, comme l'hydrogène. Pour l'azote de l'atmosphère, les uns accordent aujourd'hui qu'il est absorbé, au moins dans beaucoup de cas, en proportions extrêmement minimes ; les autres, au contraire, nient absolument le fait.

Les feuilles absorbent-elles des liquides, ou du moins des liquides qui, comme l'eau, ne désorganisent pas leur tissu ? Si la surface d'une feuille est en contact avec l'eau de la pluie ou de la rosée, par exemple, le liquide est-il absorbé? Je crois qu'en principe on répond généralement par la négative. La surface des feuilles n'étant pas mouillée par le liquide, celui-ci, dit-on, ne saurait être absorbé par un organe avec lequel il n'est pas en contact. Ce raisonnement est parfaitement plausible. Mais est-il exact que les feuilles ne soient jamais mouillées par l'eau au contact de laquelle elles se trouvent? On ne saurait, je pense, mettre le contraire en doute pour les feuilles naturellement submergées, et qui d'ailleurs sont dépourvues, dit-on, de véritable épiderme. Une feuille de *Potamogeton*, par exemple, est desséchée au point de paraître morte; ce résultat s'obtient rapidement. Qu'on la mette alors en contact avec quelques gouttes d'eau, celles-ci sont presque immédiatement absorbées; la feuille reprend vite sa fraîcheur et sa consistance normales dans les points humectés, et elle augmente de poids : ce qui prouve bien que le liquide a pénétré dans son intérieur. De semblables feuilles, tant qu'elles ne sont pas altérées profondément dans leur tissu, reprennent, on peut le dire, de l'eau aussi rapidement qu'elles la perdent. Est-il vrai maintenant que la surface des feuilles aériennes ne soit jamais mouillée par le liquide au contact duquel on les place? Cette assertion est en général beaucoup trop absolue. Quand une feuille est plongée en totalité dans l'eau, on voit très bien quels sont les points qui ne se mouillent pas et ceux qui se laissent mouiller. Aux premiers, généralement d'un tissu plus lisse, plus serré, recouverts d'un épiderme plus imperméable, répondent des surfaces ou des traînées qui semblent brillantes, argentées; il n'en est pas de même des derniers. C'est par là, sans doute, que peuvent en grande partie s'expliquer les résultats auxquels Bonnet dit être arrivé dans ses curieuses expériences. Senebier avait démontré, sans doute, depuis longtemps, que dans beaucoup de cas l'épiderme des tiges, des branches et de la face supérieure des feuilles est recouvert d'une matière grasse qui ne se laisse point mouiller et empêche le contact immédiat de l'eau avec le parenchyme de ces organes. Or, comme l'endosmose ne peut se produire que quand les liquides mouillent les membranes à traverser, on pouvait conclure des assertions de Senebier que l'absorption avait à peine lieu par les branches, la face supérieure du limbe foliaire, etc. Cette substance grasse n'a même pas besoin d'exister, alors que la feuille est très lisse, vernissée, et que le liquide glisse sur elle. Mais il y a un bon nombre de points des feuilles qui ne sont pas dans ce cas et qu'on peut apercevoir quand on plonge celle-ci sous l'eau. Or ces points, dont la teinte demeure alors verte, contrairement au reste de la surface des feuilles, sont doués de la faculté d'absorber au besoin le liquide, par lequel ils se laissent d'ailleurs parfaitement mouiller.

C'est là ce qui explique que les expériences de Hales sur l'absorption de l'eau par les feuilles aient paru concluantes à bien des botanistes. La plus célèbre est celle qui, dans son traité de la *Statique des végétaux*, porte le n° 52. Elle consiste en ceci (fig. 324), que des deux rameaux feuillés que porte une même branche bifurquée, si l'on plonge seulement l'un dans l'eau, ses feuilles prennent assez de liquide pour conserver leur fraîcheur, mais encore pour maintenir celle des feuilles de l'autre rameau auquel l'eau est transmise par l'intermédiaire de la portion axile commune.

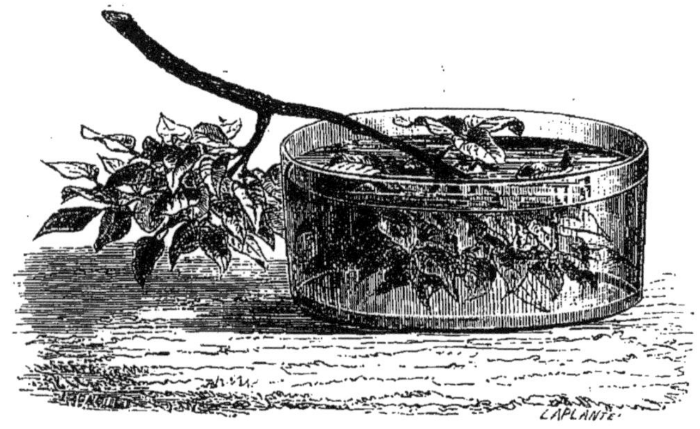

FIG. 324. — Absorption de l'eau par les feuilles. Expérience de Hales, dans laquelle l'une des divisions d'une branche feuillée absorbe par sa surface assez d'eau pour maintenir fraîches les feuilles de l'autre division plongée dans l'air.

Nous avons varié cette expérience en mettant dans des conditions analogues un fragment de tige d'Aristoloche qui portait deux feuilles d'égale surface et dont les deux sections avaient été bouchées avec de la cire. L'une des feuilles plongée dans l'eau absorbait assez de liquide pour lutter contre la tendance qu'avait l'autre feuille à se faner à l'air et pour la maintenir fraîche pendant tout un jour et une nuit. Mariotte est-il arrivé à la démonstration du même théorème par une tout autre expérience? C'est ce dont on n'a pas douté pendant longtemps; mais on pourrait objecter qu'il a peut-être produit des solutions de continuité sur la plante qu'il avait mise en expérience. Celle-ci était une Grande-Éclaire (*Chelidonium majus*). Il en plongeait les feuilles dans l'eau, et il constatait que son latex, d'abord d'un jaune orangé intense, devenait d'autant plus pâle et plus dilué que les feuilles avaient plus longtemps trempé dans le liquide; ce qui porte à penser qu'elles avaient absorbé celui-ci par leur surface naturelle. Nous avons institué en 1861 (*Adansonia*, I, 328) d'autres expériences pour trancher cette question; elles sont peu connues, à ce qu'il semble, et je ne crois pas que leur résultat ait été généralement adopté. Une branche de Hêtre pleureur étant plongée dans un ballon plein d'eau et adaptée au col de ce ballon au moyen d'un bouchon percé, de la même façon qu'on y fixerait un tube destiné au dégagement d'un gaz, le niveau de l'eau baisse dans le ballon d'une quantité facilement appréciable, puisque l'on connaît le diamètre du col, qui est exactement cylindrique. Cette quantité est assez considérable; mais comme l'on n'est jamais assuré d'avoir supprimé toute communication entre l'atmosphère et l'intérieur du ballon, on peut fort bien supposer que l'abaissement du liquide est dû à un phénomène d'évaporation. Cependant, dans une autre expérience où le ballon ne reçoit, au lieu d'une branche vivante, qu'un cylindre de bois mort agencé de la même façon, l'abaissement du liquide ne se produit pas de même. Mais bien plus, en laissant un ballon plein d'eau et sans bouchon au contact de l'air, on constate que la perte de liquide est des plus faibles, vu probablement le peu d'étendue de la surface par laquelle le phénomène se produit et le repos à peu près absolu de la masse liquide, et que cette quantité peut même être négligée; si bien que l'abaissement du niveau ne peut plus être guère attribué qu'à l'action des feuilles vivantes qu'on a plongées dans le liquide. Les évaluations, peut-être exagérées, auxquelles on arrive en supposant plongée dans le liquide la totalité d'un vaste pied de Hêtre, au lieu d'un seul rameau feuillé, nous montrent qu'un tel arbre pourrait bien absorber en trois semaines une masse d'eau égale à environ 3000 litres. De telles expériences (auxquelles on n'a pas manqué de faire des objections) et celles qui pourraient être conçues dans la même direction ont, à ce qu'il semble, cet avantage qu'elles permettent aux feuilles d'absorber dans les moments où cette absorption est rendue possible par les circonstances. La question est, en effet, de savoir si le tissu normal des feuilles a la propriété d'absorber, et non pas si, une feuille étant mise en contact avec l'eau, celle-ci va être forcément prise à n'importe quel moment de la vie de la plante et dans n'importe quelles conditions. En effet, comme l'a dit en peu de mots M. Sachs (*Tr. de Bot.*, trad. fr., 803), « aussi longtemps que, dans la plante enracinée et intacte, tous les tissus sont turgescents et abondamment pourvus d'eau par en bas, on ne doit pas s'attendre à observer à la surface des feuilles, même entièrement mouillées, une absorption sensible; car on ne voit pas pourquoi l'eau pénètrerait dans des cellules déjà trop pleines ». C'est donc aux moments, s'il y en a, où les feuilles ne recevraient pas des racines tout ce que celles-ci peuvent leur donner, que leur surface doit être en contact avec l'eau, pour qu'on sache si l'absorption de celle-ci peut se produire. C'est M. Duchartre qui, de nos jours, a fait les plus nombreuses expériences sur l'absorption de l'eau et de la rosée par les feuilles (*Comptes rendus*, XLII, 428, 490; LVI, 205; *Bull. Soc. bot.* (1857), 940; *Ann. sc. nat.*, sér. 4, XV, 109). Il observait malheureusement des plantes qui, placées dans un pot complètement emprisonné, puis mises en contact avec le liquide par leur feuillage, étaient ensuite essuyées, puis pesées, afin qu'on pût constater si leur poids avait augmenté. M. Duchartre a répondu d'une façon négative, et il a conclu de ses dernières recherches que les feuilles n'absorbent ni la vapeur d'eau, ni l'eau liquide qui les mouille. M. Cailletet, au contraire, a été amené par ses expériences à distinguer, comme nous, des cas où l'eau est absorbée et d'autres où elle ne l'est pas. « Ses expériences, dit-il (*Ann. sc. nat.*, sér. 5, XIII, 245), semblent démontrer qu'une plante végétant dans un sol humide, et recevant par ses racines la quantité d'eau nécessaire à l'entretien normal de sa vie, n'absorbe pas l'eau liquide qui mouille ses feuilles; mais que cette absorption commence dès que les feuilles se fanent en raison de la dessiccation du sol. » M. Prillieux est, au contraire, tout à fait du même avis que M. Duchartre; car il a conclu de ses expériences qu'en suspendant des branches coupées dans une atmosphère à peu près saturée de vapeur d'eau, leurs feuilles reprennent leur fraîcheur, quoique l'évaporation continue de faire perdre aux branches une partie de leur poids, et que cela tient, à ce qu'il suppose, non pas à ce que les feuilles absorbent, mais à ce que l'eau des portions âgées des branches passerait dans les portions les plus jeunes pour leur rendre leur turgescence. Mais tout est encore, il faut bien le dire, en discussion dans cette importante question, car M. de Lanessan vient, à son tour, de contester ce qu'avait avancé M. Prillieux. Il a vu que des rameaux feuillés ou des feuilles détachées, plongés dans l'eau après qu'on les a laissés se flétrir et diminuer de poids, y reprennent leur fraîcheur et leur turgescence, et en même temps regagnent le poids qu'ils avaient au moment où on les a cueillis. Si, au contraire, il les plaçait dans l'eau avant la fanaison, il ne constatait pas la moindre augmentation de poids (*Bull. Soc. Linn. de Paris*, 34). D'ailleurs, la plupart des expérimentateurs ont rejeté la manière de voir de M. Duchartre, et récemment encore M. Henslow l'a énergiquement réfutée. Quand les plantes n'absorbent pas d'eau par les feuilles, c'est qu'elles n'ont pas besoin de le faire, le liquide affluant par quelque autre voie dans leurs tissus. Mais quand l'eau qui s'introduit par ces voies est en quantité insuffisante, les feuilles, par leurs portions qui se laissent mouiller, absorbent en général les quantités d'eau indispensables à la plante pour lui rendre la fraîcheur.

Nous avons ailleurs relaté quelques *expériences simples sur l'absorption de l'eau par les feuilles*, et nous les avons rapidement résumées dans les termes qui suivent (*Bull. Soc. Linn. de Paris*, 18). On fait germer des graines de Pois, de Fève ou de Haricot dans des vases cubiques pleins de terre, ouverts par une seule de leurs six faces, laquelle est tenue supérieure jusqu'au moment où la plante a pris un assez grand développement. L'avantage de cette forme de vases consiste en ce qu'on peut les placer indifféremment sur chacune des cinq faces non ouvertes. S'il s'agit de la Fève, quand la plante a acquis une couple de décimètres de hauteur, on pose le vase sur une des faces latérales, et la plante se coude alors peu à peu à angle droit, en vertu de la force de direction verticale. Une fois cette direction acquise pour toute la portion supérieure de la plante, on peut renverser complètement le vase sur une des faces latérales, de façon que la portion coudée de la tige se trouve tout à fait descendante. On ne lui donne cette nouvelle direction qu'au moment où la terre du vase, qu'on a négligée de mouiller, est devenue tellement sèche, qu'elle ne peut plus donner aux feuilles de quoi entretenir leur fraîcheur. Elles sont tellement flétries, qu'en couvrant la plante avec une cloche, même dans une pièce tout à fait obscure, elle ne peut plus reprendre sa turgescence. A ce moment donc, la plante est dans de bonnes conditions pour qu'on puisse juger si la surface de ses feuilles absorbera directement du liquide. Il n'y a plus, d'une part, cette plénitude de tissus qui empêche forcément l'absorption d'une nouvelle quantité d'eau; et, d'autre part, les plantes choisies sont dans de bonnes conditions pour que la surface des feuilles soit mouillée par le liquide. On reconnaît très bien, d'après les caractères optiques, quelles sont les parties des feuilles qui ne se laissent pas mouiller, et quelles sont celles que le liquide imbibe. Lorsque la feuille est réellement mouillée dans quelques-unes de ses parties, on observe alors que l'eau est absorbée de telle façon que la plante reprend toute sa fraîcheur et que chaque fois qu'elle tend à se faner, on lui rend sa turgescence en mouillant la surface des feuilles. On rétablit de la sorte cette fraîcheur un assez grand nombre de fois pour entretenir la verdure de la plante pendant une couple de mois; et cela pendant que la terre où est plongée la racine ne reçoit pas d'eau, si bien qu'elle devient tout à fait sèche, dure comme une sorte de stuc, et qu'on a peine à comprendre comment la partie inférieure de la plante n'est pas encore morte à cette époque. On peut encore, au lieu de plonger la portion feuillée des plantes dans une masse d'eau, asperger fréquemment le feuillage à l'aide d'un arrosoir à pomme fine. Dans cette circonstance, le vase couché est placé dans une situation telle, que la surface de la terre qu'il contient ne reçoive aucune goutte d'eau. La portion feuillée a pu être aussi couchée sur une éponge qu'on entretenait suffisamment humide. Avec des Pois, quand leur tige a acquis un certain degré d'allongement, il n'y a pas besoin de changer la position du vase, parce que la tige est assez flexible pour venir se coucher, sur le côté du pot, sur une surface qu'on peut arroser à volonté. L'absorption de l'eau se fait de même, dans les cas précités, quand on couvre les feuilles d'un linge fin qu'on entretient humide. Il y a aussi, en somme, beaucoup à faire sur ces questions. Quels sont, dans les différentes portions de la plante, les agents de l'absorption de divers fluides?

Dans les racines on admettait autrefois que les organes absorbants étaient les spongioles, instruments spéciaux, répondant au sommet des dernières divisions de la racine, consistant même, pensait-on, dans certaines radicelles, en renflements terminaux, et qui se seraient comportés comme le tissu lâche et mou d'une éponge en présence des fluides à absorber. On sait cependant aujourd'hui que les extrémités des racines sont en général protégées par une ou plusieurs couches, relativement anciennes ou résistantes, de cellules imperméables aux fluides. Souvent c'est une piléorhize qui, jouant le rôle d'un organe protecteur, empêche les fluides extérieurs d'arriver au contact des portions cellulaires les plus molles et les plus jeunes qui se trouvent plus haut et plus intérieurement. Quand le sommet, recouvert par cette piléorhize, est seul en contact avec l'eau, par exemple, la racine n'absorbe pas le liquide, se dessèche et meurt en quelques heures. Il en est de même quand toute la surface de la racine, non protégée par la piléorhize, est enduite d'une substance protectrice qui l'empêche de se dessécher par évaporation (Olhert). Quand on supprime ou qu'on laisse hors de l'eau l'extrémité considérée comme une spongiole, l'absorption se fait par le reste de la racine qui est plongé dans le liquide. Il n'y a donc pas absorption par le sommet des radicelles quand celui-ci est recouvert d'une piléorhize, et les fluides ne sont pris par ce sommet que quand la piléorhize a été enlevée, détruite, ou bien quand cet organe n'existe pas et que le sommet est garni à sa périphérie de cellules à paroi jeune, molle et perméable. Il y a, à plus forte raison, absorption quand le sommet de la racine a été détruit, désorganisé, coupé, car ici, comme partout ailleurs, dans un végétal, l'absorption se fait bien plus activement par les solutions de continuité que par les organes intacts jusqu'au moment où les tissus sont assez profondément altérés au niveau de la solution de continuité. Il était surtout naturel de se demander comment l'absorption peut se faire plus haut que la piléorhize.

On comprend la pénétration plus facile d'un liquide vers les cellules jeunes du centre de la radicelle, là où le bord des calottes concentriques qui constituent souvent la piléorhize se détache plus ou moins du reste de la radicelle et laisse passer le liquide par une ou plusieurs fentes circulaires. Mais il n'en est pas de même un peu plus haut, là où il n'y a plus de ces coiffes et où la racine est enduite d'un épiderme déjà âgé. A priori, cet épiderme devait être considéré comme imperméable; il fallait donc chercher là d'autres organes que lui pour l'absorption. On s'est rejeté sur les cellules superficielles prolongées en sortes de poils radicaux auxquels M. Gasparini a même donné le nom de *succiatori* (fig. 83), et que Unger avait considérés avant lui comme les agents principaux de l'absorption radicellaire. On se fonde, pour admettre cette manière de voir, sur la façon dont ces poils se produisent sur certaines portions jeunes des radicelles, d'abord tout près du point où s'arrête la piléorhize, puis un peu plus haut, puis plus loin encore, et cela généralement dans une zone assez peu étendue, pendant que les suçoirs disparaissent là où ils existaient seulement un peu auparavant. Quand les fonctions absorbantes des radicelles se ralentissent ou se suspendent totalement, en même temps, a-t-on dit, le nombre de ces poils absorbants diminue, ou bien ils disparaissent complètement, comme cela a lieu, à ce qu'on a assuré, pendant l'hiver. Toutefois ces poils ne peuvent être considérés que comme des cellules à paroi fort amincie et perméable, et dans les plantes (comme il y en a) où certainement de semblables organes saillants ne se développent pas sur les jeunes racines, il faut bien que l'absorption se produise, tout à fait de la même façon, par la paroi non proéminente de certaines cellules de la surface. En somme il y a encore beaucoup de points à déterminer dans l'étude de cette question, et il est certain que ce ne sont pas des cellules exceptionnelles qui absorbent les fluides dans les séries de petites cavités cellulaires qui constituent les filaments cloisonnés dont sont formés ceux des organes des Cryptogames auxquels on donne aussi le nom de radicelles.

Dans les feuilles et autres organes analogues, l'absorption ne se fait pas non plus là où des cellules à paroi lisse, solide, continue, forment à la surface une couche tout à fait imperméable. On admet qu'en pareil cas les fluides ne pénètrent dans l'intérieur que par les ouvertures des stomates que certains observateurs, notamment dans ces derniers temps M. Merget (*Assoc. franc.*, sess. de Lyon, 1874), ont vues seules donner passage aux vapeurs, principalement à celles dont on peut suivre la marche du dehors vers le parenchyme, comme les vapeurs mercurielles. Probablement la vapeur d'eau, les gaz, suivent la même voie de l'extérieur à l'intérieur. Quand les organes qui livrent passage aux fluides gazeux ne portent pas de stomates, comme certains pétales et d'autres parties des fleurs, il faut bien admettre que le passage se fait suivant les parois des cellules superficielles.

Parmi les organes des plantes qui absorbent avec une grande intensité, notamment les liquides, il convient encore de citer les grains de pollen et les graines lors de la germination. La quantité de liquide qui peut ainsi pénétrer dans l'enveloppe intérieure du grain pollinique est assez considérable pour remplir les tubes, relativement énormes, qu'elle forme en grandissant, et même pour déterminer la rupture de ces tubes vers leur sommet. De même les semences absorbent assez d'eau pour se gonfler, quelquefois énormément et faire éclater leurs enveloppes les plus dures. Cette eau n'est point absorbée par la plupart des points de leur surface, recouverts d'un tissu résistant et imperméable. Mais les solutions de continuité, soit naturelles, soit accidentelles, qui s'y produisent, laissent passer une grande quantité de liquide. Sans pénétrer dans l'intérieur des graines, l'eau peut être absorbée en quantité notable par les cellules de leur tégument superficiel. Alors celui-ci se gonfle et peut, dans certaines semences, comme celles du Lin, des Crucifères, de certaines Pomacées, se transformer rapidement en une couche plus ou moins épaisse de mucilage. Les phénomènes d'absorption qui se passent dans l'intérieur même des éléments végétaux ont été étudiés à propos des propriétés du protoplasma vivant. La fonction d'absorption tient d'ailleurs sous sa dépendance la plupart des autres fonctions, qui, à leur tour, exercent sur elle une influence incontestable. Plus une plante s'accroît, plus naturellement ses fonctions d'absorption doivent être actives. Plus une plante perd par l'exhalation ou la sécrétion, plus ses fonctions d'absorption sont en général accentuées. De là l'influence des portions feuillées aériennes sur l'intensité de l'absorption.

Nous avons vu, à propos des racines, que si elles n'excrétaient pas des matériaux capables de rendre solubles certains corps qui se trouvent dans le milieu ambiant, ceux-ci ne seraient pas absorbés. La fonction d'excrétion est donc, dans ce cas, indissolublement liée à celle d'absorption, et s'il est démontré que les feuilles des plantes dites carnivores absorbent des aliments albuminoïdes par leur surface, comme on l'a indiqué dans ces derniers temps, il faudra bien admettre l'existence d'un produit sécrété par ces organes et dont le contact rendra solubles ces aliments d'origine animale.

II. — Transport de l'eau et des liquides dans les plantes.

Le mouvement et le transport de l'eau dans la plante ont été désignés sous le nom de *Circulation*. C'est une expression qu'il faudra abandonner si l'on est convaincu que la véritable circulation est celle qui se produit dans les canaux dont nous avons vu se creuser le phytoblaste, et qui est seule exactement comparable à la circulation du liquide nourricier dans les organismes animaux inférieurs.

Mais de même que dans une colonie d'animaux qui vivent, par exemple, dans la mer, indépendamment de la circulation propre à chaque animal formant la colonie, il y a des courants d'eau salée qui vont par toute la colonie fournir à ses habitants les aliments dont ils ont besoin, et leur reprendre ce qui n'était pas apte à leur être assimilé pour le reporter dans le milieu ambiant; de même, il y a dans les plantes un liquide général qui est porté d'un élément à l'autre pour leur fournir à tous les matériaux de leur nutrition; on le nomme depuis longtemps la *Sève*.

Sève.

La sève peut être de l'eau à peu près pure, absorbée dans la terre par les racines. Mais cette eau peut renfermer en dissolution une petite quantité de principes variables. Ainsi le sol peut contenir des matériaux solubles, notamment des sels, des gaz, dont nous examinerons la nature à propos des aliments des végétaux. L'eau absorbée les entraîne avec elle dans la plante. Ailleurs, ces principes non solubles sont rendus solubles par les poils des racines qu'on a nommés *suçoirs* des racines. Si, en effet, pendant que ces poils sont doués de leur faculté maximum d'absorption, ils ne se trouvent pas en contact avec des matériaux solubles, ils peuvent cependant rendre solubles certains corps constituants du sol avec lesquels ils se trouvent en contact. C'est là le résultat de l'action sur ces corps d'acides excrétés par les poils radiculaires. Ainsi les racines germant sur une plaque de marbre polie, de magnésite, de dolomie, d'ostéolithes, y laissent une empreinte quelquefois très nette. Il y a très longtemps qu'on a prouvé que, des graines germant sur du papier de tournesol, celui-ci est rougi au contact de leurs divisions radicellaires. Alors même que les poils des racines sont tout à fait intacts, la même réaction se produit. En pareil cas, des sels insolubles, tels que le carbonate de chaux, peuvent être rendus en partie solubles par l'acide carbonique excrété, puis absorbés par les racines, avec l'eau dans laquelle ils finissent par se dissoudre. D'ailleurs, une fois que l'eau a pénétré dans l'intérieur de la plante, elle y trouve des principes solubles dont elle se charge. C'est pour cette raison que, ainsi que l'a démontré Knight, la sève est d'autant plus dense qu'on l'examine dans une plante à un niveau plus élevé. Outre les sels de chaux, de potasse, les composés de silice, etc., qu'elle tient surtout du sol, elle peut alors contenir du tannin, du sucre, des acides, des substances albuminoïdes, des sels d'ammoniaque, etc.

A cet état, cette sève est nommée *ascendante*, parce qu'elle se porte généralement de l'extrémité des racines vers celle des tiges. Mais il faut savoir par quelle voie et en vertu de quelles forces elle s'élève ainsi dans la plante.

Les liquides absorbés par les racines se portent de proche en proche jusqu'à l'extrémité de la tige et de ses divisions. Aux époques où l'absorption par les racines est active, comme chez nous, par exemple, au printemps, cette ascension se fait avec une grande activité et elle se fait par la plupart des portions perméables du tissu de la tige; de sorte qu'en coupant cette tige en travers, on obtient, par la surface de section, un abondant écoulement de sève; celle-ci s'échappe souvent alors, surtout quand elle sort des vaisseaux, mélangée de bulles gazeuses qui, en éclatant en l'air, produisent un bruit particulier. C'est ce que, dans la Vigne, par exemple, on appelle les *pleurs* de cet arbuste. L'écoulement se fait aussi bien la nuit que le jour; le courant ascendant peut parcourir jusqu'à deux pieds par heure. En adaptant à la section une sorte de manomètre courbé deux fois sur lui-même, dans la grande branche verticale, ouverte supérieurement, et dans laquelle on a versé du mercure (fig. 325), la colonne mercurielle s'élève à 30 ou 40 pouces, c'est-à-dire qu'une colonne d'eau peut être ainsi soulevée jusqu'à plus de 43 pieds et qu'on l'a élevée sur des bouleaux coupés jusqu'à 84 et 85 pieds. Que si le tube

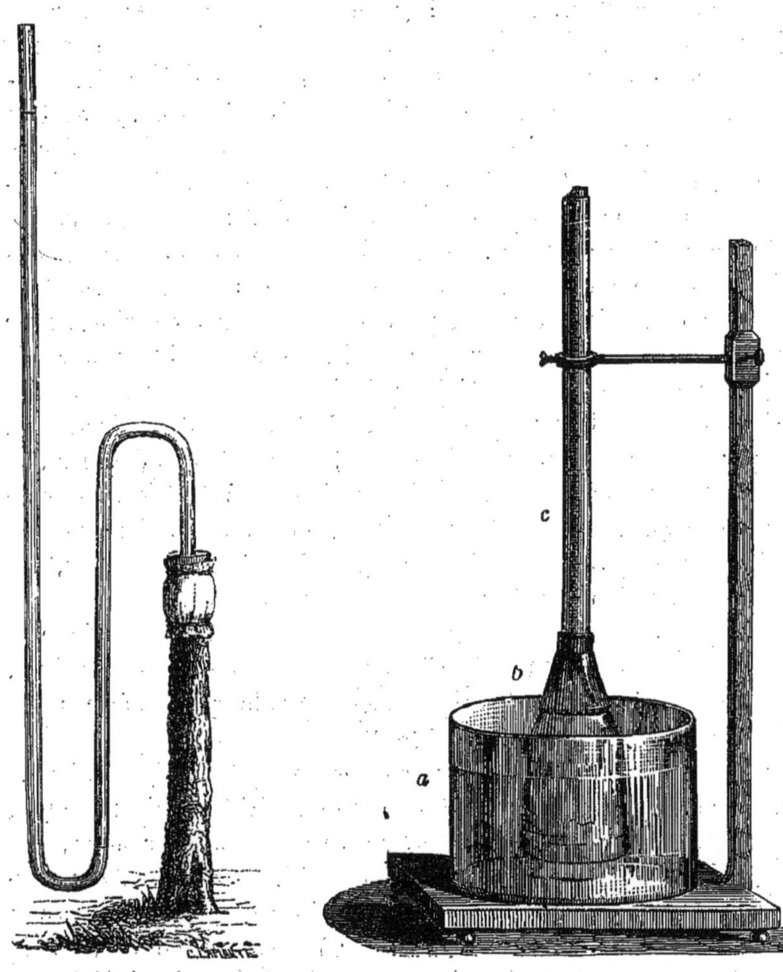

Fig. 325. — Appareil manométrique de Hales pour mesurer la pression de la sève ascendante.

Fig. 326. — Endosmomètre auquel on a comparé les racines des plantes au point de vue de l'absorption et de l'ascension des liquides. *b*, poche contenant une solution ; *a*, eau pure.

est remplacé par une coiffe imperméable et résistante, celle-ci peut être enlevée ou rompue avec éclat par la force de la sève ascendante. Quand, une fois la belle saison avancée, la tige coupée en travers ne laisse plus écouler de liquide, l'écoulement se produit toujours sur la section transversale de la racine ; l'élévation de la température l'active, de même que l'accroissement du degré de l'humidité du sol.

Les causes par lesquelles on a cherché à expliquer l'ascension de la sève sont les suivantes :

a. — En première ligne, la *diffusion*, ou, si l'on veut, l'*endosmose*. Les régions de la racine par lesquelles l'absorption du liquide se fait avec le plus d'activité étant, soit le *point végétatif*, situé, comme nous le savons, un peu au-dessus du sommet de la racine et en dedans de la piléorhize, soit la série des *poils radicaux* qui sont en activité, ces phytocystes divers ayant des parois minces et perméables et se trouvant remplis d'un liquide contenant des substances en dissolution, c'est-à-dire « plus dense » que de l'eau pure ou peu chargée qu'on donne au végétal par voie d'arrosement, on suppose que ces phytocystes se comportent comme autant de petits endosmomètres que l'eau extérieure pénètre, et que, de même, dans une série de phytocystes donnés, qu'on numérote à partir d'en bas, la seconde joue le rôle d'endosmomètre (fig. 326) par rapport à la première renfermant un liquide moins dense ; la troisième, par rapport à la deuxième, et ainsi de suite (voy. p. 189) ; et l'on a expliqué ainsi l'ascension de l'eau jusqu'à une certaine hauteur dans la racine, puis dans la tige.

b. — L'*imbibition* des parois mêmes du phytocyste est une cause d'ascension. Il y a des liquides qui s'élèvent de proche en proche par cette voie, et non par la cavité des éléments (p. 190). Si le liquide vient à faire défaut dans cette cavité, la paroi même du phytocyste peut céder à la cavité une portion du liquide dont elle s'est imbibée.

c. — La *capillarité*. Les cavités des phytocystes sont des canaux capillaires dans lesquels on sait que le liquide peut s'élever, d'une quantité insuffisante, il est vrai. Mais l'ascension deviendrait de beaucoup plus énergique (Jamin) par ce fait que, dans un certain nombre de phytocystes, il y a des bulles gazeuses interposées à des colonnettes d'eau et qui soutiennent celles-ci, pouvant de la sorte surmonter une pression d'une couple d'atmosphères.

d. — L'*appel* par les bourgeons feuillés consiste en une sorte de « succion » exercée par les feuilles, grâce au phénomène de la transpiration (fig. 321). Il est certain qu'alors que l'ascension de la sève est peu active, au premier printemps, son activité s'accroît de beaucoup dès que les feuilles se développant commencent à perdre par leurs surfaces une quantité de vapeur ou même d'eau liquide qui est quelquefois très considérable.

e. — La *température* modifie elle-même les deux conditions précédentes. En s'élevant, elle augmente l'évaporation et la transpiration, en même temps qu'elle dilate les masses d'air interposées aux colonnettes d'eau dans les phytocystes et que celles-ci sont de la sorte soulevées.

f. — La *lumière* agit d'une façon analogue en favorisant la transpiration.

g. — La *vitalité du phytocyste* est une cause d'une puissance vraisemblablement considérable. Avec toutes les conditions précédentes réunies, la plante une fois morte ne possède plus de transport aqueux manifeste. Il serait possible qu'il y eût appel de la part de chacun des phytoblastes vivants composant la colonie végétale, et que la contraction, comme on l'a nommée, des phytoblastes, qui produit la véritable circulation existant dans chacun d'eux, engendrât un mouvement total qui a pour conséquence l'appel du liquide nécessaire à l'entretien de la vie. Ce liquide est d'ailleurs, on le sait, le véhicule principal des aliments.

Il y a probablement encore des causes de l'ascension des liquides dans les plantes qui nous sont à peu près inconnues ; et dans bien des cas, celles que nous venons de rappeler ne paraissent pas complètement suffisantes pour rendre compte de la production du phénomène.

Quand la sève est parvenue dans les feuilles, et plus généralement dans les portions périphériques de la plante, elle y subit des modifications qui lui ont valu le nom de *Sève élaborée*. Outre qu'elle y perd de l'eau par le fait de la transpiration, la nature des matériaux qu'elle a dissous pour les amener jusqu'aux parties vertes est modifiée par l'action chlorophyllienne. Une portion de l'acide carbonique dissous est réduite ; des matériaux carbonés sont fixés. D'autre part, le protoplasma respire et il y a combustion lente de certains matériaux hydrocarbonés. A partir de la zone périphérique, la sève modifiée peut encore dissoudre quelques autres principes. Telle qu'elle devient alors, elle a reçu depuis longtemps la désignation de *Sève descendante*, désignation critiquée à juste titre, car si, dans la tige, la sève descend, d'une manière générale, à partir de ce moment, elle peut aussi s'y porter obliquement et dans toutes sortes de directions, même dans la direction ascendante, se dirigeant là où ses matériaux élaborés doivent concourir à la formation des tissus nouveaux ou des aliments divers dont la plante a besoin.

On admettait jadis que la sève élaborée descendait dans la tige uniquement par la zone génératrice. Aujourd'hui l'on pense, avec M. Sachs et autres, que les tissus qui conduisent la sève élaborée sont : les phytocystes corticaux et médullaires, notamment ceux des couches les plus voisines des faisceaux libéro-ligneux, chargés surtout du transport des matières grasses et amylacées, non azotées ; et les phytocystes allongés et à paroi mince, extérieurs à la zone d'accroissement et dits *cellules cambiformes*, qui charrieraient surtout les matériaux albuminoïdes, plastiques, et dont le contenu est souvent, en effet, de consistance épaisse et comme mucilagineuse.

III. — Transpiration.

Il n'y a pas que certaines surfaces des organes végétaux, pris parmi ceux qui ne sont pas enveloppés d'une couche imperméable,

Fig. 327. — Transpiration. Expérience de Musschenbroek, dans laquelle une cloche recouvrant une plante est bientôt chargée de gouttes d'eau à l'intérieur.

qui perdent de l'eau par évaporation ; toutes les cavités des phytocystes qui confinent aux chambres aérifères interposées aux éléments et communiquant finalement avec l'extérieur par les stomates, exhalent de la vapeur d'eau dans ces chambres, tant que l'atmosphère de celles-ci ne se trouve point saturée.

Dès 1724, Hales constata (fig. 330) qu'une plante telle qu'un Grand-Soleil, haute de 1 mètre environ, perdait jusqu'à près de 1 kilogramme d'eau par la transpiration en douze heures. On a depuis lors calculé qu'un pied carré de gazon peu élevé perdait, dans un jour, près de 34 pouces cubes d'eau. Cette perte n'est pas due à une simple évaporation, car les plantes mortes, quoique encore fraîches, perdent

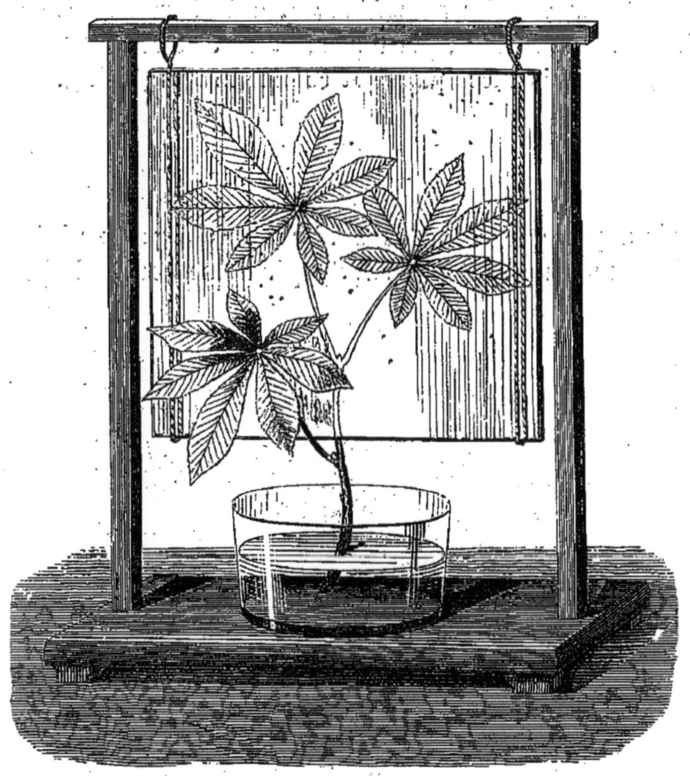

Fig. 328. — Transpiration. Eau condensée sur deux lames de verre entre lesquelles on a fixé le sommet d'une branche feuillée plongée dans l'eau par sa base (Pouchet).

beaucoup plus d'eau que les mêmes plantes vivantes, et une surface végétale donnée perd dans un même temps de deux à six fois moins de vapeur qu'une masse d'eau de même surface.

On ne sait pas bien encore quelle quantité d'eau une plante perd par l'évaporation, relativement à celle qu'elle absorbe par ses divers organes; mais l'on admet une influence de la lumière, de la température et de l'humidité de l'air sur la quantité d'eau transpirée.

Quant à la lumière, elle active tellement la transpiration, qu'on peut conserver longtemps fraîche à l'obscurité une plante qui se flétrirait bientôt par suite d'une perte d'eau considérable, si elle était exposée à la lumière du soleil. Mais on n'a pas suffisamment, dans toutes les observations relatives à ce phénomène, dégagé de l'action de la lumière l'influence de la chaleur solaire qui doit échauffer les tissus de la plante.

La chaleur active la transpiration ; celle-ci diminue donc avec le

Fig. 329. — Transpiration. Expérience de Guettard, dans laquelle on recueille condensée la vapeur d'eau perdue par une branche d'arbre (Pouchet).

degré de température, mais elle existe encore à 0° et même à — 25°. Toutefois cette question est très complexe, parce que, la température de l'air s'élevant, il deviendra relativement plus sec, et la transpiration s'accroîtra ; tandis qu'avec un abaissement de température on arrivera graduellement au point de rosée, ce qui ralentira forcément la transpiration.

Plus, en effet, l'atmosphère est sèche, et plus la transpiration augmente. Cependant on a vu des plantes transpirer encore dans une atmosphère saturée, parce que la température intérieure pouvait être plus élevée que celle de l'air ambiant, et l'on a même admis qu'elles peuvent transpirer dans l'eau.

Mais la transpiration n'est pas proportionnelle au temps, au poids, au volume ou à la surface des plantes. Les plantes adultes trans-

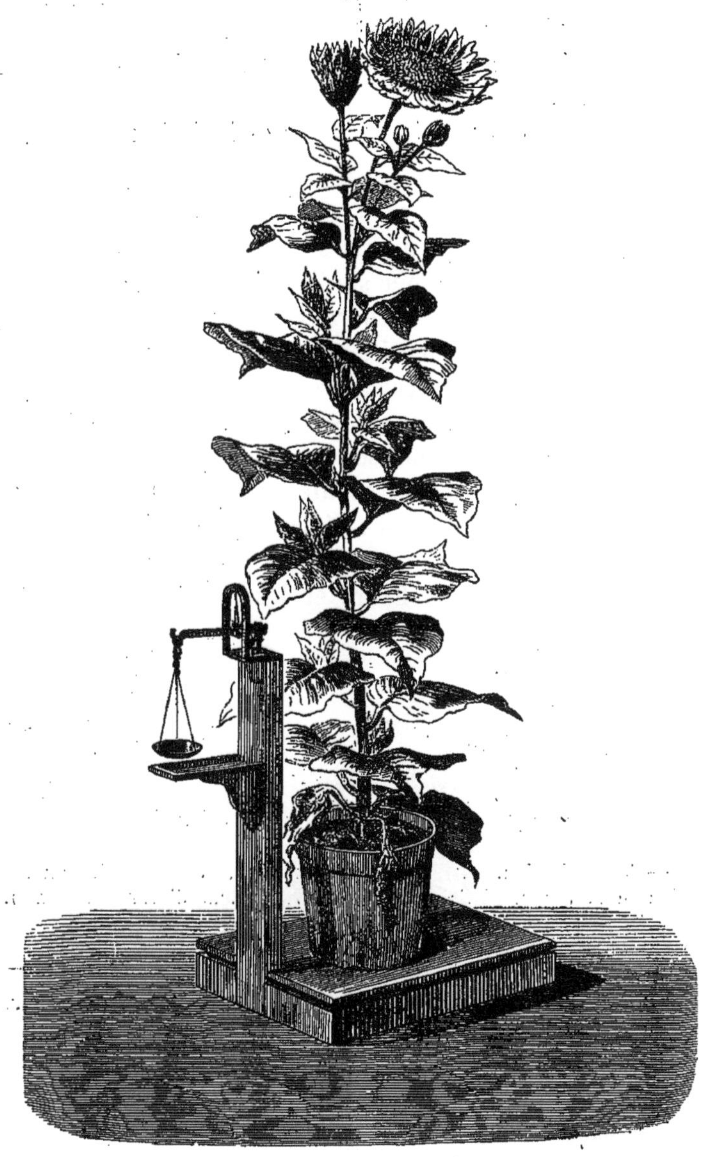

FIG. 330. — Transpiration. Expérience de Hales pour déterminer le poids de l'eau perdue par un Grand-Soleil.

pirent plus que des plantes très jeunes ou vieillies. Dans une feuille aérienne donnée, qui a plus de stomates à la face inférieure qu'à la supérieure, la transpiration de la première est supérieure à celle de la dernière qui peut être très faible ou nulle. Les feuilles qui absorbent peu d'eau sont aussi celles qui en perdent le moins par la transpiration. On pense encore qu'il y a une périodicité dans la transpiration, que le maximum a lieu la nuit, et le minimum (Unger), « entre midi et deux heures ».

IV. — Respiration des plantes et chaleur végétale.

La respiration des plantes a pour siège les phytoblastes, notamment leur protoplasma; elle est donc similaire des phénomènes chimiques produits dans les capillaires généraux des animaux, et elle consiste, quoique avec une faible intensité, en une combustion, par l'oxygène, de matériaux hydro-carbonés, avec production de chaleur, d'acide carbonique et de vapeur d'eau. Ces phénomènes se produisent dans toutes les parties des plantes, à la lumière comme à l'obscurité : d'abord dans celles qui ne sont pas vertes, comme les racines, les tiges, les fleurs et les

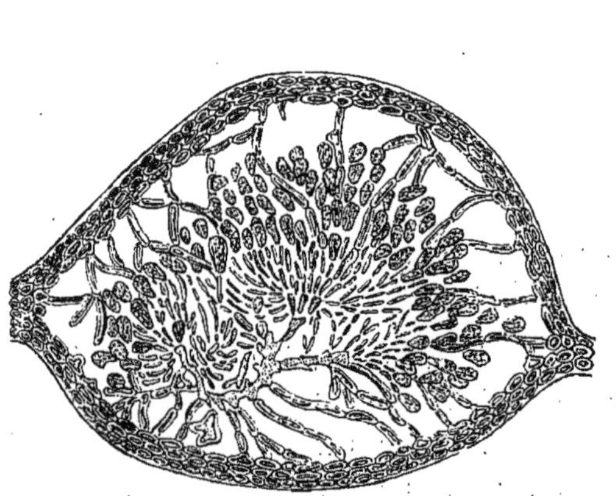

Fig. 331. — *Hypoglossum*, dont les cavités renferment des saillies rameuses, qui multiplient les contacts du fluide nourricier et du milieu ambiant.

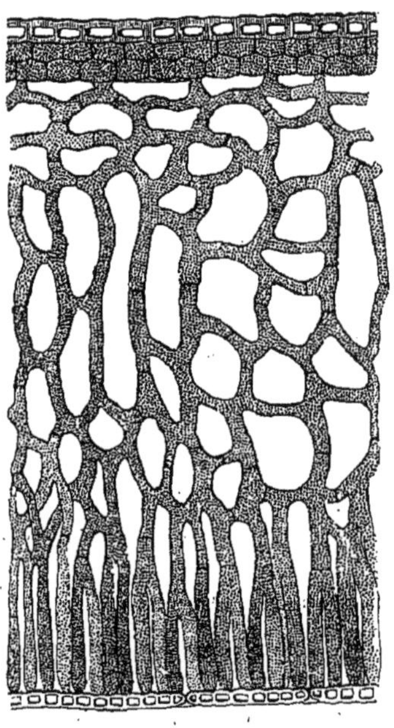

Fig. 332. — Feuille à larges méats respiratoires, séparés par des bandelettes de parenchyme à chlorophylle.

fruits mûrs, et aussi, comme nous le verrons plus loin, dans les graines en germination. Ils se manifestent également dans les parties vertes, notamment dans les feuilles, les tiges herbacées, les calices verts, les fruits non mûrs ; mais là les produits de la combustion respiratoire sont moins abondants, parce qu'ils sont mélangés des résultats de l'action de la chlorophylle sur les composés oxygénés, notamment de ceux de la réduction de l'acide carbonique dont l'oxygène est mis en liberté.

Pendant la floraison, comme pendant la germination, les combustions respiratoires sont bien plus intenses. Il en résulte que l'élévation de température, si légère dans la plupart des cas et, par suite, si difficile à constater, devient également bien plus considérable. Dans les Aroïdées, par exemple, où un grand nombre de petites fleurs se trouvent rapprochées dans une spathe commune, il y a plus d'un siècle qu'on a constaté, au moment de la floraison,

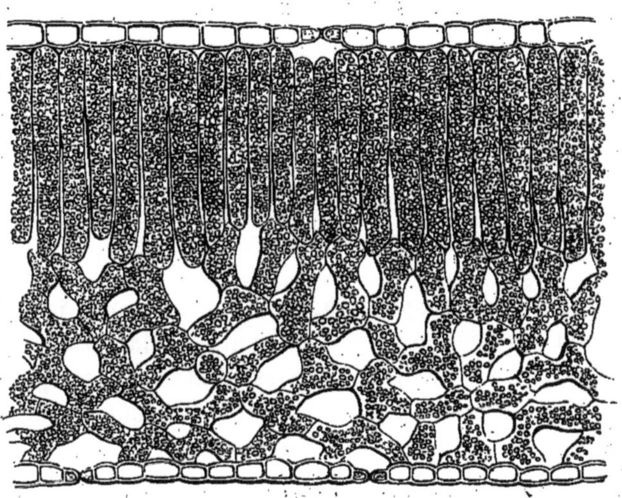

FIG. 333. — Tissu d'une feuille dont les cavités anfractueuses communiquent avec l'air extérieur par l'ouverture des stomates.

une élévation de la température qui, dans certaines espèces, était de 25 degrés au-dessus de celle de l'air ambiant. Les Nymphæacées ont produit, après l'épanouissement de leurs fleurs, des élévations de température moins considérables, mais encore très notables. Les *Cactus*, les Courges, les Tubéreuses et beaucoup d'autres fleurs sont dans le même cas. Il est vrai qu'alors ces fleurs absorbent une grande quantité d'oxygène, jusqu'à trente fois, par exemple, leur volume dans certains cas; et c'est surtout la fécule qui subvient à ces combustions, car dans les Aroïdées, par exemple, elle abonde avant la floraison et disparaît presque complètement après la fécondation.

Les Champignons et autres Cryptogames dépourvus de chlorophylle combinent aussi activement de l'oxygène avec leurs matériaux hydro-carbonés. Il en peut même résulter, comme on l'a observé sur certains *Rhizomorpha* et l'*Agaricus olearius*, une phosphorescence, assez intense dans l'air ou l'oxygène, mais qui disparaît dans les gaz non comburants, comme l'acide carbonique et l'hydrogène. Dans l'*Agaricus*, la production d'acide carbonique s'accroît beaucoup pendant les moments où la plante est phosphorescente.

Quelques auteurs ont considéré comme périodique l'élévation de température qui résulte dans les fleurs des combustions respiratoires.

D'autres ont admis que certains végétaux inférieurs n'ont pas besoin d'air ou d'oxygène libre pour respirer; il leur suffirait d'avoir à leur disposition des composés oxygénés dont ils retireraient l'oxygène pour leurs besoins respiratoires. C'est au sujet de ces êtres dits *anaérobiens* que cette question devra être étudiée.

Le phénomène qu'on a appelé à tort *Respiration chlorophyllienne*, ne pourra être examiné qu'à l'étude de la nutrition. Quant à la véritable respiration des plantes, nous voyons par ce qui précède qu'elle est identique à celle des animaux.

V. — Nutrition des plantes.

L'absorption et la respiration, dont nous venons de traiter, sont certainement des phénomènes de nutrition. Mais nous examinerons ici d'une façon plus particulière : les aliments des végétaux et leur digestion, l'assimilation et la désassimilation dont leur substance est le siège, les résultats de la fonction chlorophyllienne et la formation par les plantes de substances organiques avec les matériaux du monde inorganique.

Aliments des plantes.

On a été jusqu'à désigner sous le nom d'*aliments* des plantes tous les corps simples dont l'analyse a fait reconnaître la présence dans leur substance. Ils sont très nombreux; ce sont, outre l'hydrogène dont la présence est commune aux divers corps organiques : l'oxygène, le carbone, l'azote, le soufre, l'iode, le brome, le chlore, le phosphore, le silicium, le potassium, le sodium, le magnésium, le calcium, le fer, le manganèse, l'aluminium, le strontium, le baryum, le cuivre, le nickel, le cobalt, le zinc, le rubidium.

Mais il est évident qu'il n'y a lieu de considérer comme corps élémentaires alimentaires que ceux qui sont absolument nécessaires à l'accomplissement des phénomènes de nutrition de la plante. On ne classe aujourd'hui dans cette catégorie que l'hydrogène, l'oxygène, le carbone, l'azote, le soufre, le chlore, le phosphore, le calcium, le potassium, le magnésium et le fer (puis, avec doute, le brome et l'iode). Et encore certains de ces éléments ne sont pas constamment indispensables à toutes les plantes.

On détermine quels sont les éléments nécessaires par l'analyse et par la synthèse.

Par l'analyse, on prend une quantité connue d'une plante qu'on dessèche à 110 degrés, de sorte qu'elle perde toute l'eau qu'elle renferme. Il reste alors une matière sèche, égalant, suivant les cas, de 0,9 à 0,05 du poids primitif. Dans certains Champignons, par exemple, il n'y a que de 0,01 à 0,05 de matière solide; dans certaines feuilles et tiges, de 0,3 à 0,5; dans les graines bien mûres, jusqu'à 0,9.

On incinère alors cette matière sèche; il se dégage de l'eau, de l'acide carbonique, etc., et il ne reste que des cendres, représentant en général quelques centièmes seulement du poids total de la matière sèche que nous venons de mentionner.

Par la combustion de la matière sèche ont disparu : de l'hydrogène, du carbone, de l'oxygène, de l'azote et du soufre. Une partie de celui-ci se retrouve, à l'état de sulfates, dans les cendres qui renferment, en outre, les autres corps nécessaires dont nous avons parlé.

Par la synthèse, on fournit à une plante les substances qu'on croit devoir lui être utiles, et l'on voit quelles sont celles sous l'influence desquelles elle prospère et se développe complètement. On voit ainsi qu'il faut donner à cette plante un composé azoté, tel que l'ammoniaque, des sels phosphatés et un composé ternaire, tel qu'une solution sucrée. M. Raulin, qui a appliqué cette méthode à l'étude d'une moisissure, a vu que les conditions nécessaires à la bonne végétation de ses spores et de la plante qu'elles produisent étaient, outre l'eau et une température de 35 degrés, l'oxygène de l'air, du sucre, de l'acide tartrique, de l'ammoniaque, de l'acide phosphorique, de l'acide sulfurique, de la silice, de la potasse, de la magnésie, des oxydes de zinc et de fer. Dans la grande culture, ce qu'on demande à un engrais artificiel pour qu'il fasse rendre aux céréales, par exemple, des récoltes satisfaisantes, c'est qu'il contienne en quantité suffisante de l'ammoniaque et des phosphates. En y joignant ce que le sol, l'air et l'eau peuvent donner à la récolte, on voit qu'on se rapproche beaucoup des données précédentes.

Les éléments que nous venons d'énumérer comme existant dans la matière sèche, forment la portion principale, la portion organisable ou organisée du végétal. Sans eux le phytoblaste et le phytocyste ne peuvent exister. La matière albuminoïde du phytoblaste comprend de l'oxygène, de l'hydrogène, du carbone, de l'azote et du soufre ; et alors qu'on pourrait concevoir théoriquement l'existence du phytocyste sans les deux derniers de ces corps, puisque la cellulose est seulement ternaire, nous savons cependant qu'il n'y a pas réellement de phytocyste sans une certaine proportion, si légère soit-elle, du phytoblaste qui l'a produit molécule à molécule.

L'*hydrogène* nécessaire vient de l'eau qui pénètre dans la plante et qu'on suppose décomposée dans les phytoblastes, notamment dans ceux qui sont pourvus de chlorophylle. Il s'introduit aussi dans les végétaux à l'état d'ammoniaque ou de composés ammoniacaux.

Le *carbone* qui existe en si grande quantité dans les plantes, provient directement ou indirectement de l'acide carbonique de l'atmosphère ; et l'on est toujours étonné que les 2 à 6 dix-millièmes d'acide carbonique que contient l'air puissent fournir une masse de carbone aussi considérable que celle qui entre dans la formation des végétaux et, par suite, des animaux qui couvrent le globe.

Dans l'état actuel de nos connaissances, ce carbone est fixé dans les plantes grâce à l'action de la chlorophylle, action que nous pouvons étudier à cette occasion.

Fonction chlorophyllienne.

Si l'on place dans une atmosphère limitée une plante dont les feuilles ou d'autres organes sont colorés par la chlorophylle, il se produit d'abord des phénomènes de combustion respiratoire, dus à la substance protoplasmique, dont nous avons ci-dessus (p. 2) étudié les caractères, car nous savons que c'est toujours ce protoplasma qui sert de support au pigment chlorophyllien (p. 37). Mais, de plus, et c'est ordinairement le phénomène prédominant en cette circonstance, l'acide carbonique est réduit, en sorte que son carbone étant fixé pour servir à la création de nouveaux matériaux, de l'oxygène se trouve dégagé, et la proportion de ce gaz va en augmentant dans l'enceinte limitée qu'on observe. Mais il y a une condition indispensable à la production de ce phénomène, c'est que la plante soit éclairée par les rayons directs du soleil, ou même par ceux de certaines lumières artificielles très vives. C'est ce phénomène qui a été désigné autrefois sous le nom impropre de *respiration diurne* ou *chlorophyllienne* des plantes. Mais ce n'est pas là un phénomène respiratoire ; c'est un phénomène de désassimilation.

Les gaz finalement observés dans cette enceinte limitée constituent donc un mélange complexe, représentant le résultat de deux actions opposées. D'une part, la combustion respiratoire a enrichi l'enceinte en acide carbonique; mais d'autre part, l'action chlorophyllienne a diminué la proportion d'acide carbonique pour accroître celle de l'oxygène; de sorte que la composition du milieu variera suivant la prédominance de l'une ou l'autre de ces actions inverses.

On obtient beaucoup plus d'oxygène avec des mélanges plus ou moins riches en acide carbonique qu'avec l'air normal, et, de plus,

Fig. 334. — Plantes plongées dans des cloches pleines d'eau chargée d'acide carbonique. A gauche, la cloche est pleine encore de liquide; à droite, de l'oxygène s'est dégagé et occupe le sommet de la cloche (Figuier).

la quantité obtenue est variable suivant qu'on substitue à une lumière blanche composée, telle que celle du soleil, des lumières de couleurs diverses ou même des rayons non colorés du spectre. Il y a cependant, à cet égard, des opinions contradictoires entre lesquelles il y aurait lieu de se prononcer à la suite d'expériences nouvelles.

Il était généralement admis, jusque dans ces dernières années, que si les parties des plantes pourvues de chlorophylle décomposent seules l'acide carbonique, en présence de la lumière vive du soleil, les rayons les plus réfringents, bleus, indigo, violets, et les rayons chimiques ultra-violets sont les moins favorables à cette décomposition, tandis que les rayons les plus éclairants lui seraient éminemment favorables, principalement les rayons jaunes dont le pouvoir décomposant serait à peu près égal à celui de la lumière blanche. MM. Daubeny et Draper ont cependant signalé la lumière rouge comme complètement inactive, aussi bien, d'après le dernier de ces observateurs, que la lumière violette. M. Bert admet que les rayons rouges et verts sont sans action sur la fonction chlorophyllienne, que les rayons verts sont

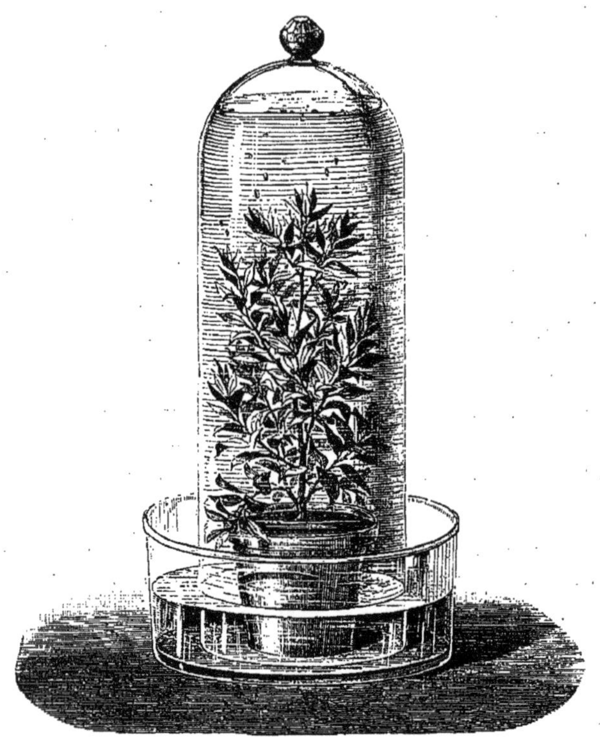

FIG. 335. — Dégagement d'oxygène par les feuilles éclairées, plongeant dans une solution d'acide carbonique (Pouchet).

à peu près aussi nuisibles aux végétaux que l'absence totale de lumière, que les rayons rouges sont un peu moins défavorables, mais qu'ils produisent une élongation considérable des plantes sans accroissement correspondant en diamètre, que les rayons jaunes sont favorables au développement et, plus qu'eux, les rayons bleus. Pour M. J. Sachs, au contraire, une plante issue d'une graine peut bien se développer tant qu'elle trouve dans cette graine des substances alimentaires, mais ensuite tout développement s'arrête, et de nouvelles feuilles peuvent seulement se produire alors que la plante est éclairée par des rayons jaunes. On voit qu'il y a entre ces diverses doctrines, en apparence du moins, une contradiction absolue.

Plusieurs auteurs ont pensé que la chaleur pouvait, dans de certaines limites, suppléer la lumière pour favoriser l'action chlorophyllienne; mais on n'est pas plus définitivement fixé sur ce point que sur l'influence du degré même de la température. Au-dessous de 10 à 15 degrés, on a longtemps cru qu'en général, il ne se produit pas de réduction et de dégagement d'oxygène provenant de l'acide carbonique placé en présence de la chlorophylle et d'une lumière suffisante. Mais cette opinion était trop absolue, car on a vu, d'après M. Boussingault, les feuilles du Mélèze décomposer déjà de l'acide carbonique à une température de 0°,5 à 2°,5, et celles des herbes des prairies, entre 1°,5 et 3°,5.

M. Pringsheim, savant berlinois, considère la chlorophylle comme fixant la lumière sur la masse protoplasmique qui renferme de la matière verte, de façon que cette masse peut alors opérer la réduction de l'acide carbonique. Avec le carbone ainsi fixé et l'eau qu'il rencontre dans la plante, le protoplasma pourrait alors fabriquer des hydrates de carbone, principalement de la fécule. C'est ainsi qu'on explique la fréquence des grains d'amidon dans les masses de protoplasma pourvues de chlorophylle, toutes les fois que celles-ci sont suffisamment éclairées. En les plaçant ensuite dans une obscurité complète, on fait graduellement disparaître la fécule, et celle-ci reparaît dès que la plante est de nouveau soumise à l'influence de la lumière. Si donc une jeune plante est issue d'une graine en germination, laquelle contient de la fécule, on voit bien celle-ci passer dans les organes de la plante et la nourrir quelque temps, quand même l'expérience se passerait dans l'obscurité complète; mais dès que cette réserve est consommée, la plante ne peut plus faire d'autres aliments amylacés et meurt de faim en peu de temps.

De même, quand une plante dont les réservoirs alimentaires, tubercules, fruits, graines, emmagasinent naturellement de la fécule, du sucre, etc., se trouve confinée dans l'obscurité, ces matériaux, solubles par eux-mêmes ou rendus solubles pendant la végétation, sont transportés dans les autres parties de la plante; mais il ne s'en reproduit pas de nouveaux, et les réservoirs ne se remplissent pas de leurs aliments habituels.

M. de Lanessan [1] admet, en outre, que les corpuscules chlorophylliens ne se bornent pas à fabriquer des hydrates de carbone; mais

1. *Dictionnaire de Botanique* de H. Baillon, II, 20.

selon lui, « il est probable qu'une partie des hydrates de carbone produits dans les corpuscules chlorophylliens est transformée, dans les points mêmes de sa production, et par des procédés purement chimiques, en matières albuminoïdes solides qui représentent le véritable aliment plastique du végétal ». Il pense aussi que le carbone provenant de l'acide carbonique de l'atmosphère se combine, dans les corpuscules chlorophylliens, non seulement à l'eau, mais encore à l'azote des azotates fournis par le sol, de façon à produire, soit directement, soit indirectement, des matières quaternaires solides qui sont utilisées sur place pour l'alimentation du protoplasma ou transportées pour un but analogue dans les autres parties du végétal.

L'*oxygène* est, après le carbone, l'élément le plus abondant dans la matière sèche des plantes. Il est introduit dans celles-ci en très grandes quantités, sous forme d'eau, d'acide carbonique ou de sels. Mais comme une grande partie de cet oxygène est dégagée, grâce à l'action chlorophyllienne, il y demeure toujours en quantité trop faible pour brûler le carbone et l'hydrogène des composés organiques du végétal. Il y a d'ailleurs ici, comme dans le phénomène de la respiration animale, combinaison constante et lente de cet oxygène pour subvenir à la désassimilation dans tous les phytocystes de la plante.

L'*azote* est l'élément nécessaire à la constitution des phytoblastes, à celle des alcaloïdes et de l'asparagine à laquelle nous verrons qu'on accorde aujourd'hui une si grande importance dans l'assimilation végétale. Il vient des azotates et des sels ammoniacaux, pris à l'état de dissolution dans le sol ou dans les eaux par les racines des plantes ; mais quoique celles-ci soient abondamment pénétrées par l'air qui renferme de l'azote libre, on n'admet pas généralement que cet azote puisse être absorbé en nature. Si les phytoblastes dépensent tout l'azote qu'ils renferment et qu'ensuite on ne donne pas comme aliments à la plante des sels ammoniacaux ou des azotates, le travail des phytoblastes s'arrête et la plante ne produit plus de ces éléments.

Le *soufre* s'introduit dans la plante sous forme de sulfates, principalement de sulfate de chaux. On croit même que c'est la formation de sels tels que de l'oxalate de chaux, qui met en liberté le soufre. Celui-ci peut alors entrer dans la constitution du protoplasma à laquelle il est nécessaire, pense-t-on; il forme aussi des essences sulfurées dans un grand nombre de plantes.

Les autres éléments qui ont été considérés comme nécessaires au fonctionnement de l'organisme végétal, se trouvent tous dans le sol. Ils pénètrent parfois dans la plante en grande quantité, par exemple la chaux et le phosphore. Sans qu'on sache exactement comment ce dernier se comporte dans le végétal, on le voit constamment allié à ses matériaux albuminoïdes. Une grande partie de la chaux absorbée à l'état de sels solubles, sert à neutraliser les acides, notamment l'acide oxalique qui, non combiné, nuirait à la plante. Le fer, jugé longtemps indispensable à la constitution de la chlorophylle, n'existe pas, paraît-il, dans cette substance. Les autres bases sont prises à l'état de sulfates, d'azotates, de chlorures, de phosphates. Le silicium est introduit à l'état d'acide silicique, en solution très étendue; il s'accumule surtout dans les parois cuticularisées des éléments; et dans certaines Equisétacées, Graminées, Diatomées, etc., il est le plus abondant des corps qui constituent les cendres.

La synthèse peut, ou rendre compte de la nécessité des corps qui précèdent, ou faire voir s'ils ne sont pas indispensables à la vie de la plante. On peut évidemment, dans une culture quelconque, présenter aux plantes, sous forme soluble, les corps dont on veut essayer l'efficacité. Quelques-uns ne sont pas absorbés le moins du monde, ou bien, s'ils le sont, tuent les plantes. Si de deux récoltes, égales à un certain moment et ayant reçu jusque-là les mêmes aliments, l'une reçoit tout d'un coup, soit comme quantité, soit comme qualité, un aliment dont l'autre est sevrée, et que la première, prospérant davantage, donne finalement des produits plus abondants et meilleurs, on en conclut logiquement que l'aliment nouveau, reçu par l'une d'elles seulement, est utile au développement et à la santé du végétal. A plus forte raison, la conclusion est analogue quand la privation de cet aliment amène une des deux récoltes à un arrêt de développement ou à un dépérissement complet. On peut, on le conçoit, varier ces expériences de mille manières. Dans un laboratoire, si l'on donne à un Champignon ou à une Algue inférieure de l'eau pure pour tout aliment, son développement s'arrête bientôt. Si l'on ajoute, au contraire, à l'eau une solution convenable de substances alimentaires, solution dont nous avons (p. 212) déterminé la nature, on la voit prospérer et s'accroître. On sait d'ailleurs que dans la nature, la racine, rendant solubles et digérant les aliments qui se trouvaient à l'état insoluble dans le sol ou tout autre milieu ambiant, peut ensuite les absorber par les voies que nous connaissons.

VI. — Digestion, assimilation et désassimilation.

Comme tous les êtres vivants, les plantes, ou plutôt leurs phytoblastes, *digèrent ;* c'est-à-dire que la plupart des matériaux qu'ils reçoivent des milieux extérieurs ne pouvant pas être utilisés en nature, les végétaux agissent sur eux par une *substance digestive*, dite encore *ferment soluble*, qui les rend solubles, diffusibles et assimilables.

Ce fait est déjà manifeste, dès les premiers moments de la germination, dans l'embryon ou l'albumen des graines amylacées. Il s'y produit de la *diastase*, principe albuminoïde qui transforme la fécule en dextrine et en glucose, agissant en cela comme la ptyaline agit dans le corps des animaux, c'est-à-dire en rendant finalement l'amidon soluble et assimilable.

Les corps gras qui peuvent aussi, à cette époque, exister dans la jeune plante, sont, comme pendant la digestion animale, émulsionnés et saponifiés pour être rendus assimilables. Si l'on broie avec de l'eau une graine contenant ces corps gras, on obtient une émulsion, suivie de saponification. Des phénomènes identiques se produisent, quoique plus lentement, dans les graines qui germent, et la proportion des matières grasses qu'elles renferment va diminuant graduellement. C'est un ferment analogue, sinon identique, à l'*émulsine* du suc pancréatique, qui produit ces transformations.

Il y a toujours dans la graine des aliments albuminoïdes. De même que nous les avons vus, pour former l'enveloppe protectrice du phytoblaste, produire de la cellulose aux dépens d'une substance azotée, de même aussi, dans les phytoblastes de l'albumen ou de l'embryon, ils produisent une substance homologue à la cellulose, de la fécule, qui est ensuite transformée en matière sucrée. En d'autres termes, les matières amylacées que la jeune graine avait, dans certains cas, fabriquées avant sa maturité, ne se forment ici que dans une période ultérieure, celle de la germination. La période de repos de la semence répond ici à un entr'acte, quelquefois très prolongé. Mais quand après cette période de vie latente, de l'eau est rendue à la graine, des phénomènes identiques à ceux qui se produisaient pendant la maturation, période où l'eau affluait aussi dans la graine, peuvent se manifester, notamment la fabrication de la fécule aux dépens de matériaux albuminoïdes.

D'une manière plus générale, le fait de la suspension à peu près complète, à certaines époques, de l'activité nutritive, qui s'observe chez un grand nombre d'animaux, se rencontre aussi chez les plantes; il est un des meilleurs arguments contre l'opinion qui confond l'accroissement avec la nutrition et celle-ci avec l'assimilation ou la transsubstantiation. Il y a bien longtemps qu'on a cité des exemples

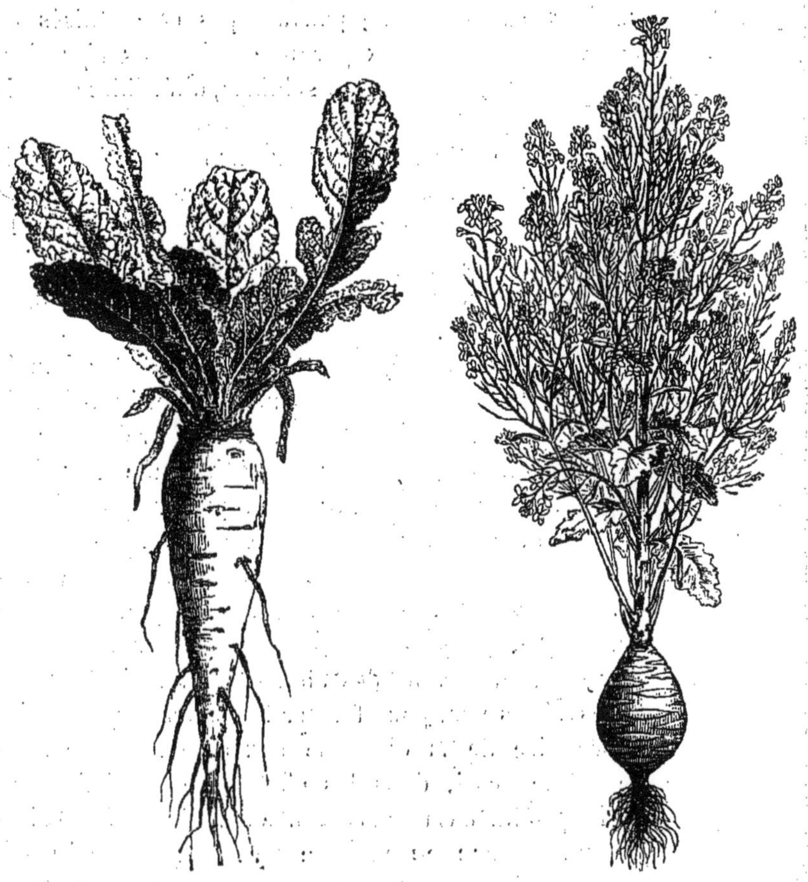

FIG. 336. — *Chou-navet*, à racine pivotante dont la portion charnue renferme les aliments accumulés.

FIG. 337. — *Chou-rave*, dans la période de dépense. Le renflement du bas de la tige est devenu creux.

de deux périodes distinctes et successives de l'évolution des plantes dites jadis bisannuelles et qu'il vaut mieux appeler dicarpiques ou dicarpiennes; les meilleurs qu'on ait proposés sont encore peut-être ceux qu'on emprunte à l'observation des diverses espèces ou variétés de Choux (fig. 336-341).

Toutes ces plantes ont deux périodes distinctes dans leur évolution. Dans la première, dite d'*accumulation*, elles digèrent certains aliments qui, devenus solubles, sont transportés dans des réservoirs

FIG. 338. — *Chou-rave*, dans la période d'accumulation. Le bas de la tige s'est renflé et durci; il est gorgé d'aliments accumulés.

FIG. 339. — *Chou-cabus*, à l'époque où il est devenu *pommé*, les sucs alimentaires s'étant amassés dans le bourgeon terminal.

particuliers et qui y demeurent emmagasinés. Quand la provision est complète, un temps de repos, quelquefois long, intervient,

FIG. 340. — *Chou-fleur*. Les matériaux nutritifs sont accumulés dans l'inflorescence transformée.

pendant lequel les matériaux accumulés ne sont pas ou ne sont que très peu dépensés. Il leur manque évidemment à cette époqeu un agent qui les rende diffusibles et assimilables. Ce moment de repos, plus ou moins absolu, correspond chez nous, pour les plantes que nous avons prises comme exemple, à la saison hivernale.

Le réservoir d'accumulation y varie beaucoup suivant les variétés et les espèces. On sait que dans le Chou-navet (fig. 336), c'est la ra-

FIG. 341. — *Chou de Bruxelles*. Les aliments s'accumulent dans les bourgeons latéraux dont la tige est chargée.

cine ; dans le Chou-rave (fig. 337, 338), la portion inférieure de la tige ; dans le Chou-moellier, la tige principalement ; dans le Chou-cabus (fig. 339), les côtes des feuilles ; dans le Chou de Bruxelles (fig. 341), les bourgeons latéraux ; dans le Chou-fleur (fig. 340) enfin, l'inflorescence.

Après le repos commence la période de *dépense*. L'intervention d'agents nouveaux ou différemment dirigés, rend diffusibles les aliments amassés. Digérés de nouveau, ils se portent vers les organes de la fructification ; les plantes montent rapidement à fleurs et donnent des graines dans lesquelles passent les aliments qui n'ont pas été dépensés au travail. On comprend d'ailleurs qu'il y ait des espèces où les périodes d'accumulation et de dépense se superposent d'une façon continue ; et c'est, plus ou moins inégalement, le fait du plus grand nombre des végétaux. On sait que la base des bourgeons et leur axe sont très ordinairement pour les arbres des réservoirs des sucs alimentaires, que ces sucs s'y amassent pendant l'été, qu'ils y

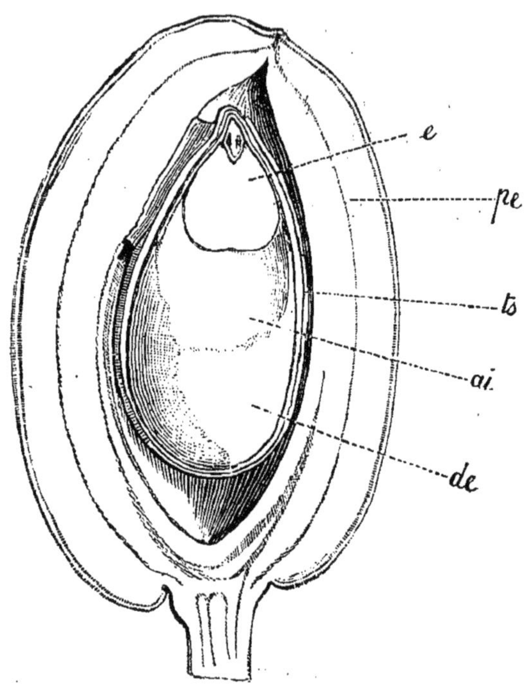

FIG. 342. — *Amandier*. Coupe longitudinale du fruit et de la jeune graine, à une époque où celle-ci a deux albumens. *pe*, péricarpe; *ts*, téguments de la graine; *de*, albumen extérieur (du nucelle) ; *ai*, albumen intérieur (du sac embryonnaire considérablement rétréci à sa base) ; *e*, embryon jeune.

demeurent stationnaires pendant la période de repos et que, devenus solubles, ils fournissent dès le retour du printemps à l'évolution des jeunes branches et rameaux (fig. 343).

La nutrition de l'embryon végétal est presque constamment soumise à ces alternatives de travail et de repos. Il y a des embryons qu'accompagnent dans la graine deux albumens, développés en général, l'un dans le sac embryonnaire, et l'autre dans les cellules primitives du nucelle (fig. 342), et qui digèrent l'un et l'autre pendant la germination. D'autres embryons ne possèdent qu'un seul de ces réservoirs alimentaires (fig. 190), et d'autres n'en ont pas du tout; et nous savons que c'est en eux-mêmes que résident tous les aliments qu'ils auront à digérer. Mais ceux-là mêmes peuvent avoir eu à leur disposition, soit une, soit deux de ces masses d'aliments à un âge antérieur à la maturité (fig. 342); et c'est uniquement parce qu'ils ont absorbé de bonne heure ces albumens qu'ils n'en ont plus à l'âge où la graine se sépare du fruit. Ils ont donc digéré, pour s'en nourrir, avant l'époque du repos, qui correspond à l'état de maturité des semences, ces albumens que d'autres plantules ne digèreront que pendant la période germinative.

Au delà de cette période, les phénomènes de digestion se prolongent avec les mêmes caractères que ceux de la germination. Seulement, la provision d'aliments contenue dans la graine se trouvant épuisée, il faut que la plante en fabrique de nouveaux, en digérant d'autres aliments venus du dehors, en rendant assimilables d'autres matériaux empruntés au monde inorganique.

Fig. 343. — Bourgeons entiers, et l'un d'eux, le terminal, coupé en long. A la base des écailles, des feuilles et de la jeune inflorescence, la teinte pâle indique une accumulation d'aliments de réserve.

La racine est alors suffisamment développée pour remplir son rôle. On sait qu'elle rend solubles et digère les substances inorganiques nutritives insolubles qui l'entourent; qu'elle absorbe ainsi facilement des phosphates, des sels de potasse, d'ammoniaque, ou d'autres que l'eau seule ne pouvait dissoudre. Les phytocystes-poils des racines, qui se produisent en grand nombre non loin de leurs extrémités, qui se développent sans cesse à la suite les uns des autres, à mesure que de plus anciens se détruisent, sur les radicelles qui s'allongent, ces phytocystes se collent aux petites masses minérales qui renferment les sels dont nous venons de parler, et ils excrètent à ce niveau de l'acide carbonique qui les dissout en partie, commençant là, pour ainsi dire, et au dehors même de la plante, la série des phénomènes d'assimilation qui se continue dans les autres phytocystes constitutifs du végétal. L'absorption se fait à l'endroit même où s'est opérée la dissolution.

Ces substances absorbées sont riches en oxygène. Quand on analyse la matière sèche des végétaux, on la trouve, au contraire, assez pauvre en oxygène ou même presque totalement dépourvue de cet élément. La désoxydation est donc un des phénomènes les plus caractéristiques de l'assimilation. Celle-ci s'accompagne d'un dégagement de ce gaz; et comme nous savons que le siège de ce dégagement est l'ensemble des phytocystes pourvus de chlorophylle, quand ils sont soumis à l'action de la lumière du soleil, nous savons quelles sont les conditions nécessaires de l'assimilation, et nous pouvons affirmer qu'un organe sans chlorophylle n'assimilera pas, ou qu'un organe pourvu de chlorophylle cessera d'assimiler quand il sera plongé dans l'obscurité.

Mais alors cependant cet organe ne sera pas pour cela privé de la faculté de s'adapter les produits de la digestion; et c'est à cet acte que M. Sachs a réservé le nom de *Transsubstantiation*, remarquant avec raison que les substances assimilées peuvent encore, en l'absence de la lumière ou dans les organes sans chlorophylle, être transformées en matériaux utiles, soit sur place, soit plus ou moins loin de leur foyer d'assimilation. Ainsi, les aliments primitivement assimilés sont transsubstantiés dans les parasites dépourvus de matière verte, ou dans les organes qui ne sont jamais verts, et cela dans l'obscurité, pendant la nuit par exemple : ce qui explique que dans cette période s'accomplissent les phénomènes les plus marqués de l'accroissement, ceux notamment qui tiennent à la multiplication des phytocystes et à la formation des parois de ces éléments.

Le dégagement d'oxygène qui se produit pendant les phénomènes d'assimilation dont nous avons parlé, a été considéré à tort comme un phénomène de *respiration diurne*. M. de Lanessan croit que la production des matières des plantes dépend aussi d'une désassimilation. « Nous sommes, dit-il, conduits à voir dans la fonction chlorophyllienne l'instrument véritable de la synthèse des matières albuminoïdes, et nous sommes amenés à considérer tous les hydrates de carbone contenus dans le végétal, non pas comme les produits de la synthèse chlorophyllienne, ainsi qu'on l'admet aujourd'hui, mais, au contraire, comme des produits de désassimilation des principes quaternaires du végétal. Leur production serait analogue à celle de la graisse et de la matière glycogène des animaux, qui, comme on le sait, peuvent se produire avec une alimentation complètement privée de matières ternaires et par conséquent résultent d'une désassimilation des principes quaternaires des éléments dans lesquels elles se forment. » Cette hypothèse est parfaitement justifiable. Les animaux qui n'ont pas en général de matière verte, ne fabriquent pas de matières albuminoïdes; et en dehors de l'action de la chlorophylle, tout tend à nous démontrer que le phytoblaste se comporte biologiquement comme l'élément correspondant de l'organisme animal.

Les végétaux adultes font, quoi qu'il en soit, de la fécule, comme la plante en germination, et ils la digèrent. Ils font souvent de la matière grasse, ou peut-être ils transforment l'amidon en aliments gras, et ils digèrent ces derniers. Avec l'azote des azotates, des sels ammoniacaux, ils font des aliments albuminoïdes, et ils les digèrent Si les nombreux faits d'*insectivorisme* auxquels nous avons fait allusion (p. 249) et qui sont insuffisamment démontrés, le devenaient un jour, ils représenteraient des phénomènes de digestion extérieure, comparables à ceux dont nous avons parlé au sujet des poils radicaux, les pepsines végétales ou leurs analogues continuant, au dehors, dans certains cas exceptionnels, les phénomènes de digestion des albuminoïdes qu'elles accomplissent ordinairement à l'intérieur des végétaux. On a beaucoup parlé aussi, dans ces derniers temps, de l'action digestive des latex de certaines plantes, notamment de celui du Papayer, où M. Würtz a rencontré une sorte de pepsine qui s'emploie aujourd'hui aux mêmes usages que la pepsine animale. Si dans bien des cas non douteux, comme l'a surtout établi M. Trécul, le latex passe de ses réservoirs dans la cavité d'un grand nombre de phytocystes, c'est qu'il n'est pas un liquide purement excrémentitiel, mais bien qu'il va, à un moment donné, accomplir dans les phytoblastes le phénomène de la digestion des albuminoïdes. Les Myxomycètes, qui se comportent à tant d'égards, nous l'avons vu (p. 5), comme des masses animales, renferment de la pepsine à l'aide de laquelle ils digèrent les aliments albuminoïdes, ainsi que l'a établi M. Kühne.

Le fait le plus remarquable qui résulte de nos connaissances actuelles sur ces questions, c'est que les plantes, au moins celles qui sont pourvues de chlorophylle, *forment des substances organiques et organisées avec des matières inorganiques.* Comme elles servent toujours d'aliment aux animaux quels qu'ils soient, directement ou indirectement, elles sont, en somme, les indispensables intermédiaires entre le monde inorganique et le règne animal.

VII. — Sécrétions et excrétions végétales.

On sait que, dans l'épaisseur d'un parenchyme, un phytoblaste isolé peut fabriquer des produits très divers : essences, résines, oléo-résines, gommes-résines, baumes, mucilages, latex, cires, graisses, etc. (p. 44, 54, 57).

Ce phytoblaste peut être considéré comme un organe *sécréteur ;* et l'on a même étendu ce nom jusqu'aux phytoblastes qui produisent des matières salines, cristaux, concrétions, etc.

Ce qui est vrai pour un phytoblaste isolé peut l'être pour un groupe de phytoblastes, plus ou moins nombreux, qui se touchent, se tiennent entre eux et forment un amas continu, fabriquant tous un même produit de sécrétion.

Il peut alors arriver que le produit fabriqué par le phytoblaste demeure enfermé dans son phytocyste ; ou bien que ce phytocyste le laisse échapper pour le verser dans des cavités voisines, qui sont, ou d'autres phytocystes, ou des espaces intercellulaires ; ou bien même que de la sorte le produit sécrété arrive jusqu'au dehors des surfaces (fig. 345, 346, 358) ; auquel cas il y a à proprement parler *excrétion.*

Les organes sécréteurs ainsi plongés dans la profondeur du parenchyme prennent le nom de *Glandes internes.* Mais ils peuvent se rapprocher de la surface des organes. Les glandes peuvent même être constituées par des phytocystes épidermiques. Bien plus, l'épiderme peut se prolonger au dehors en saillies formées d'un ou plusieurs phytocystes sécrétants, qui souvent même sont des phytocystes-poils, plus ou moins composés et nommés aussi poils glanduleux (fig. 346) ; il y a donc tous les intermédiaires possibles entre ces *Glandes externes* et les glandes internes dont nous venons de parler ; et le produit sécrété par les unes et les autres peut être absolument identique. Une plante peut fabriquer le même produit à la fois avec des glandes internes, des glandes externes et même des glandes mixtes.

Rien n'étant variable comme la forme des phytocystes-poils, ce même caractère de variabilité appartient forcément aux glandes externes saillantes. Il en est de même des glandes internes qui, monocystiques, peuvent appartenir à la plupart des variétés de phytocystes que nous connaissons (p. 18). Leur paroi peut être mince, continue,

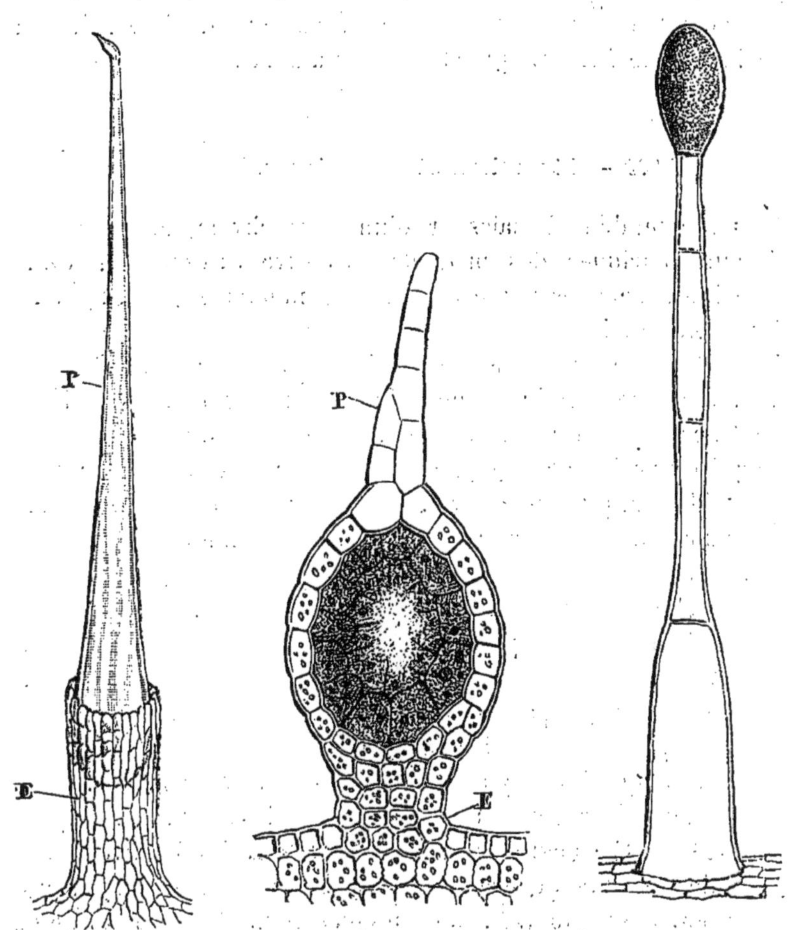

FIG. 344. — *Ortie.* Poil à suc irritant. P, le poil lui-même, contenant le liquide brûlant. E, la gaine basilaire que lui forme l'épiderme.

FIG. 345. — *Fraxinelle.* Glande extérieure terminée en poil. P, la glande elle-même. E, l'épiderme soulevé autour de sa base.

FIG. 346. — *Ortie blanche.* Poil glanduleux pluricellulaire; le phytocyste terminal est seul sécrétant, et l'essence s'amasse dans sa cavité.

ou plus ou moins épaisse et dure, scléreuse ou pierreuse même, avec des perforations de forme variable, parfois très larges, etc.

Si elles sont, au contraire, formées par la réunion de phytocystes nombreux, ceux-ci constituent également des groupes de formes très diverses. Ce sont des amas irréguliers, ou réguliers, ovoïdes, sphériques même (fig. 349-352), ou bien cylindriques, tubuleux.

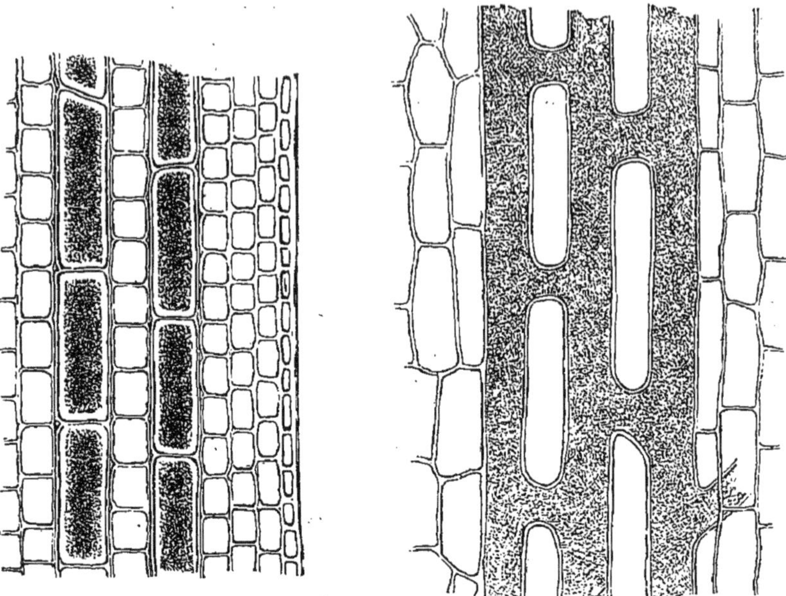

FIG. 347. — *Allium*. Vaisseaux utriculeux.

FIG. 348. — *Laitue vireuse*. Laticifères.

Les cellules sécrétantes d'un grand nombre de Monocotylédones, par exemple, forment, en se disposant bout à bout, des tubes sécré-

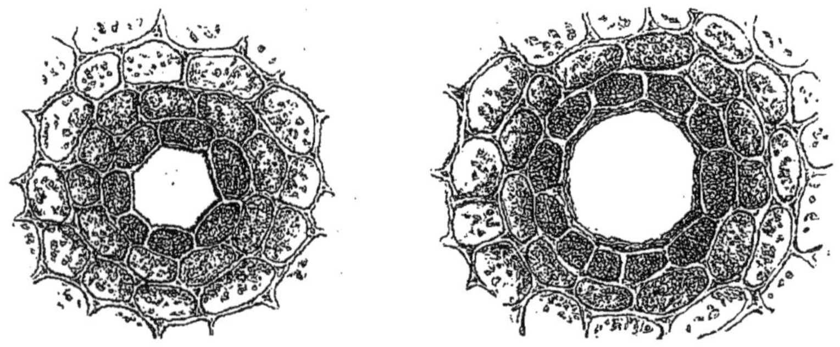

FIG. 349, 350. — Glande interne d'une Conifère. État parfait.

teurs cloisonnés auxquels on a donné le nom de *Vaisseaux utriculeux* (fig. 347). La direction de ces files est très souvent longitudinale.

Si dans une semblable série verticale, quelquefois très longue, de phytocystes sécrétants, les cloisons communes se résorbent, il se forme un de ces tubes continus qu'on a nommés *Vaisseaux laticifères* (fig. 85, 86, 348), parce que leur matière sécrétée est souvent (mais non constamment) du latex (p. 68 et fig. 357). Il y a d'ailleurs bien des cas où un de ces vaisseaux laticifères, continu dans une grande étendue, est encore à ses extrémités constitué par des cellules placées bout à bout, cellules dont les cloisons communes ne se sont pas encore résorbées ou sont même destinées à ne jamais disparaître à ce niveau.

Mais il y a très longtemps qu'on a donné comme caractère de ces

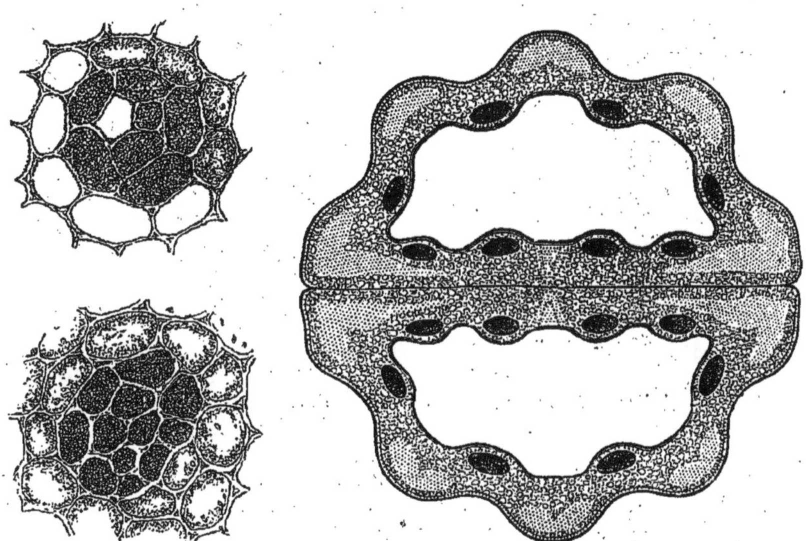

Fig. 351, 352. — Glande interne d'une Conifère. Premiers états; l'inférieure, sans canal.

Fig. 353. — Fruit d'Ombellifère (*OEnanthe*) coupé en travers). Les réservoirs à oléo-résine, dits *bandelettes*, sont des canaux sécréteurs de la paroi du réceptacle.

vaisseaux laticifères, qu'au lieu de s'allonger uniquement dans le sens vertical, ils peuvent, contrairement à ce que nous savons des vaisseaux dits lymphatiques, se ramifier et s'anastomoser entre eux dans toutes les directions. C'est que, pour les former, les phytocystes primitifs du parenchyme peuvent s'aboucher, non seulement en haut et en bas, mais aussi dans toutes les directions (fig. 85, 86). Une même plante peut présenter dans ses diverses organes, soit des laticifères verticaux, non rameux, tous parallèles entre eux, soit, grâce aux anastomoses latérales, un riche réseau de canaux s'unissant dans tous les sens.

Nous allons voir d'ailleurs que le latex et d'autres produits analogues sont souvent contenus, non dans des vaisseaux laticifères, mais dans des réservoirs tubuliformes d'une autre nature, également dérivés cependant des glandes internes polycystiques.

Quel est le mode de développement de ces dernières? Si l'on examine, par exemple, les glandes, bien visibles à l'œil nu, qui dans la paroi externe d'un Citron ou d'une Orange renferment l'essence de ces plantes, on voit que déjà dans l'ovaire jeune ces glandes étaient indiquées par des amas sphériques de phytocystes dont le protoplasma trouble est chargé de gouttelettes d'huile essentielle. Bientôt leurs parois se gonflent, se dissocient et forment ainsi une cavité à peu près sphérique, remplie d'un liquide mucilagineux avec des gouttes d'essence en suspension. Autour de ce réservoir, les phytocystes pri-

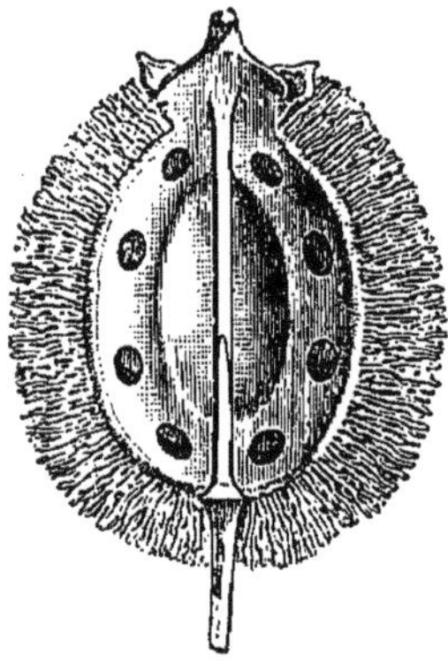

FIG. 354. — Fruit d'Ombellifère (*Pappea*) dans lequel les réservoirs oléo-résineux sont à peu près sphériques.

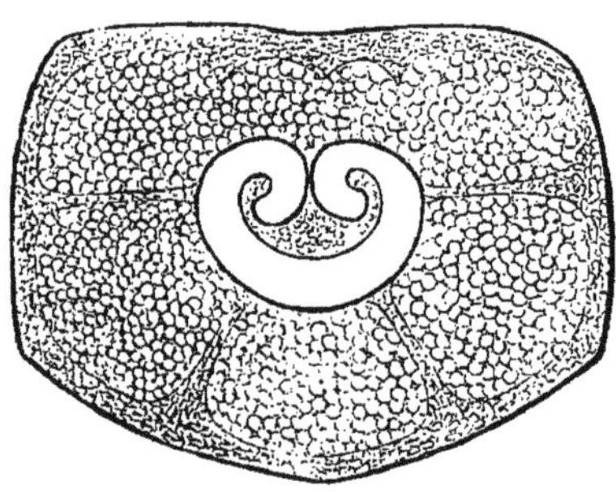

FIG. 355. — Fruit d'Ombellifère (*Cachrys*) dans lequel il n'y a pas d'amas localisés de matière oléo-résineuse ; celle-ci siège dans les phytocystes de la masse.

mitifs forment une sorte de paroi qui les sépare du reste du parenchyme (fig. 64, 65). Sur cette paroi se voient plus ou moins nettement les phytocystes sécréteurs, finalement aplatis, vidés de leur contenu, ou plus ou moins déchirés ou résorbés. Quelquefois, comme il arrive çà et là dans les Pins et autres arbres verts (fig. 352), les phytocystes sécrétants demeurent intacts et ne s'écartent pas les uns des autres.

Si maintenant, au lieu d'une cavité sphérique, on suppose une cavité plus allongée dans le sens vertical, ou même un tube, quelquefois très long, simple ou rameux, limité par une paroi de cellules résistantes, en dedans de laquelle se trouvent de nombreux phytocystes sécrétants, avec une cavité centrale dans laquelle sont versés les produits élaborés, on aura ce qu'on appelle un *Canal sécréteur*, et dont le contenu est du latex, ou une oléo-résine, ou une gomme-résine, ou un baume, etc. A la surface du fruit des Ombellifères (fig. 353-356) il y a de ces conduits, nommés *bandelettes*, qui sont remplis des matières oléo-résineuses aromatiques qu'on recherche en médecine, etc. Ils sont souvent allongés, mais peuvent être courts et arrondis (fig. 354). Quelquefois même la substance qui les remplit, au lieu d'être rassemblée dans ces réservoirs, est disséminée dans les phytocystes de la masse parenchymateuse du fruit (fig. 355).

De même que les véritables lacticifères ou les cavités des glandes, ces canaux peuvent communiquer avec les phytocystes ambiants; ils

Fig. 356. — Fruit d'Ombellifère (*Panais*) à canaux sécréteurs longitudinaux, logés dans l'axe réceptaculaire du fruit.

Fig. 357 — Latex s'échappant, sous forme de gouttelettes, des incisions pratiquées sur la capsule verte du Pavot blanc ou à opium.

peuvent verser dans leur cavité, et même jusqu'à l'extérieur des organes, le latex, les produits résineux, etc., qu'ils ont élaborés. Ces produits peuvent être réintroduits dans la circulation générale de la plante, être utilisés comme matériaux de nutrition; et c'est ainsi que s'explique ce fait que leur quantité varie dans une plante suivant différentes circonstances, et aussi cette doctrine de M. Trécul, qu'il est impossible de considérer ces matières sécrétées comme absolument inutiles ou excrémentitielles, ainsi qu'on le faisait quand on croyait à jamais closes les cavités dans lesquelles elles ont été produites ou versées. En général, toutefois, les produits de sécrétion contenus dans les réservoirs glanduleux sont sans emploi ultérieur dans l'échange des principes immédiats. Mais pour le latex en particulier, on peut dire qu'il n'y a pas une seule variété de phytocyste, simple

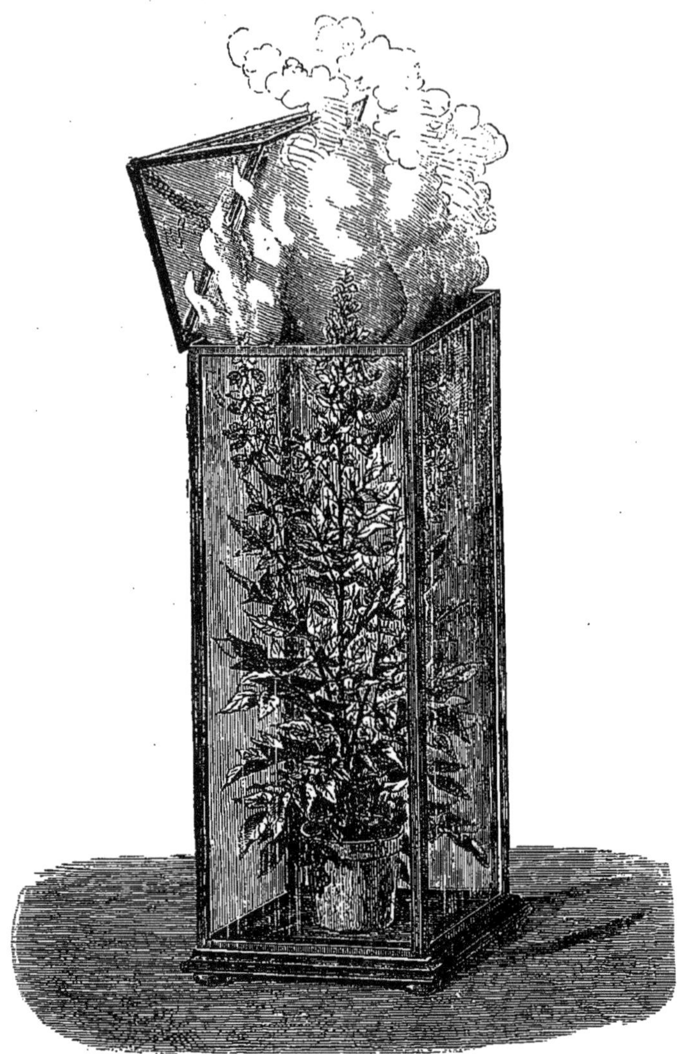

Fig. 358. — *Fraxinelle.* Combustion de l'essence répandue dans une atmosphère limitée, puis enflammée. (Pouchet.)

ou composée, dans laquelle on ne l'ait observé : cellules, vaisseaux, fibres libériennes, ligneuses même.

Les phytocystes épidermiques peuvent aussi, se comportant comme les éléments plus profonds dont il vient d'être question, prendre part à la formation des cavités glanduleuses ou en être le point de départ. Souvent alors plus ou moins saillantes et entourées des phytocystes voisins qu'elles ont soulevés autour d'elles de façon à former une sorte de manchon (fig. 344, 345), ces glandes versent leur contenu à la surface, soit par exsudation, soit parce qu'elles subissent une solution de continuité. C'est ce qui arrive, par exemple, aux poils brûlants des Orties (fig. 344), dont la cavité sécrète le liquide irritant qu'on connaît. Souvent aussi le compartiment terminal du poil épidermique pluricellulé, compartiment unique ou subdivisé par des cloisons, est la véritable glande qui sécrète. C'est ce qui arrive dans les plantes aromatiques de certains groupes, les Labiées, par exemple (fig. 346), les Géraniacées, etc. Dans le Houblon, les petits corps superficiels qui constituent le *Lupulin,* ne sont pas autre chose, malgré une différence assez grande dans la forme. Dans ces glandes extérieures, aussi bien que dans un grand nombre des poils glanduleux auxquels nous venons de faire allusion, l'essence odorante ne s'échappe pas primitivement au dehors ; mais, issue des phytocystes qui l'ont produite, elle rencontre la cuticule qui lui fait obstacle, soulève d'abord celle-ci, la dilate en forme de vésicule, et ne finit, dans certains cas, par la faire éclater que quand elle s'est accumulée sous elle en très grande quantité.

Les phytocystes stigmatiques du style, qui laissent transsuder au dehors la substance visqueuse destinée à retenir le pollen, sont, en somme, des glandes superficielles, mono ou polycystiques.

Les substances mucilagineuses ou résineuses, souvent balsamiques, qui, pendant l'hiver, protègent les jeunes bourgeons en empêchant l'eau de les attaquer, ont encore une origine analogue. Ce sont des poils sécréteurs, généralement pluricellulaires, issus primitivement d'un seul phytocyste épidermique, qui lui-même peut prendre part à la sécrétion. On a depuis quelques années considéré un grand nombre de poils sécréteurs de la surface des plantes comme possédant un principe albuminoïde susceptible de digérer les aliments animaux; c'est ce qui caractériserait les plantes qu'on a nommées *insectivores* ou *carnivores*.

VIII. — Mode d'accroissement des tiges, des racines et autres organes végétaux.

L'accroissement des phytoblastes et de leurs diverses parties, et des parois des phytocystes, se fait, comme nous l'avons déjà dit, molécule à molécule, et par intussusception. L'accroissement se produit aux dépens de substances au préalable assimilées, rendues plastiques et incessamment transformées ; et il faut éviter de confondre l'accroissement avec la nutrition, parce que, bien qu'il puisse y avoir coïncidence entre les deux phénomènes, cependant la nutrition peut se faire sans avoir pour conséquence immédiate ou simultanée des phénomènes d'accroissement, et que, d'autre part, l'accroissement peut, à l'aide des principes nutritifs assimilés, se faire à une époque où la nutrition n'existe plus depuis un temps variable dans la plante.

L'accroissement des parenchymes se fait, nous l'avons vu également (p. 69, 132), par dédoublement des phytocystes. Il est inutile d'ajouter que chacun de ceux-ci peut grandir isolément et concourir par là à l'accroissement en volume de la masse.

Les points végétatifs et, par suite, les zones d'accroissement varient suivant que les plantes sont cryptogames ou phanérogames. Nous savons que les points végétatifs de ces dernières sont multiples, tandis que dans les premières le point végétatif est unique, représenté par le phytocyste terminal (p. 84, 85, 115).

Dans les Phanérogames, les racines s'accroissent, non par leur sommet, mais dans un espace qui en est voisin. Ohlert l'a fixé, à l'aide de marques équidistantes tracées sur une jeune racine, à une ligne au plus du sommet au-dessus. D'autres ont considéré cette longueur comme plus considérable et égale même pour certaines espèces à un centimètre environ. Quant à leur accroissement en épaisseur, nous avons vu (p. 82, 83) en quoi, après un développement initial identique dans les Monocotylédones et les Dicotylédones, la racine diffère chez les unes et les autres par son mode d'accroissement, en ce que dans les dernières elle produit des formations secondaires, représentées par de nouveau bois et de nouveau liber, qui se développent, le premier de dedans en dehors, et le dernier de dehors en dedans, et cela jusqu'à la fin de l'existence de ces racines; tandis que dans les Monocotylédones normales où la zone d'accroissement est fermée, le cylindre central s'arrête dans son évolution à la fin du développement intégral de sa formation primaire.

L'évolution de la piléorhize, que nous avons exposée plus haut (p. 84), complète ce qui est relatif au développement de la racine.

Le mode d'accroissement de la tige est distinct aussi dans les grandes divisions du règne végétal :

D'abord, quant au développement terminal, par la différence déjà rappelée entre les points végétatifs des Cryptogames et des Phanérogames; nous n'y reviendrons pas ;

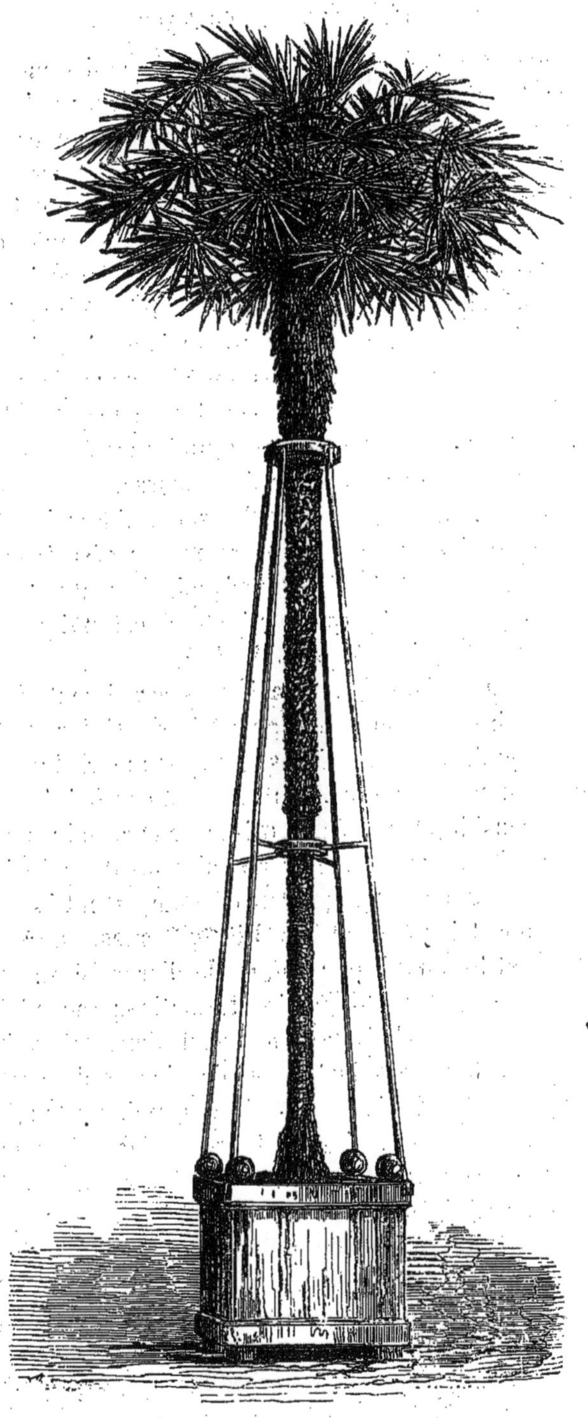

FIG. 359. — *Palmier nain.* Tige très développée d'un individu cultivé, soutenue par une armature en fer, et partout à peu près d'égale épaisseur (le sommet paraît plus épais parce qu'il est garni des restes de feuilles).

En second lieu, parmi les Phanérogames, suivant que l'on observe une Monocotylédone ou une Dicotylédone.

Nous avons vu (p. 108) que les faisceaux fibro-vasculaires des tiges des Monocotylédones, en les supposant partir de la base des feuilles, se portent d'abord en dedans des faisceaux plus anciens, c'est-à-dire qui correspondent à des feuilles placées plus bas sur la tige; c'est pour cette raison qu'on a longtemps désigné ces tiges sous

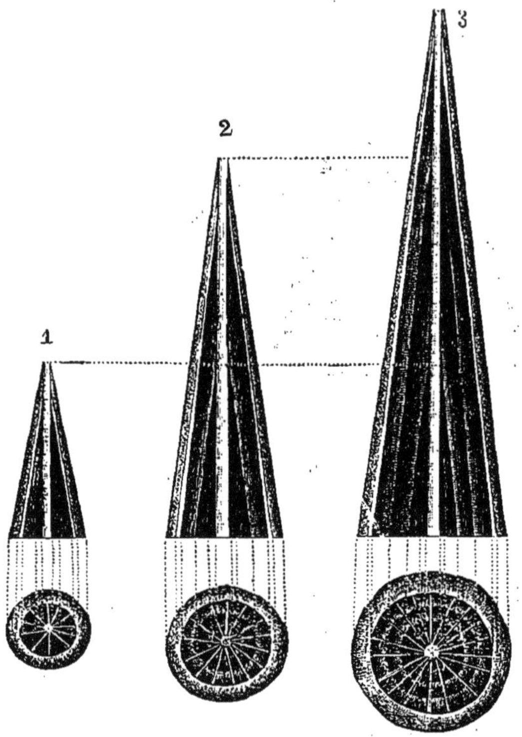

Fig. 360. — Schema classique du développement des couches successives d'une tige ligneuse dicotylédone; coupes longitudinale et transversale. Les chiffres 1, 2, 3 répondent au nombre des années ou des périodes végétatives.

le nom d'*Endogènes*, c'est-à-dire de tiges à accroissement centripète. Mais nous avons vu aussi comment ces faisseaux sont *fermés* et comment ce caractère particulier de leur zone génératrice limite normalement leur accroissement.

Dans les tiges des Dicotylédones, au contraire, nous savons (p. 93) comment la zone génératrice est *ouverte*, et comment, par suite, si les conditions extérieures de température, d'humidité, etc., demeuraient invariables, il y aurait accroissement uniformément continu.

En quoi celui-ci consisterait-il?

Grew, l'un des pères de l'anatomie végétale, avait pensé qu'entre le bois et le liber exsude un liquide qu'il comparait à une sorte de rosée (*ros*) et qu'il nomma *Cambium*. Ce mot a été pris et est pris encore dans des sens bien divers; on le voit encore inscrit dans un grand nombre d'ouvrages; il vaudrait peut-être mieux aujourd'hui l'abandonner complètement, pour éviter toute confusion.

Ce liquide, s'organisant d'une matière continue, si les conditions de milieu demeuraient invariablement identiques, produirait, d'une façon également continue, extérieurement du liber qui s'appliquerait

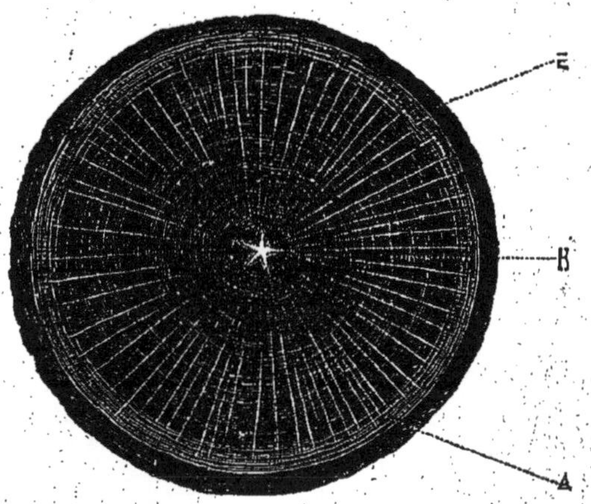

FIG. 361. — Tige âgée de dix-huit ans, coupée en travers. E, écorce. B, bois. A, bois jeune ou aubier (18 couches.)

à l'intérieur du liber déjà existant, et intérieurement du bois jeune ou aubier, qui s'appliquerait à l'extérieur du bois préexistant.

C'est en considérant seulement cette dernière formation, c'est-à-dire le bois qui se produit toujours en dehors du bois plus âgé, qu'on a donné aux plantes dicotylédones et à leurs tiges le nom d'*Exogènes*.

Seulement, la zone *génératrice* ou *d'accroissement*, ainsi interposée au liber et au bois[1], n'est pas un liquide. C'est, ainsi que l'a admirablement bien démontré M. Trécul, il y a plus de trente ans, un tissu nouveau, un parenchyme jeune, formé de phytocystes à coupe quadrangulaire, à parois minces et délicates, qui se segmentent successivement, et dont, finalement, les plus intérieurs, en face du bois,

1. Et non pas, comme l'on disait, à l'écorce et au bois, car les faisceaux libériens n'appartiennent certainement pas à l'écorce.

se transforment en fibres ligneuses et autres éléments du bois (sauf des trachées), et les plus extérieurs deviennent, en face du liber, les éléments de nouveaux faisceaux libériens. Si donc ces tiges peuvent être, au point de vue des faisceaux ligneux, appelées exogènes, elles sont réellement endogènes quant à la formation des faisceaux libériens.

Si, au lieu d'une formation continue de bois et de liber, il y a formation interrompue et périodique, comme il arrive dans nos climats,

FIG. 362. — Andouiller de cerf fixé dans un tronc d'arbre et ayant pénétré jusqu'à la zone d'accroissement. Sa base est enchâsssée dans les couches produites ultérieurement en dehors de la zone d'accroissement.

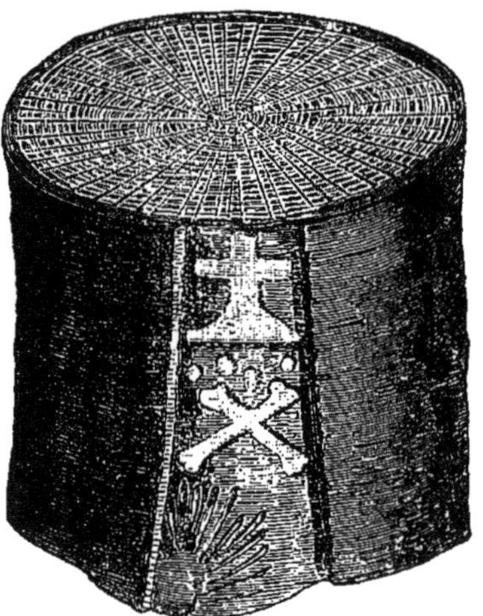

FIG. 363. — Tronc d'arbre sur lequel on a gravé des caractères, dessins, etc., pénétrant jusqu'à la zone d'accroissement, et qui se sont étendus en profondeur dans le bois (Collections du Muséum).

à cause de l'alternance des saisons et du repos plus ou moins complet de la végétation pendant la saison d'hiver, il ne se produit pendant la durée de chaque saison favorable qu'une zone de bois et une zone de liber, et c'est ainsi que dans bien des cas on peut compter le nombre d'années qu'a vécu une tige, soit par le nombre des couches concentriques de son bois (fig. 360, 361), soit même, dans certaines plantes, par celui des couches libériennes.

Il est inutile d'insister sur les faits relatifs à l'inégalité des couches entre elles, suivant la durée de la belle saison en telle ou telle année; sur l'inégalité d'épaisseur d'une couche donnée dans les diverses portions de sa circonférence, suivant que tel point a été plus ou moins bien exposé; sur le remplacement d'une seule couche annuelle par deux ou plusieurs couches, alors que la période végétative a elle-même été interrompue une ou plusieurs fois par des retours

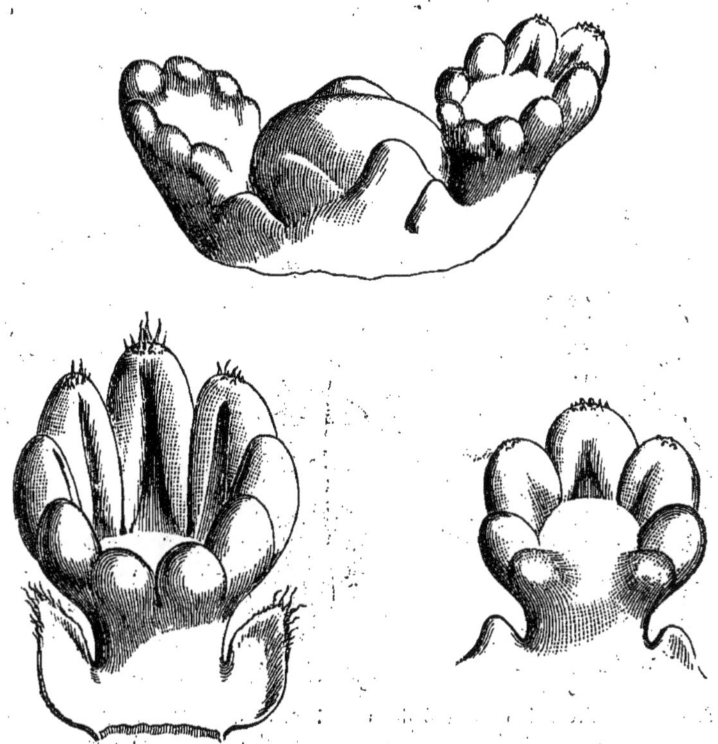

FIG. 364-366. — *Lupin.* Développement des feuilles et des stipules.

de la saison rigoureuse; sur la façon dont les corps étrangers, expérimentalement ou accidentellement appliqués sur la zone génératrice dénudée, ou ayant pénétré jusqu'à elle, sont ensuite recouverts ou englobés par les nouvelles productions de bois ou de liber (fig. 362, 363), etc., etc. Il faut seulement noter qu'il y a des tiges qui, normalement, forment, non pas une, mais plusieurs couches de bois ou de liber chaque année, et que certaines espèces qui ne vivent qu'un an, peuvent pendant ce temps produire plusieurs zones ligneuses ou libériennes concentriques.

Le développement des feuilles (fig. 364-366) se fait, d'après M. Trécul, tantôt de bas en haut et tantôt de haut en bas. Pour d'autres observateurs, l'accroissement est uniquement centripète et, sauf au début, se ferait uniquement par la base ; en d'autres termes, le pétiole serait la dernière portion formée, et les dentelures ou découpures que portent si souvent les feuilles, seraient dues à des formations intercalaires d'un ordre tout à fait différent.

MOUVEMENT ET SENSIBILITÉ

Nous avons déjà cité cette phrase si souvent reproduite de Cl. Bernard : que certains organismes végétaux possèdent « non seulement le mouvement, mais le mouvement approprié à un but déterminé, les apparences, en un mot, du mouvement volontaire ».

Ce mouvement peut consister en un déplacement total du végétal ;

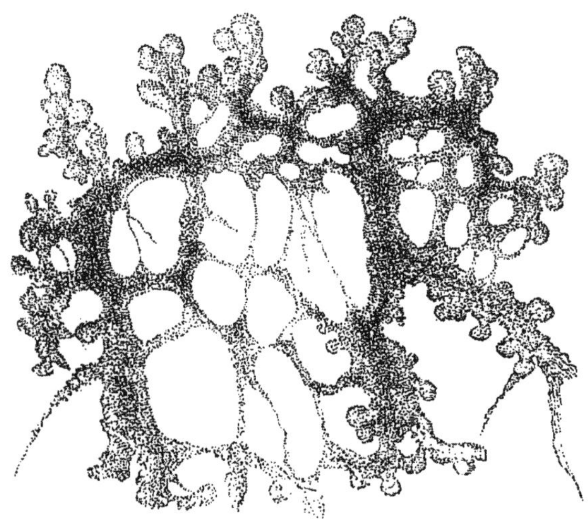

FIG. 367. — *Myxomycète*, plante consistant en un protoplasma locomobile.

il possède alors la *locomotilité*. Une Algue jeune, à l'état de spore, nage dans l'eau à l'aide de cils vibratiles. Certains Schizomycètes sont mobiles dans le liquide qu'ils habitent, sans qu'on ait le plus souvent réussi à observer les instruments de leur déplacement. Les Myxomycètes, dont nous avons déjà parlé (fig. 367), occupent aujourd'hui une place et demain une autre. Leur déplacement s'est accompagné d'une déformation et de la production temporaire de bras, de pseudopodes, comme il arrive dans le règne animal, chez les Rhizopodes, etc. Les anthérozoïdes des Algues et d'autres Cryptogames, qui ne sont qu'un produit de ces plantes, sont doués de locomotilité et se dirigent à l'aide de cils vibratiles vers les organes femelles qu'ils doivent féconder (fig. 5).

Quand les phytoblastes se sont enfermés dans un phytocyste, ils ne peuvent que rarement former en dehors de leur masse des prolonge-

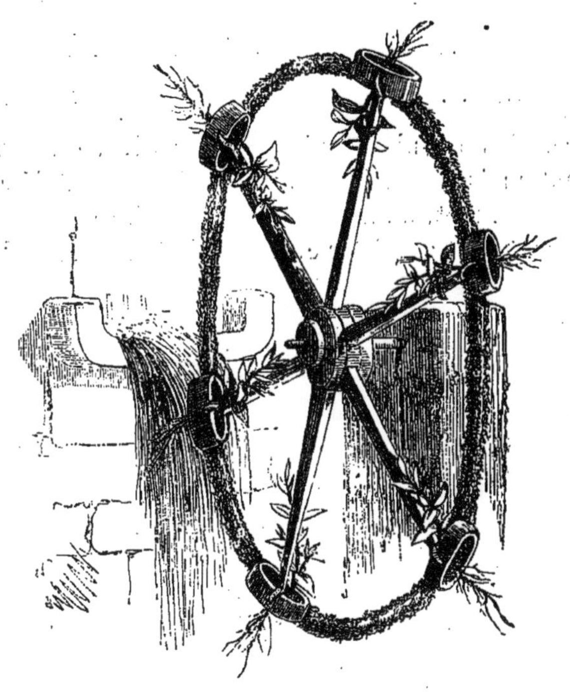

FIG. 368.— Roue de Knight, qu'un courant d'eau fait tourner dans un plan vertical. Les jeunes plantes dirigent leurs tiges vers le centre de la roue et leurs racines dans les prolongements de ses rayons.

ments mobiles, analogues à des pseudopodes; mais ces bras, ces tractus, ces filaments, ces traînées protoplasmiques se produisent, comme nous l'avons vu (p. 13), à l'intérieur, et leur mouvement, lent d'ordinaire, peut être quelquefois beaucoup plus rapide. C'est à des mouvements amiboïdes de ces tractus que paraissent dus les phénomènes circulatoires constatés dans le liquide qui constitue, à notre sens, leur véritable fluide nourricier, et peut-être aussi les déplacements du noyau, qui, on le sait, exécute parfois une sorte de tournée dans l'intérieur du phytoblaste. Sous l'influence de la lumière ou de l'obscurité, les masses protoplasmiques chlorophyllées du phytoblaste se déplacent vers telle ou telle paroi du phytocyste.

Les tiges des plantes se dirigent le plus souvent de bas en haut, et les racines, de haut en bas[1], à peu près suivant la verticale. Knight, dont la roue (fig. 368, 369) et les expériences sont demeurées célèbres[2], établit que la pesanteur était leur cause directrice. Cette tendance de la tige à s'élever et de la racine à descendre a été nommée *Géotropisme*, *positif* pour la racine, et *négatif* pour la tige. Si l'on place une plante dans la direction horizontale ou oblique, le

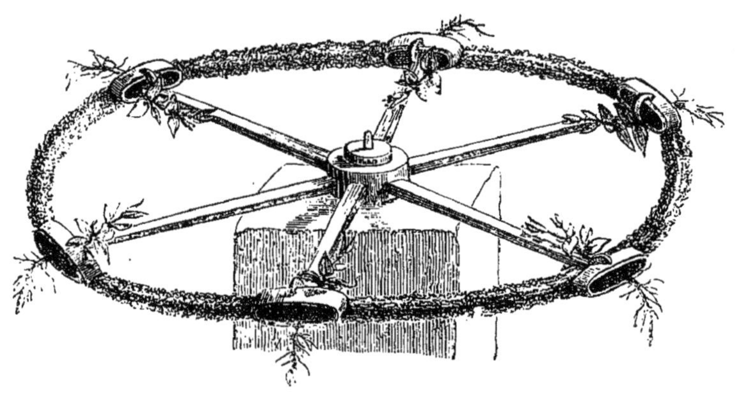

FIG. 369. — Roue de Knight, tournant dans un plan horizontal. Les tigelles se dirigent toutes vers son centre.

plus souvent la tige et la racine exécutent un mouvement angulaire, lent, pour prendre de nouveau la direction verticale. On a expliqué

1. Il y a d'assez nombreuses exceptions. Exemples : les racines des Palmiers et d'autres Monocotylédones, qui remontent à la surface de la terre et se dirigent dans l'air, tout à fait verticalement, leur sommet en haut; ou les racines adventives qui montent verticalement dans l'eau d'un aquarium pour venir porter leur extrémité à la surface du liquide.

2. Il s'en faut qu'on ait donné une explication entièrement satisfaisante des phénomènes qui se produisent dans ces expériences de Knight, si fréquemment décrites et si diversement interprétées depuis plus d'un demi-siècle. On sait qu'il fixait des graines de Haricot dont la germination était commencée, au pourtour d'une roue de 11 pouces anglais de diamètre et qu'il pouvait faire tourner dans le plan vertical à l'aide d'un courant d'eau qui lui imprimait un mouvement rotatoire d'au moins 150 tours par minute (fig. 368). Toutes les jeunes plantes dirigèrent leur tige vers le centre de la roue et leur racine vers l'extérieur, suivant le prolongement des rayons. En laissant les tiges arriver jusqu'au delà du centre, le mouvement de la roue continuant, ces tiges se replièrent sur elles-mêmes pour regagner le centre.

Dans une autre expérience (fig. 369), la roue tournait horizontalement. En lui faisant faire 250 tours par minute, Knight vit les jeunes plantes, « malgré la ce mouvement par des inégalités d'accroissement et par l'*Héliotropisme*. On désigne sous ce nom le phénomène qui se produit sur les organes qui reçoivent sur leurs diverses faces des lumières d'intensité inégale ; ils se courbent souvent en tournant la concavité de la courbure du côté de la lumière la plus intense. Ce mouvement de flexion est attribué au plus grand développement que prennent les tissus du côté qui est le moins éclairé et qui devient convexe ; toujours est-il, qu'il se produit là un mouvement. Or, dans certaines plantes, il se produit aussi un mouvement d'incurvation en sens

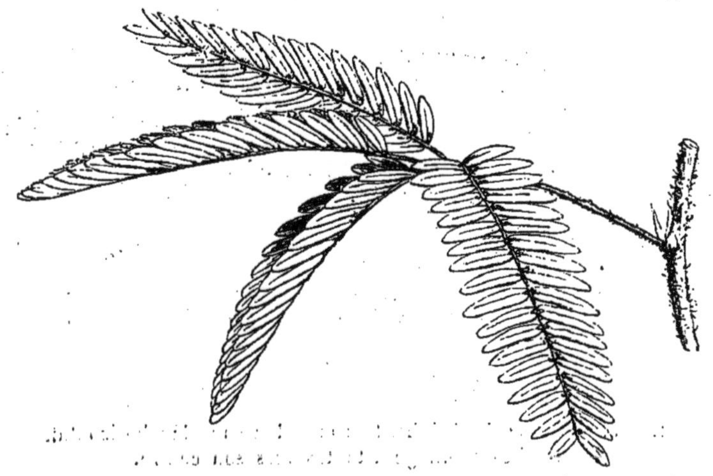

Fig. 370. — *Sensitive*. Feuille décomposée.

inverse, c'est-à-dire que c'est le côté le moins éclairé qui devient concave ; et c'est là ce qu'on a nommé l'héliotropisme *négatif*, par rapport au mouvement d'incurvation inverse, qui est dit *positif*.

rapidité du mouvement, rester toujours dans la même direction relativement à l'attraction terrestre, dont l'influence était partiellement supprimée » ; mais comme elles étaient soumises en même temps à la force centrifuge agissant horizontalement et à l'action de la pesanteur s'exerçant dans la direction verticale, elles prirent une direction oblique, inclinée de 10° sur l'horizon. La force centrifuge, vu la rapidité du mouvement de rotation, l'emportait sur l'action verticale de la pesanteur. Mais, en ralentissant le mouvement de la roue, de manière qu'elle ne fît plus que 80 tours par minute, Knight observa que l'inclinaison de l'axe total des plantes fut de 45°. « Je pense avoir prouvé de la sorte, dit-il, que les racines des plantes en germination sont portées à descendre, et leurs tiges à s'élever, par une certaine cause externe et non par une cause inhérente à la vie végétale ; et je n'ai guère de raison de douter qu'en pareil cas le pesanteur est le principal, sinon l'unique agent qu'emploie la nature. » Dans les expériences faites avec la roue verticale, il considère les plantes comme soumises à des changements constants de position qui suppriment pour elles l'action de la pesanteur à laquelle est substituée la force centrifuge.

Les feuilles sont le siège d'un grand nombre de mouvements divers. Les plus anciennement connus ont été désignés sous le nom de

Fig. 371. — *Sensitive (Mimosa pudica)*. Situation des feuilles pendant le sommeil et pendant la veille.

Sommeil des feuilles. Ils sont très fréquents, avec des intensités diverses, dans les feuilles composées-pennées des plantes de la famille des Légumineuses; ils se produisent aussi dans certaines feuilles simples et dans certaines branches à cladodes qui simulent des feuilles composées par la disposition de leurs parties. Dans les feuilles composées-pennées, par exemple, on voit les folioles, au lieu d'être étalées, comme dans la veille, se rabattre en descendant les unes contre les autres, ou s'appliquer en remontant contre le rachis commun, ou encore se coucher sur lui en portant leur sommet du côté de sa base. Dans la Sensitive (fig. 370, 371), si remar-

Fig. 372. — *Oxalis*. Feuilles dans l'état dit de sommeil.

quable à cet égard, et dont les feuilles sont décomposées, à l'approche de la nuit, les folioles se redressent et s'appliquent contre les nervures secondaires; les nervures secondaires convergent les unes vers les autres, à la façon d'un éventail qu'on ferme, et le pétiole commun se porte, comme sur une articulation, vers la partie inférieure (quitte, il est vrai, à se relever au bout de quelque temps). Au retour du jour, toutes ces parties reprennent, bien entendu, leur direction de la veille. Certaines lumières artificielles réveillent, dit-on, les feuilles de la Sensitive; et l'on a dit que dans la lumière blanche composée, ce sont les rayons rouges qui provoquent le plus tôt le sommeil et le plus difficilement le réveil.

Le mouvement qui produit l'état dit de sommeil dans la Sensitive, peut être *provoqué* par un choc léger, une coupure, un souffle même. Il suffit, pour produire ce mouvement, de toucher le renflement de la base du pétiole, qu'on a appelé *renflement moteur;* mais en touchant isolément les folioles on provoque aussi leur sommeil.

On explique ces mouvements, soit spontanés, soit provoqués, par des phénomènes dont les renflements moteurs seraient le siège. Ces renflements étant formés de deux moitiés, dont l'une, l'inférieure, est la seule sensible, car on peut enlever la moitié supérieure sans que

FIG. 373. — *Sainfoin oscillant (Desmodium gyrans).*

la feuille perde ses propriétés, M. Pfeiffer pense que, sous l'influence d'une excitation, les phytocystes de la moitié inférieure déversent l'eau qu'ils contiennent dans les méats interposés, et que les gaz contenus dans ceux-ci sont alors refoulés dans d'autres parties du pétiole; si bien qu'alors le renflement inférieur, vidé en partie, devient flasque et ne peut plus supporter le pétiole qui s'abaisse. S'il se relève bientôt, c'est que ses éléments ont repris de l'eau et sont redevenus turgescents. Il est probable que si le renflement se vide ainsi, sous l'influence de la plus légère excitation, du contenu d'une partie de ces phytocystes, cela est dû à ce que cette excitation porte sur le phytoblaste qui expulse, en diminuant de volume, une portion du liquide qu'il renferme. M. Bert a pensé que les mouvements périodiques diurne et nocturne sont dus à l'accumulation et à la destruction alternative de glucose dans les éléments de renflement. Mais autant, dans ces questions, l'observation des faits est facile, autant l'explication qu'on en donne semble insuffisante et obscure...

Un assez grand nombre de Légumineuses et de plantes d'autres groupes, comme les *Phyllanthus*, les *Oxalis* (fig. 372), etc., se comportent, quoique avec moins d'intensité, comme la Sensitive. Une autre

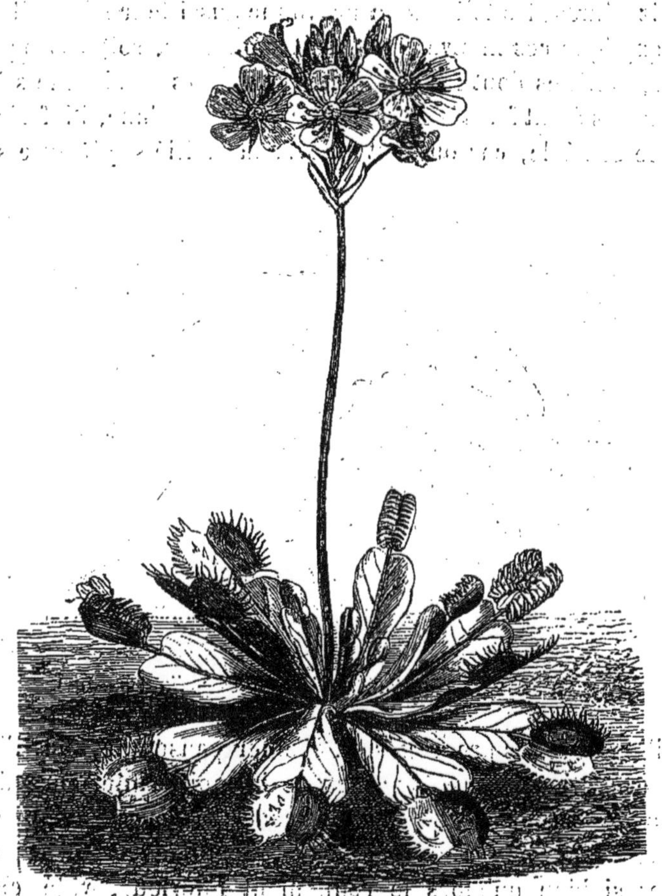

FIG. 374. — *Dionée attrape-mouche* (*Dionæa muscipula*). Feuilles munies d'un piège terminal dont les deux moitiés peuvent se replier l'une sur l'autre.

plante de la même famille, le Sainfoin oscillant (fig. 373), présente dans ses feuilles un autre genre de mouvement. Elles possèdent trois folioles inégales, la médiane bien plus grande que les latérales. Celle-ci s'élève et s'abaisse alternativement suivant que l'action de la lumière est plus intense ou plus faible, tandis que les deux petites folioles latérales exécutent, en sens inverse, sur leur base, tant que la température est suffisamment élevée, un mouvement tel, que leur sommet décrit une ellipse à plan oblique. On ne connaît point la cause première de ces mouvements, dont le siège paraît être le pétiole tordu sur lui-même.

La Dionée attrape-mouche (fig. 374, 375) exécute aussi, mais sous l'influence d'une excitation, un mouvement tout différent. Le limbe

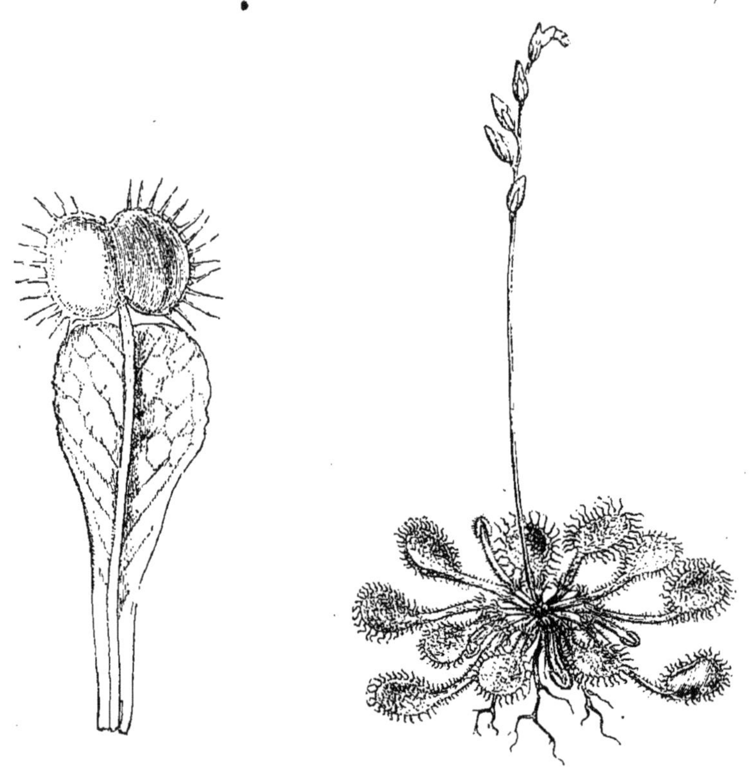

FIG. 375. — *Dionée.* Feuille étalée.

FIG. 376. — *Drosera rotundifolia.* Plante entière.

de ses feuilles est formé de deux moitiés égales qui s'unissent au niveau d'une côte médiane et portent sur leurs bords de profondes dentelures. Ce limbe étant étalé, si un insecte vient se poser sur sa face supérieure, ses deux moitiés se rapprochent brusquement l'une de l'autre, la nervure médiane jouant le rôle de charnière, et les longues dents des bords s'entre-croisent; de sorte que l'insecte est souvent emprisonné et meurt dans ce piège où l'on a même admis qu'il est digéré, la Dionée ayant été rangée parmi les plantes insectivores. Le siège précis de l'irritabilité paraît être représenté par trois gros poils qui font saillie vers le milieu de la face supérieure de chacune des moitiés du limbe.

Nos *Drosera* (fig. 376) ont aussi été classés parmi les plantes insectivores. Le piège dans lequel ils retiennent les insectes est représenté par la face supérieure de la feuille, toute garnie de poils ou de lobes parti-

Fig. 377. — *Liseron.* Tige volubile. Fig. 378. — *Houblon.* Tige volubile

culiers en forme de gros poils capités, vasculaires, dont la tête est glanduleuse. Les insectes qui se posent sur ces feuilles sont lentement enfermés dans la concavité de leur limbe et dans celle de leurs poils incurvés, en même temps que retenus par le liquide visqueux que ces poils sécrètent et qui devient à ce moment d'une acidité assez prononcée. On l'a aussi considéré comme un suc capable de digérer les aliments albuminoïdes, qu'absorberait ensuite la surface supérieure de la feuille.

Les vrilles, qui peuvent être aussi bien formées par une feuille ou une portion de feuille que par un rameau ou une tige modifiés, exécutent des mouvements d'une tout autre nature lorsque, dans le but de s'enrouler, elles saisissent un corps sur lequel elles doivent s'appuyer. Ces phénomènes ont été étudiés avec le plus grand soin par M. Darwin. Les tiges qui vont s'enrouler exécutent un mouvement de nutation circulaire et tâtonnent, pour ainsi dire, pour aller à la rencontre de leur support. Les vrilles demeurent souvent, mais non toujours, droites quand elles ne sont pas arrivées au contact de l'objet autour duquel elles s'enrouleront. Dans le cas où le contact se produit, la vrille devient concave du côté où elle est touchée, et c'est ainsi que commence l'enroulement qui se propage ensuite au delà.

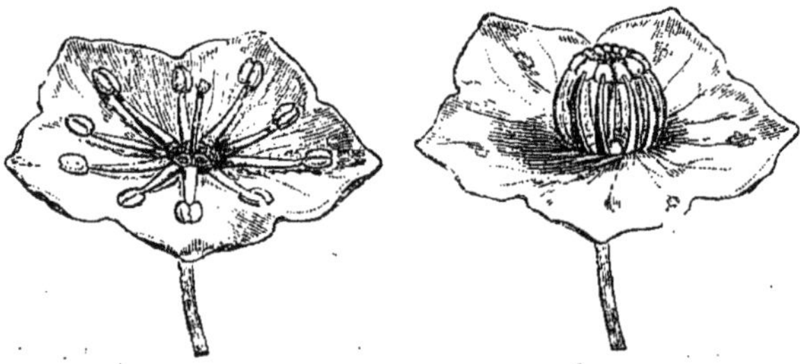

FIG. 379, 380. — *Kalmia.* Les étamines, d'abord étalées et retenues par la corolle, puis libres et toutes rapprochées du gynécée.

On l'explique, à partir de ce point, par l'accroissement plus considérable que prend le côté de la vrille qui n'est pas au contact du support; mais ici, comme pour les mouvements de la Sensitive, il sera nécessaire de faire intervenir, comme cause première, les propriétés vitales du phytoblaste lui-même.

Un grand nombre de parties de la fleur exécutent des mouvements qui paraissent avoir le plus souvent pour but de faciliter ou de produire la pollinisation. Les étamines des Rues (fig. 384, 385), des Géraniums, etc., se rapprochent ou s'éloignent tour à tour du gynécée. Celles des *Kalmia* (fig. 379, 380) se portent brusquement en dedans et se dégagent d'une fossette de la corolle qui retenait d'abord leur anthère. Celles de la Pariétaire (fig. 381), accrochées d'abord par le calice, se redressent aussi avec élasticité en lançant leur pollen. Couchées d'abord dans la concavité des pétales, celles de l'Épine-Vinette (fig. 382, 383) se portent subitement vers le pistil quand un léger contact les irrite, surtout en certains points de la surface de leur filet. Les exemples analogues sont très nombreux, et diverses parties de l'organe femelle sont aussi le siège de mouvements très variés.

Il est inutile de faire remarquer que les mouvements, dont nous avons donné quelques exemples, sont de nature très diverse, les uns spontanés, les autres provoqués, les uns actifs et les autres passifs; ce n'est pas ici le lieu d'une classification de ces phénomènes.

C'est dans certains mouvements des plantes qu'on a, comme nous l'avons vu, cherché la preuve de leur sensibilité. Les Algues mobiles

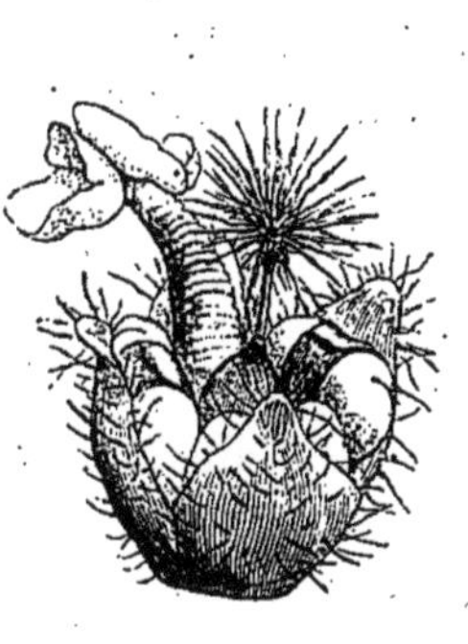

FIG. 381. — *Pariétaire.* Fleur mâle.

FIG. 382, 383. — *Épine-Vinette.* Étamines mobiles.

ou leurs corps reproducteurs se dirigent vers la lumière ou plus rarement la fuient. Certaines, qui recherchent la lumière diffuse, s'écartent des rayons solaires directs. D'autres qui, pendant la période

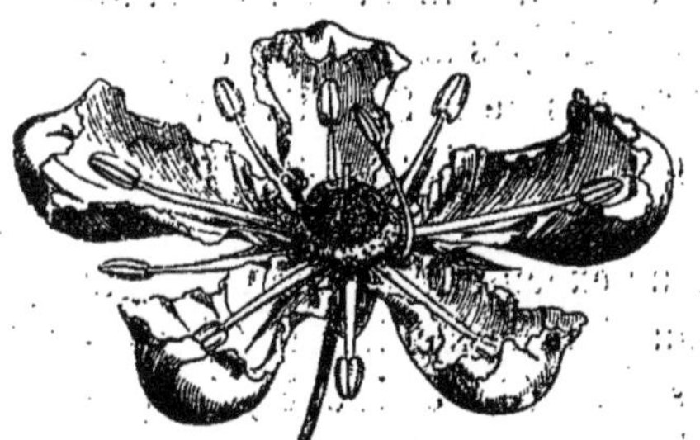

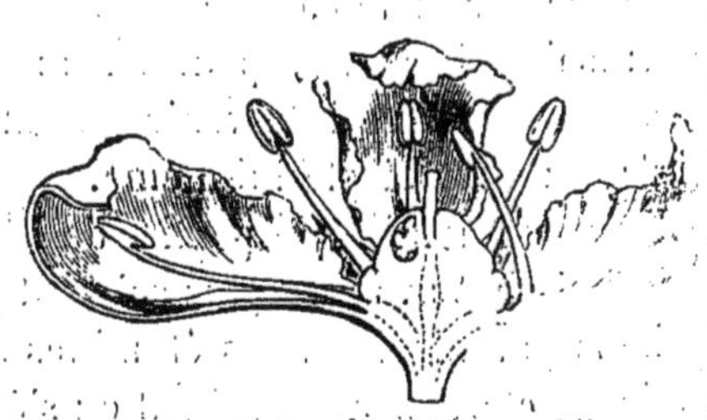

FIG. 384, 385. — *Rue.* Fleur et coupe longitudinale. Étamines mobiles.

végétative, semblent avides de lumière, se portent vers l'obscurité à l'époque de leur reproduction. Dans un assez grand nombre de plantes dont les feuilles pâlissent à la lumière vive du soleil, le protoplasma chargé de corpuscules chlorophylliens abandonne la face supérieure des phytocystes frappés par la lumière et se réfugie vers leurs parois latérales, ce qui produit un affaiblissement dans la teinte verte des surfaces. Très ordinairement les plantes qui présentent ces mouvements du protoplasma jaunissent et souffrent quand on ne les cultive pas à l'ombre. Nous verrons, dans les Phanérogames comme dans les Cryptogames, les agents de la fécondation se porter vers le point exact de l'organe femelle où elle doit s'opérer, le rechercher plus ou moins longtemps et l'atteindre; et l'on sait que les agents anesthésiques, tels que l'éther, le chloroforme, qui, appliqués aux animaux, suppriment pour un certain temps leur sensibilité, rendent également ceux des organes des plantes que nous avons vus doués de mouvements, passagèrement insensibles aux excitations qui pourraient les déterminer.

FÉCONDATION

Dans la fécondation des Phanérogames, une portion du grain de pollen, qu'on appelle *Tube* ou *Boyau pollinique* (fig. 386-389), arrive au contact d'une portion de l'ovule qu'on appelle *Vésicule embryonnaire*, et c'est à la suite de cette influence, dont l'essence même nous échappe, que la vésicule est apte à devenir une jeune plante ou embryon.

Pour que le tube pollinique se forme dans le grain de pollen, dont nous connaissons (p. 134) d'une façon générale la constitution, on a cru longtemps qu'il était indispensable que ce grain fût arrivé sur le stigmate et au contact du liquide visqueux qui est excrété par ses papilles.

Il n'en est rien; dans beaucoup plus de cas qu'on ne pense, le pollen peut *germer*, comme l'on dit, dans la cavité même de l'anthère qui l'a produit (fig. 386). En pareil cas, l'anthère est voisine de la surface stigmatique; le grain de pollen s'y trouve imprégné d'une humidité suffisante pour germer; une portion de l'humeur stigmatique peut même s'y joindre pour donner au liquide nourricier du tube pollinique les aliments nécessaires à la considérable élongation de celui-ci.

C'est généralement l'endhyménine qui s'allonge pour constituer le tube, en vertu de son extensibilité. Tandis qu'au contact d'un liquide l'exhyménine se dilate peu, se brise même quelquefois très rapidement, l'endhyménine gonflée vient presser de dedans en dehors contre l'exhyménine, fait hernie par les solutions de continuité qu'elle présente, ou bien se fait jour par certaines ouvertures naturelles, dont la place était dès le début indiquée sur l'exhyménine (fig. 387, 388). La hernie grandit, et de la sorte se forment un ou plusieurs *cæcum* contenant une portion de la *fovilla* et qui arrivent par leur extrémité close au contact d'une portion de la surface stigmatique du gynécée.

Tandis qu'au contact d'un liquide limpide, comme l'eau pure, les tubes polliniques finissent généralement par éclater et laisser échapper

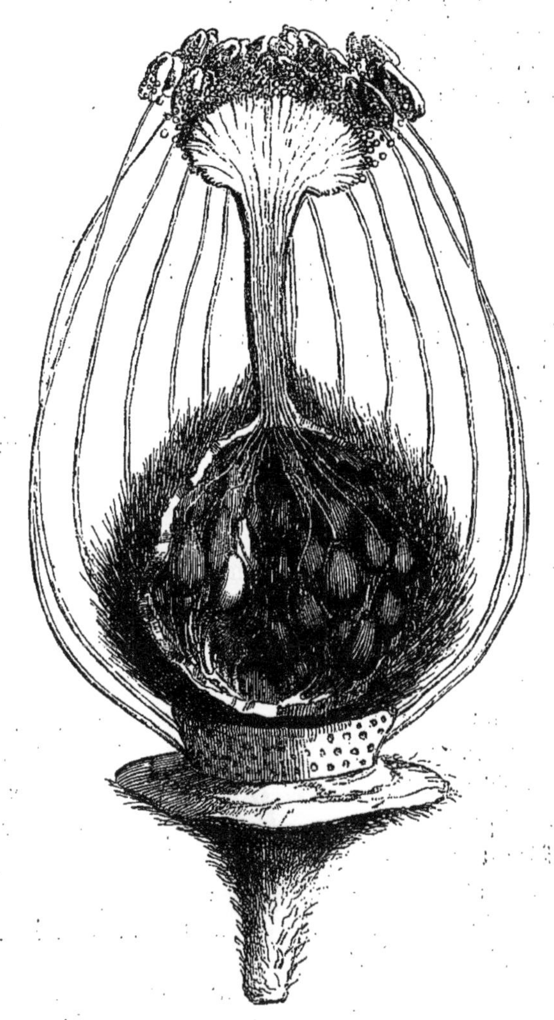

FIG. 386. — *Helianthème.* Le pollen, germant dans les anthères, envoie de là des tubes polliniques jusque dans les ovules.

la fovilla (fig. 387-389), en présence d'un fluide plus visqueux, tel que celui du stigmate, ils s'allongent en l'absorbant, s'en nourrissent et accroissent lentement la masse de la fovilla qu'ils contiennent, mais ils n'éclatent point, demeurent obtus à leur sommet, ou plus rarement ils deviennent aigus et plus ou moins striés ou ponctués; parfois

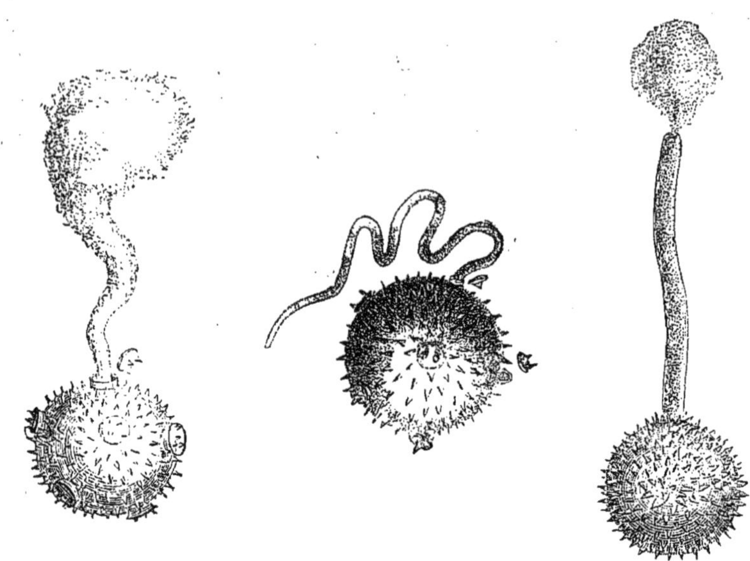

Fig. 387-389. — Pollens traités par l'eau et dont le tube s'allonge ou même éclate au sommet pour laisser échapper la fovilla.

aussi ils se renflent, se divisent même, mais ils ne paraissent point normalement laisser jamais écouler leur contenu.

Après les papilles stigmatiques sur lesquelles ils s'appuient, entre

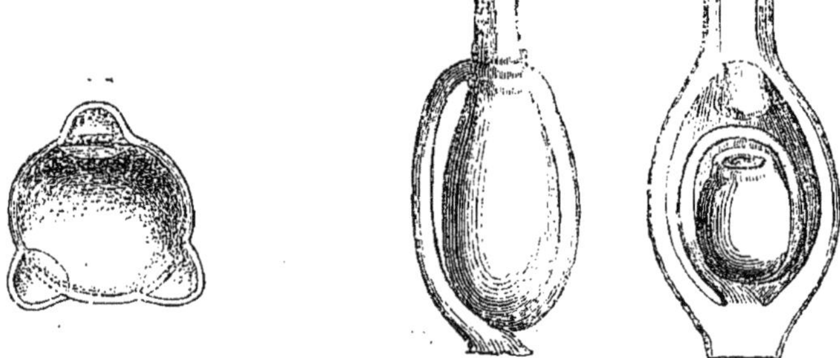

Fig. 390.— Pollen dont les tubes commencent à faire saillie.

Fig. 391, 392.— *Dentelaire.* Ovule coiffé d'un masse cylindrique de tissu conducteur *(obturateur)*.

lesquelles ils s'insinuent et que même ils traversent quelquefois, les tubes polliniques trouvent pour s'étayer ce qu'on a nommé le *tissu conducteur*. C'est un ensemble de phytocystes, ordinairement assez lâchement unis, qui tapissent le canal stylaire quand celui-ci existe, ou qui occupent l'axe des styles pleins, et qui se continuent à la surface des placentas. Les funicules ovulaires peuvent même faire partie du tissu conducteur, et aussi certaines expansions de ces funicules ou des placentas qui ont reçu le nom d'*obturateurs*. Trop faibles pour se soutenir par eux-mêmes, les tubes rampent sur ce tissu ou s'insinuent entre ses mailles. Ailleurs ils trouvent dans la cavité du style

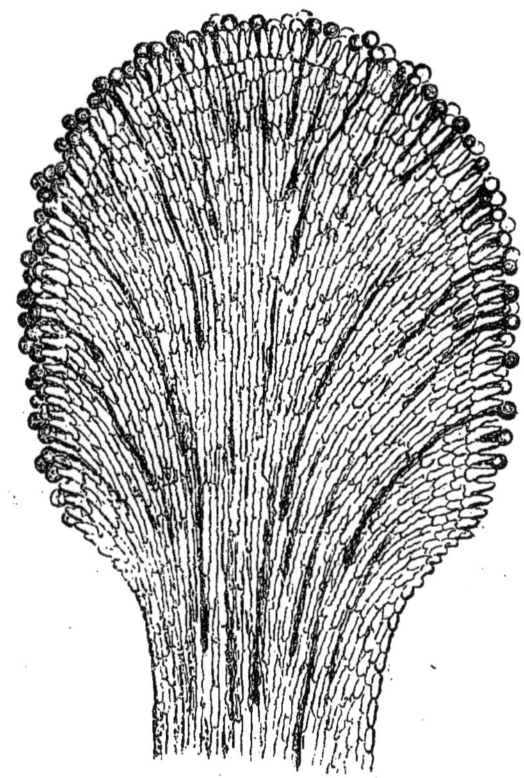

FIG. 393.— Extrémité stigmatique du style. Les grains de pollen ont émis des tubes polliniques qui se sont insinués dans le tissu stylaire.

ou de l'ovaire un liquide épais qu'ils traversent en lui empruntant parfois des aliments. Toujours est-il qu'en un ou quelques jours ils sont parvenus à une élongation suffisante pour que leur extrémité close puisse atteindre l'orifice micropylaire. Nous ne savons en vertu de quelle force un ou plusieurs tubes arrivent ainsi jusqu'à l'exostome, s'insinuent dans le canal du micropyle et pénètrent jusqu'au sommet du nucelle.

Celui-ci a subi à ce moment des modifications telles qu'il est prêt à recevoir l'imprégnation; ces modifications peuvent se réduire aux termes essentiels qui suivent :

Un ou plusieurs (fig. 190, 400) de ses phytocystes intérieurs se sont développés en *sacs embryonnaires*. Quand ils sont multiples, un seul de ces sacs arrive d'ordinaire au terme de son évolution. En ce cas, il peut sortir longuement du nucelle en se dégageant des autres phytocystes nucellaires bornés dans leur évolution, ou, plus souvent, il demeure enclos dans le nucelle; mais souvent alors les phytocystes

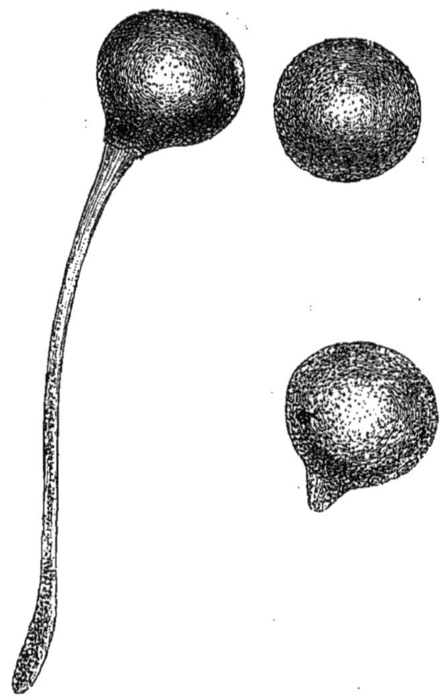

FIG. 394. — Pollen en germination sur le tissu stigmatique. États successifs.

périphériques de celui-ci s'arrêtent dans leur développement, ou sont comprimés, résorbés même, de sorte qu'en pareil cas le nucelle primitif se trouve réduit à une couche membraneuse, très mince, laquelle peut même ne persister que vers son sommet, c'est-à-dire au-dessous de l'orifice de l'endostome.

Par le canal micropylaire, le tube pollinique, arrivé au contact de cette extrémité du nucelle, en écarte les éléments, s'insinue jusqu'au sommet du sac embryonnaire lui-même (fig. 402), ce qui est plus facile encore quand le sommet de ce sac est tout à fait dégagé, refoule parfois sa paroi au point de contact (fig. 397-399), peut même la perforer et, sans se rompre lui-même, arrive plus ou moins

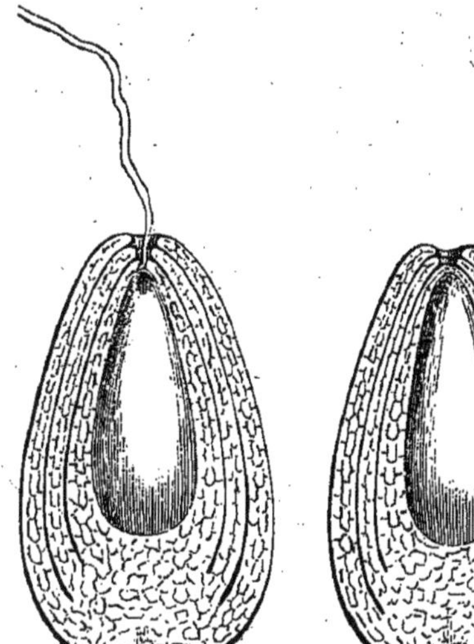

FIG. 395, 396. — Ovule orthotrope à deux enveloppes. Au centre du nucelle, le sac embryonnaire très développé. Dans l'un d'eux a pénétré un tube pollinique.

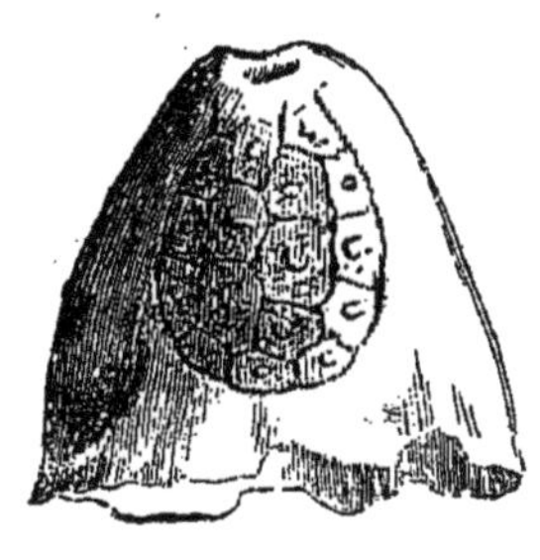

FIG. 397. — Sac embryonnaire dont le sommet a été déprimé au contact du tube pollinique.

directement au contact d'une *vésicule embryonnaire*, ce qui assure la fécondation et le développement ultérieur de celle-ci en embryon.

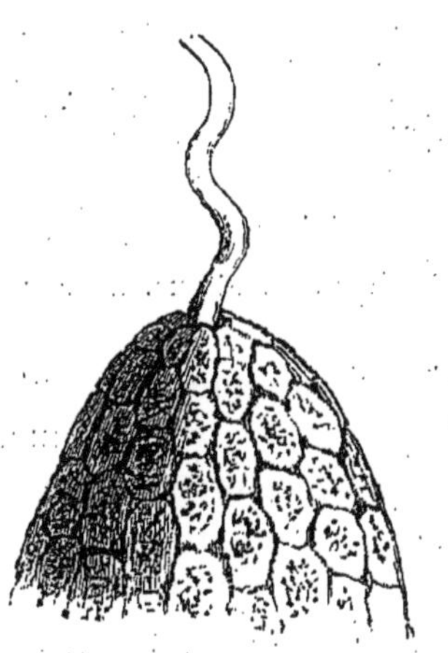

FIG. 398. — Nucelle dont le sommet est traversé par le tube pollinique gagnant le sac embryonnaire.

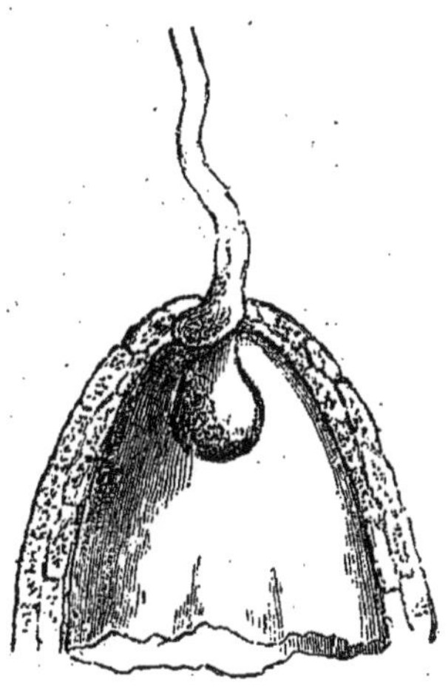

FIG. 399. — Nucelle dans lequel le tube pollinique a pénétré jusqu'au sac embryonnaire qu'il déprime.

Pour comprendre ce qu'est cette vésicule dite embryonnaire, c'est-à-dire l'embryon à son premier état, lequel préexiste à l'imprégnation, il faut savoir quels développements se sont produits dans l'intérieur de ce sac et prendre pour exemple un des sacs les plus simples comme organisation que l'on connaisse (fig. 403).

Si, comme il arrive souvent en pareil cas, le sac embryonnaire est produit par le phytocyste terminal de la rangée nucellaire centrale, on voit ordinairement ce phytocyste se partager en deux autres.

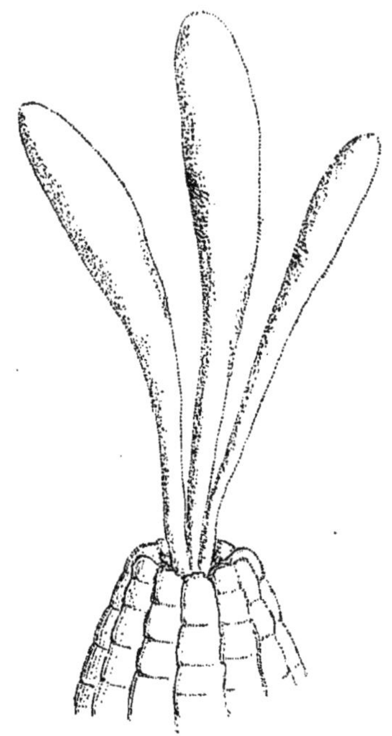

Fig. 400. — Sacs embryonnaires multiples d'une Crucifère, faisant saillie hors du nucelle.

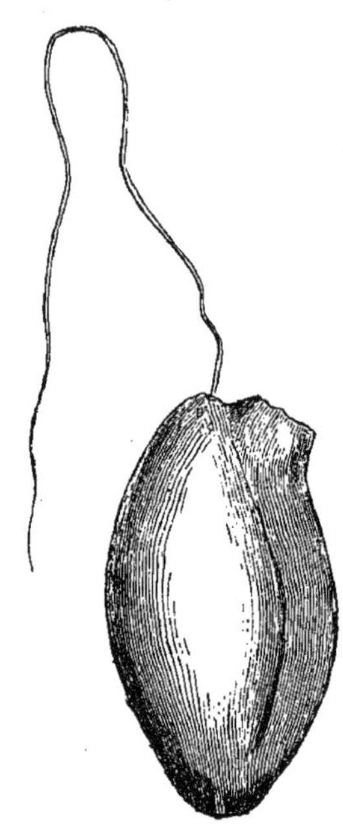

Fig. 401. — *Violette.* Ovule dans le micropyle duquel le sommet du tube pollinique s'insinue.

L'un d'eux, le supérieur, se divise ordinairement en deux autres encore qui sont superposés.

L'autre, l'inférieur, grandit généralement vite; son noyau se partage bientôt, suivant le procédé général de multiplication qui a été étudié (p. 69), en deux masses nucléaires secondaires.

L'une d'elles se porte vers l'extrémité supérieure du sac embryonnaire, extrémité qui refoule, comprime et réduit bientôt à une masse rudimentaire les deux cellules qui surmontent le véritable sac, de même que celles des cellules nucellaires qui coiffaient en haut ces parties (fig. 403, 3e et 4e fig.).

L'autre noyau se porte vers l'extrémité inférieure du sac (fig. 403).

Chaque noyau se divisant encore, il y a généralement alors, à chacune des extrémités du sac, une masse protoplasmique renfermant deux noyaux (secondaires).

Chacun de ces deux noyaux secondaires se partageant aussi lui-même en deux, il y a finalement quatre noyaux (tertiaires) à chaque extrémité du sac.

En pareil cas, d'après M. Strasburger qui a observé avec le plus

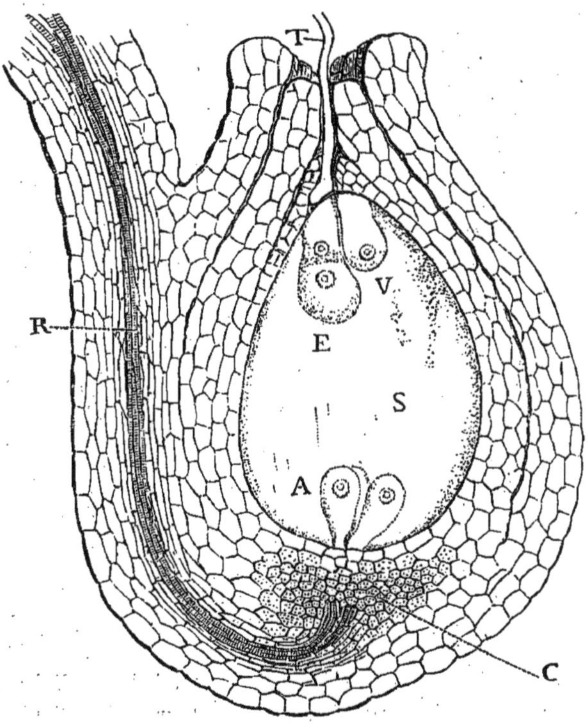

Fig. 402. — Ovule anatrope, un peu après la fécondation. R, raphé. C, chalaze. Le tube pollinique T est arrivé au contact du sommet du sac embryonnaire S, au fond duquel sont les vésicules antipodes A, tandis que le sommet présente une vésicule embryonnaire (*OEuf*) E, et une vésicule synergique V.

grand soin les faits que nous reproduisons, dans chaque groupe de quatre noyaux, il y en a généralement un seul qui demeure libre, et les trois autres, entourés de protoplasma condensé, deviennent centres de formation consécutive de cellules.

C'est à celles de ces trois cellules qui occupent le sommet du sac qu'on a donné le nom de *Vésicules embryonnaires* (fig. 402, EV).

Celles qui, à l'autre extrémité du sac, forment un groupe analogue, ont reçu le nom de *Vésicules antipodes* (fig. 402, A).

Les trois vésicules antipodes, quelquefois peu visibles, souvent arrêtées de bonne heure dans leur développement, ne paraissent pas jusqu'ici avoir ultérieurement une importance quelconque.

Les deux noyaux restés libres dans le sac n'ont pas non plus de rôle ultérieur connu ; ils se rejoignent et paraissent souvent se confondre en une masse unique.

Au contraire, les trois vésicules embryonnaires de l'extrémité supérieure jouent un rôle capital dans la constitution de la jeune graine.

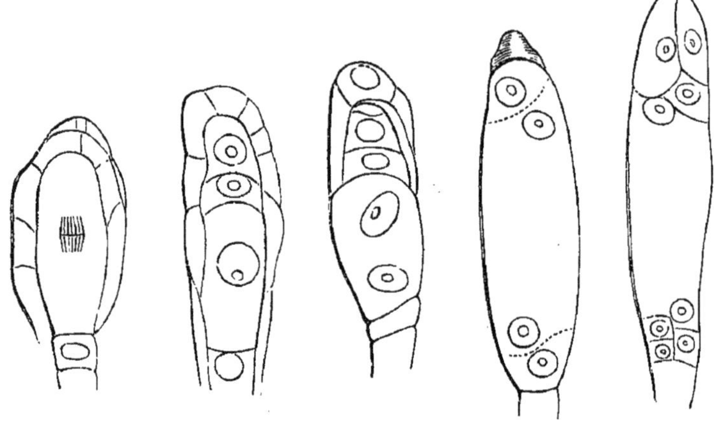

Fig. 403. — *Orchis.* Évolution d'un sac embryonnaire (Strasburger). Dans la première figure de gauche, une cellule de la rangée centrale du nucelle se divise en deux autres. L'inférieure devient le sac embryonnaire (2e fig.). Son noyau se divise ensuite en deux noyaux qui se portent (3e fig.) chacun vers une des extrémités du sac. Celui-ci, fort grandi, refoule par son sommet les deux cellules auxquelles il a donné naissance, ainsi que celles du nucelle; une masse granuleuse représente seule à son sommet (4e fig.) leurs débris. Quant aux deux noyaux du sac, ils se divisent chacun en deux autres noyaux (4e fig.) qui se dédoublent eux-mêmes, et l'on a de la sorte (5e fig.) quatre noyaux à chaque extrémité du sac. Trois de ces noyaux deviennent centres de formations cellulaires; le quatrième demeure libre. Les deux noyaux libres se fondent en un seul vers le milieu du sac. Les trois supérieurs sont les *Vésicules embryonnaires ;* les trois inférieurs, les *Vésicules antipodes.* Des trois vésicules embryonnaires, les deux supérieures sont *secondaires* ou *synergiques* (Strasburger). L'inférieure est l'*Œuf,* qui deviendra le véritable *embryon.*

Deux d'entre elles, supérieures, logées vers le sommet même du sac, sont nommées par M. Strasburger *Vésicules synergiques* ou *embryonnaires secondaires* (fig. 402 V, 404 D).

L'inférieure, placée sous les deux vésicules synergiques, contiguë souvent par sa paroi latérale au sac embryonnaire, est la vésicule embryonnaire par excellence. M. Strasburger lui a donné le nom d'*Œuf;*

et c'est elle qui, fécondée par le contact du tube pollinique, doit donner naissance à l'*embryon*.

A partir du contact du tube pollinique, l'œuf présente, en effet,

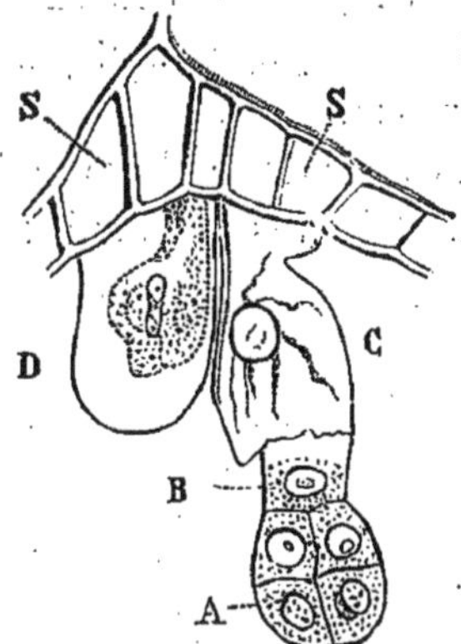

Fig. 404. — *Ornithogale*. Formation de l'embryon (Strasburger). SS, le sommet du nucelle. D, vésicule non fécondée (*synergique*). A, le véritable embryon déjà formé de quatre phytocystes. BC, base de la vésicule embryonnaire fécondée, formée ici de deux phytocystes et nommée *Proembryon* (Strasburger).

des modifications caractéristiques. Le plus souvent l'une des vésicules synergiques sert d'intermédiaire entre le tube et l'œuf. Parfois

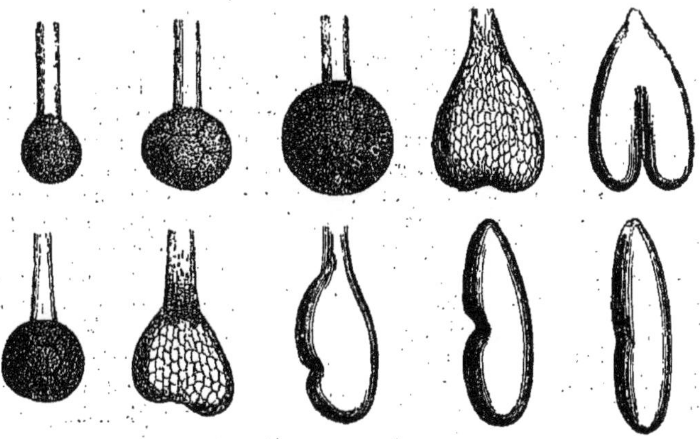

Fig. 405. — Schéma des états successifs d'un embryon dicotylédoné et monocotylédoné.

aussi l'autre vésicule synergique, ne s'enveloppant pas d'un phytocyste, se liquéfie à la surface de l'œuf.

Le phytoblaste-œuf présente alors deux noyaux qui se rapprochent; il s'entoure bientôt d'un phytocyste. Puis il s'allonge en se cloisonnant. On a donné à cette masse le nom de *Proembryon*.

Seule la cellule terminale du proembryon produira le véritable embryon. Elle se partage en deux phytocystes superposés, dont l'un, le terminal, est lui-même, par deux segmentations successives, partagé en quatre éléments disposés en croix.

Un autre phytocyste, qui se produit immédiatement au-dessous du précédent, se divise aussi en quatre ; et c'est celui-là qui, par des segmentations successives, constitue finalement le corps de l'embryon, dans lequel on distingue plus tard les couches emboîtées que nous connaissons sous les noms de dermatogène, périblème et plérome.

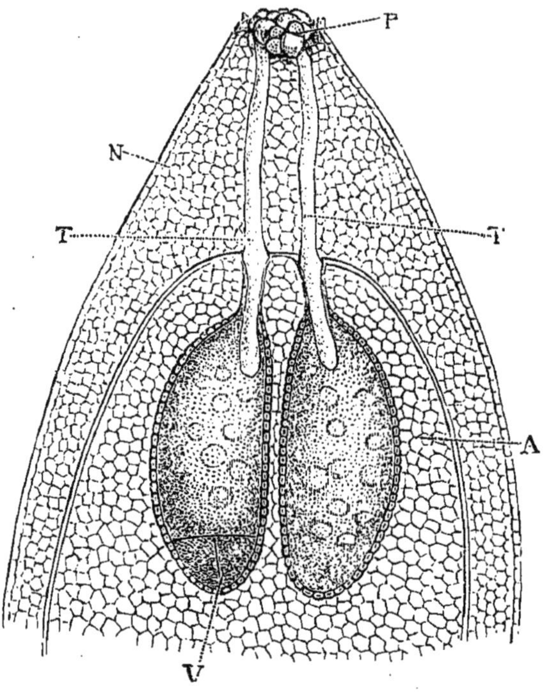

FIG. 406. — Fécondation d'une Conifère. P, pollen. TT, tubes polliniques. V, corpuscules au fond desquels on voit déjà une segmentation cellulaire (du proembryon). N, masse du nucelle. A, albumen.

Quand les graines contiennent plusieurs embryons, M. Strasburger les croit formés par un *bourgeonnement adventif* de certains phytocystes du nucelle, voisins du sommet du sac embryonnaire.

Le mode d'évolution de l'embryon, tel qu'il vient d'être établi, comporte dans beaucoup de Dicotylédones des modifications secondaires. La plus remarquable de toutes est celle que présentent les Conifères et sur laquelle nous ne pouvons insister ici. Disons seulement que le pollen arrive dans ces plantes sur le sommet du nucelle ou dans une dépression qu'offre ce sommet; que le tube pollinique s'arrête souvent pendant un temps variable dans la portion supérieure du nucelle; que l'albumen existe dans le sac de ces ovules avant la fécondation; qu'il se forme en haut de cet albumen de grandes cavités dites *Corpuscules*, souvent au nombre de deux, dans lesquelles s'effectuera la fécondation; que le *proembryon* se formera dans le bas du corpuscule, et que certaines portions de ce proembryon, s'al-

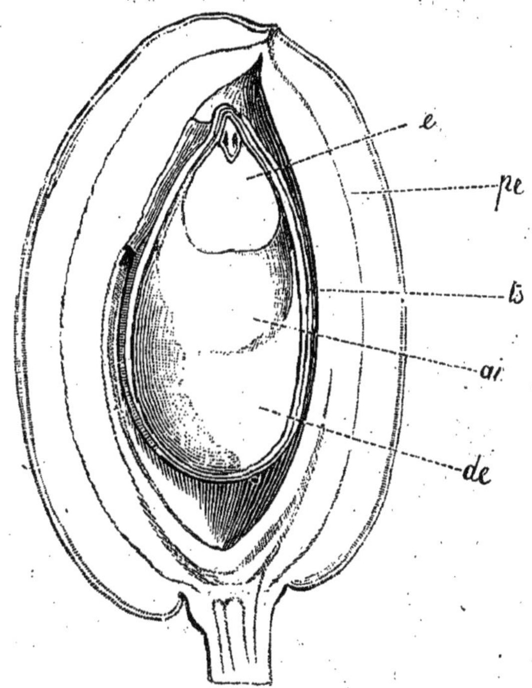

FIG. 407. — *Amandier*. — Coupe longitudinale du jeune fruit et de la jeune graine — *pe*, péricarpe; *ts*, tégument de la graine; *de*, albumen extérieur (nucellaire); *ai*, albumen intérieur (du sac embryonnaire); *e*, embryon.

longeant beaucoup, pourront rompre en bas la paroi du corpuscule et enfoncer une grande partie de l'embryon dans la substance sous-jacente de l'albumen préexistant (fig. 406).

Dans les Phanérogames en général, c'est dans le nucelle que se produisent toujours les masses alimentaires de réserve que l'on a désignées sous le nom d'albumen. Les phytocystes, de forme très variable, parfois même tubuleux ou piliformes, dans lesquels sont élaborés et déposés ces aliments, amylacés, gras ou albuminoïdes, peuvent, ou appartenir au tissu primitif du nucelle, ou se développer dans le sac ou les sacs embryonnaires, et quelquefois même ont en même temps cette double origine, comme il arrive dans certaines

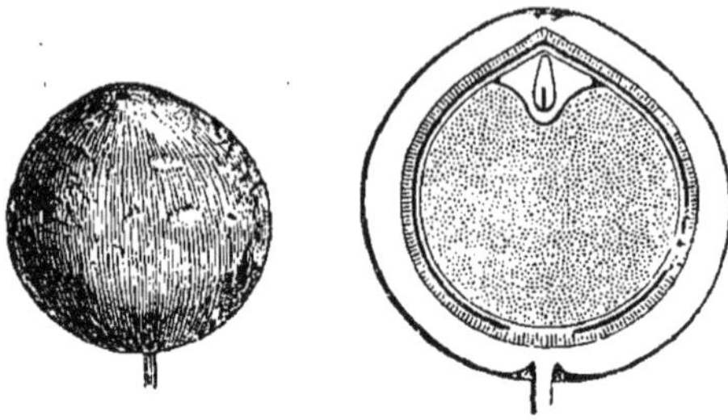

Fig. 408, 409. — *Poivre noir*. Fruit, avec graine à double albumen.

graines à double albumen, celles, par exemple, des Nénuphars, des *Euryale* et des Poivriers (fig. 408-414).

Dans les cas semblables à celui dont nous avons seul parlé, où les

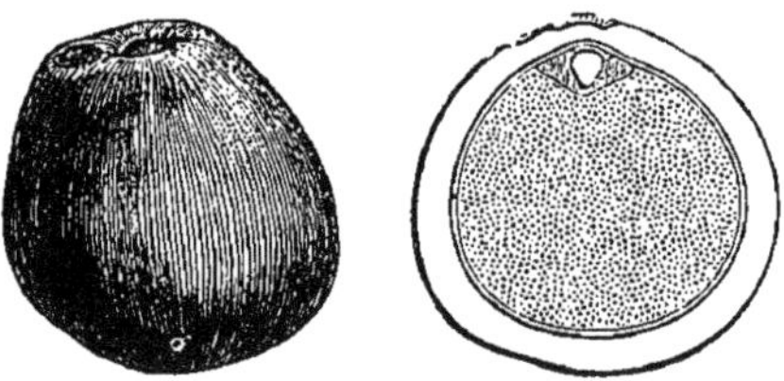

Fig. 410, 411. — *Euryale*. Graine à double albumen, entière et coupée en long.

grains de pollen germent dans l'anthère même et où le tube se dirige immédiatement vers le tissu stigmatique, les ovules d'une fleur sont

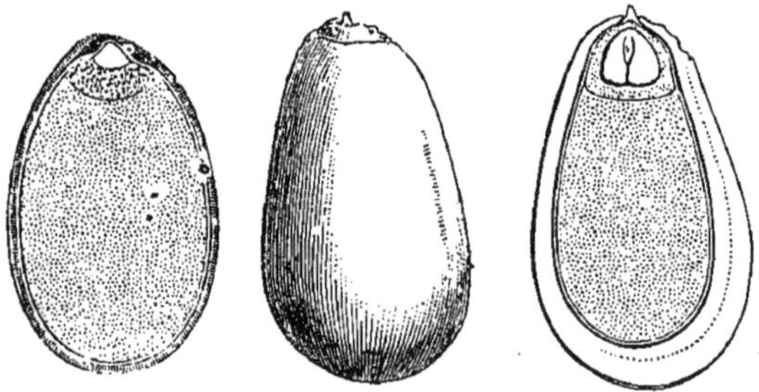

Fig. 412-414. — *Nénuphars*. Graines à double albumen.

nécessairement pollinisés par les étamines de la même fleur; on dit alors qu'il y a *Autofécondation*.

Il peut aussi y avoir autofécondation quand dans une fleur hermaphrodite le pollen des anthères tombe directement sur le gynécée de la même fleur; mais le fait est plus rare qu'on ne l'avait pensé. On croit également qu'il doit y avoir autofécondation dans les fleurs qui

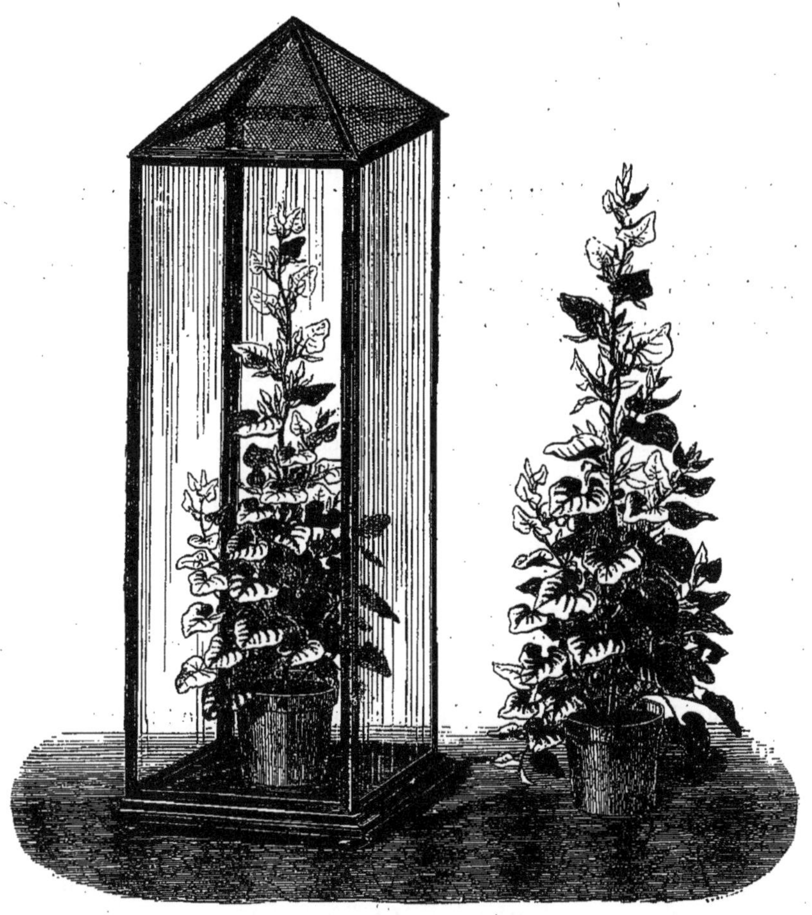

FIG. 415. — Expérience de Willdenow. Aristoloche à l'air libre, fécondée par les insectes, tandis qu'une autre, renfermée sous verre, demeure stérile.

s'épanouissent au sein des eaux et dans lesquelles une bulle d'air emprisonnée sert au passage du pollen vers le stigmate très voisin; ou bien dans les fleurs qui se fécondent avant l'épanouissement, comme celles des Composées, dont le tube androcéen est, dans le bouton encore fermé, parcouru par le style qui s'allonge et enlève avec ses poils *collecteurs* le pollen que laissent échapper les anthères déjà ouvertes; ou encore dans ces singulières fleurs tardives de la Surelle, des Violettes, etc., qui sont petites, sans éclat, avec une corolle nulle ou rudimentaire, et qui ne s'épanouissent pas, donnant cependant de bonnes graines, alors que les fleurs à corolle éclatante et étalée qui les ont précédées, demeurent si souvent stériles.

Ailleurs l'autofécondation est impossible parce qu'il y a *Dichogamie*. On a nommé plantes dichogames celles dans lesquelles l'ovule n'est pas suffisamment développé alors que le pollen sort parfait de l'anthère, ou réciproquement dont l'anthère n'est pas encore adulte alors que l'ovule est en état de recevoir l'imprégnation. Si en pareil cas les ovules sont fécondés, ils ne peuvent l'être, bien entendu, que par du pollen provenant d'une autre fleur.

M. Darwin a signalé aussi comme défavorables à l'autofécondation les cas, assez fréquents d'ailleurs, d'*Hétérostylie* qu'on observe dans certaines fleurs, notamment celles des Salicaires, des Lins, des Surelles, des Primevères, etc. Ces dernières, par exemple, ayant des fleurs *brévistylées*, c'est-à-dire à style plus court que les étamines, et des fleurs *longistylées*, ou à style plus long que les étamines, la fécondation y échoue d'ordinaire si le gynécée d'une fleur longistylée n'est pas pollinisé par les anthères d'une fleur brévistylée, et réciproquement. Cette fécondation est effectuée par les animaux, principalement par les insectes qui, attirés par les qualités des fleurs dans lesquelles ils trouvent leurs aliments, vont de l'une à l'autre et transportent souvent au loin le pollen dont leurs organes sont chargés.

Les insectes sont souvent aussi les agents les plus actifs de la fécondation dans les diverses variétés de plantes diclines. Les courants d'air jouent le même rôle et plus souvent encore qu'on ne pense. L'eau sert elle-même de véhicule aux agents fécondateurs dans quelques plantes demeurées célèbres. Telle est la Vallisnérie (fig. 416), plante submergée, dioïque. Ses fleurs se développent au fond de l'eau, et les boutons mâles se détachent pour venir flotter et s'épanouir à la surface, à l'époque où les fleurs femelles sont elles-mêmes amenées vers l'atmosphère par le déroulement de leur long pédoncule spiralé, dont les tours se rapprochent de nouveau les uns des autres alors que l'ovaire fécondé doit être ramené au fond de l'eau pour y accomplir sa maturation. Beaucoup d'autres plantes submergées ne peuvent également être fécondées que dans l'atmosphère. Pour les y porter, le pédoncule des Nénuphars s'allonge quelquefois démesurément; dans l'Aldrovandie, on assure qu'au moment de la floraison le sommet entier de la plante se détache et vient, sans racines, flotter à la surface de l'eau. Dans l'Utriculaire

Fig. 416. — *Vallisnérie.* Fécondation. Les fleurs mâles détachées nagent à la surface de l'eau et rencontrent les fleurs femelles épanouies dans l'atmosphère et dont le pédoncule s'est en grande partie déroulé.

FIG. 417. — *Utriculaire.* Ses tiges, d'abord entièrement submergées, sont élevées au-dessus de la surface de l'eau par leurs petites outres ou vésicules, afin que la floraison et la fécondation s'accomplissent dans l'air.

(fig. 417, 418), les sommités qui vont fleurir sont portées au-dessus du niveau du liquide par de nombreux petits sacs dépendant des

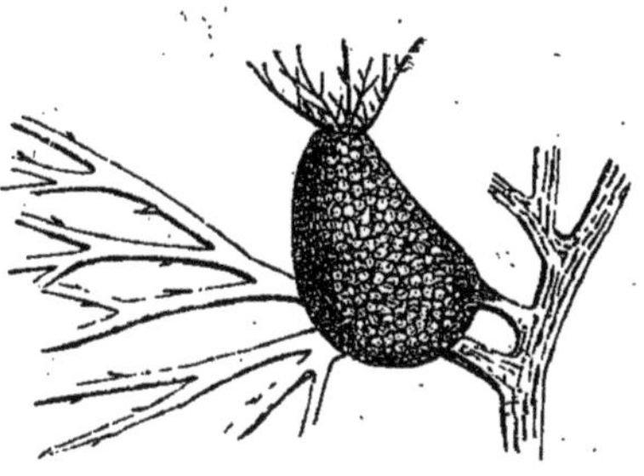

Fig. 418. — *Utriculaire*. Vésicule qui soutient la plante et la fait flotter.

feuilles, dans lesquels se dégagent des gaz qui allègent et font flotter les portions supérieures de la plante. Ces petites outres ont d'ailleurs aussi été considérées comme *carnivores*.

REPRODUCTION DES CRYPTOGAMES

Dans les Cryptogames, desquelles nous ne pouvons ici parler que d'une manière générale et sommaire, il y a souvent plusieurs modes de reproduction, ordinairement distingués sous les noms de *sexuée* et *asexuée*.

Les Algues, par exemple, peuvent se reproduire par des *zoospores*, c'est-à-dire par des phytocystes mobiles, qui nagent dans l'eau et qui sont pourvus de cils vibratiles. Ces cils couvrent quelquefois toute la surface de la spore, comme dans les *Vaucheria* (fig. 421), ou bien forment une couronne autour de son extrémité antérieure, comme dans les *Œdogonium*. Cette extrémité est ordinairement atténuée, hyaline, et c'est par elle que la spore, perdant ses cils locomoteurs, se fixe enfin à un corps sous-aquatique pour germer, soit en multipliant ses cellules, soit par l'accroissement, avec des formes parfois très compliquées, de son seul phytocyste primitif, comme dans les *Bryopsis*, *Vaucheria*, *Valonia* (fig. 36), *Udotea*, *Acetabularia*, etc. Les *Vaucheria*, par exemple, peuvent être formés d'un seul tube ramifié, et les *Caulerpa* ont une sorte de tige rampante, avec des divisions en forme de racines, de branches et de feuilles.

Dans les Algues qu'on a nommées *Conjuguées* (fig. 419, 420), de même que dans les Diatomées, deux phytocystes représentant, l'un un organe mâle et l'autre un organe femelle, s'unissent par un point de leur paroi et font communiquer l'une avec l'autre leur

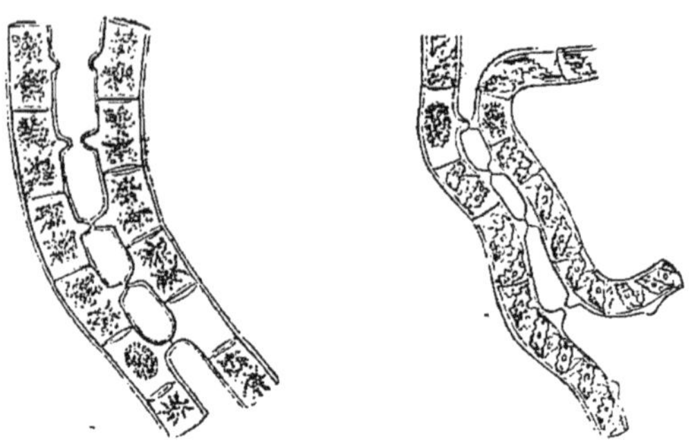

Fig. 419, 420. — Algues conjuguées.

cavité. Leurs phytoblastes se comportent à peu près comme dans les cas de rajeunissement (p. 75) ; l'un d'eux s'unit avec l'autre, et

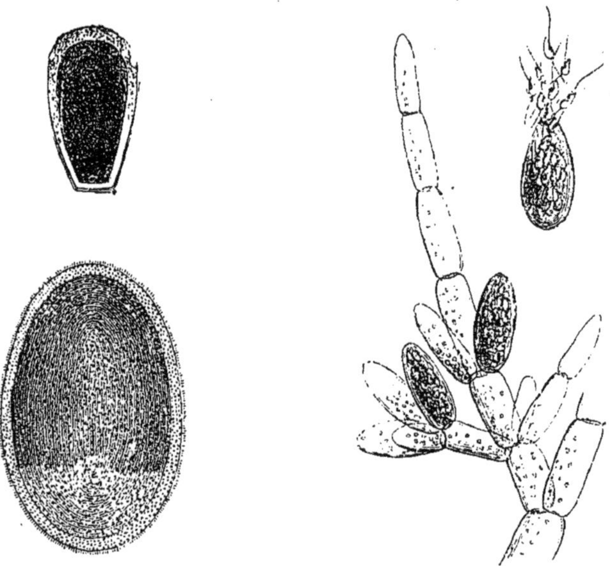

Fig. 421. — Zoospore de *Vaucheria*, à cils vibratiles nombreux.

Fig. 422. — Anthérozoïdes de *Fucus*, contenus dans des phytocystes spéciaux.

il résulte de leur fusion un phytoblaste mixte ou *Zygospore*, qui s'entoure d'un phytocyste et germe à la façon d'une spore simple.

Ailleurs, comme dans nos *Fucus* (fig. 422-424), il y a fécondation comparable, jusqu'à un certain point, à celle des Phanérogames. Le pollen est remplacé par des *Anthérozoïdes* (p. 5), petits phytoblastes

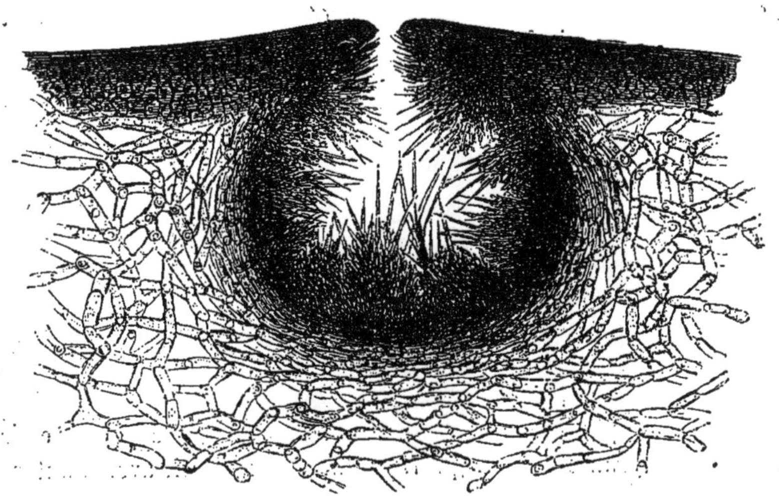

Fig. 423. — Algue (*Fucus*). — Conceptacle mâle (à anthérozoïdes).

mobiles, nageant à l'aide de cils vibratiles et qui pénètrent, pour les féconder par contact, jusqu'aux corps reproducteurs femelles ou

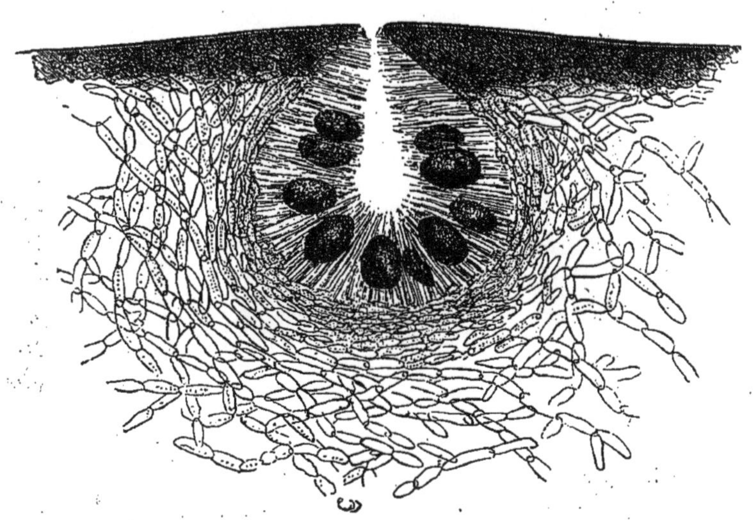

Fig. 424. — Algue (*Fucus*). — Conceptacle femelle (à oospores).

oospores, enfermés dans une cavité qui présente un orifice pour le passage des anthérozoïdes. Les organes des deux sexes sont, dans nos *Fucus*, logés dans des poches ou conceptacles, qui peuvent être réunis sur une même plante ou portés par des pieds différents.

Dans les *Vaucheria* (fig. 444-448), qui sont monoïques et vivent

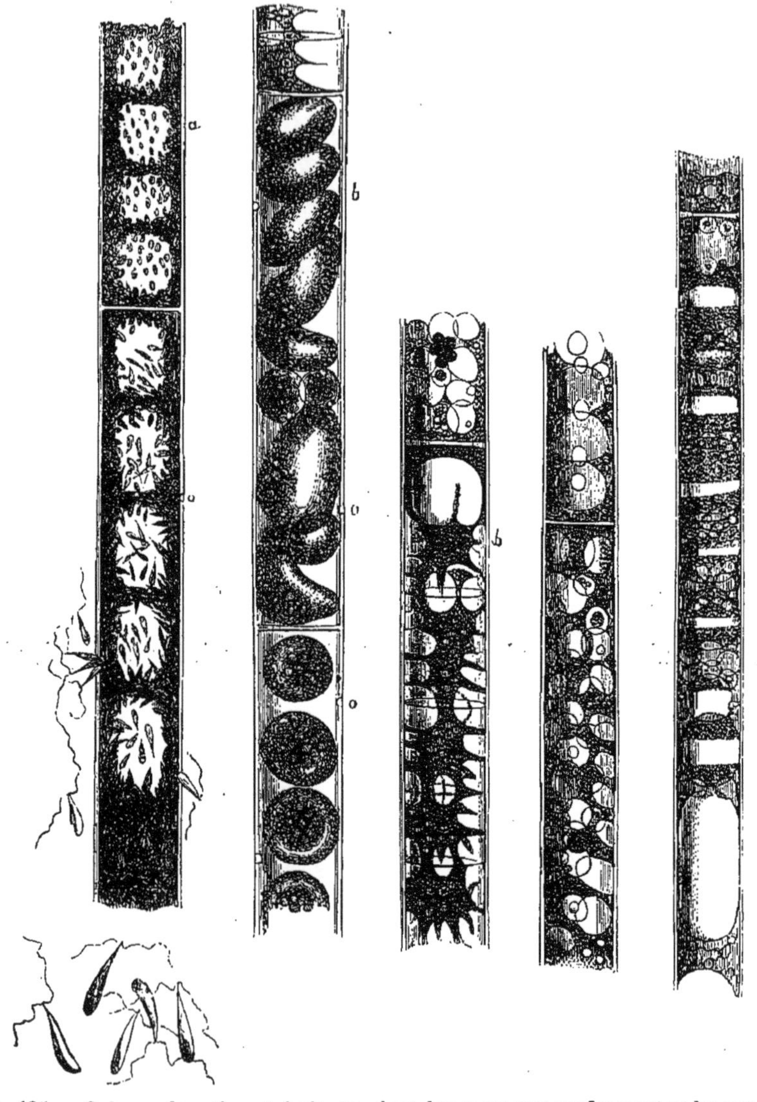

FIG. 425.— *Sphæroplea*. Algue tubuleuse, dont les segments renferment ou les spores, ou les anthérozoïdes mobiles et nageant à l'aide de cils vibratiles.

dans l'eau ou sur le sol humide, les tubes dont la plante est formée, portent des anthéridies en forme de sacs droits ou arqués, à côté desquels se développent d'autres réservoirs dans lesquels pénètrent les anthérozoïdes sortis par une ouverture du sommet de l'anthéridie.

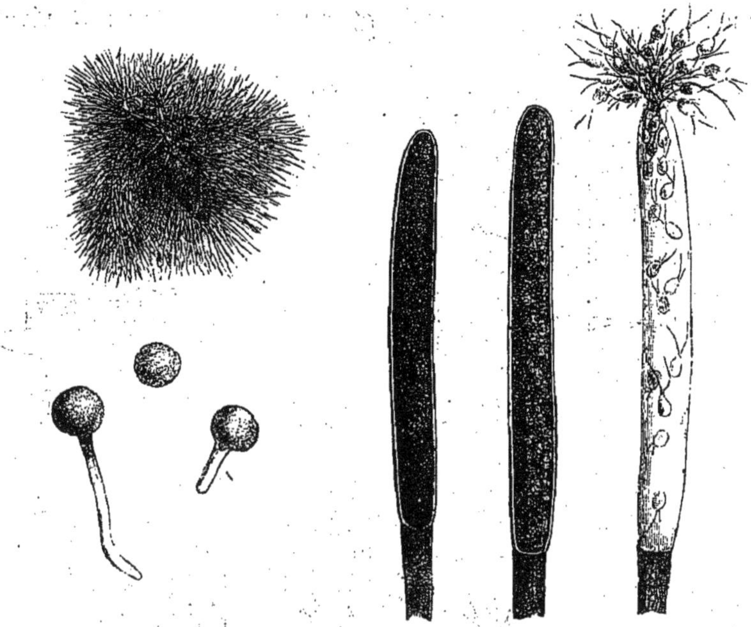

Fig. 426. — *Saprolegnia*, sur le corps d'une mouche. Formation et dissémination des zoospores. Leur germination après la chute de leurs cils vibratiles.

Ils disparaissent dans le phytoblaste du réservoir femelle qui, ainsi

Fig. 427. — Conjugation dans un Champignon (*Syzygites*).

fécondé, devient une *oospore*. Celle-ci acquiert tantôt une paroi épaisse, dans laquelle on peut distinguer jusqu'à trois couches, et

qui, comme nous l'avons vu, se meut à l'aide de cils vibratiles dont toute sa surface est couverte (fig. 421, 454).

Dans les Champignons, la reproduction peut être également

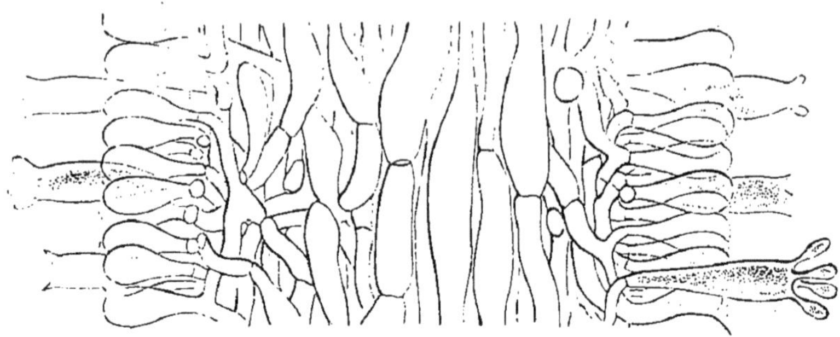

Fig. 428. — Portion d'une lame hyméniale de Champignon, portant sur les deux faces des basides, au sommet desquelles sont quatre spores.

sexuée, et la fécondation peut même s'opérer par conjugaison ou bien à l'aide d'anthéridies et par des anthérozoïdes. Le plus sou-

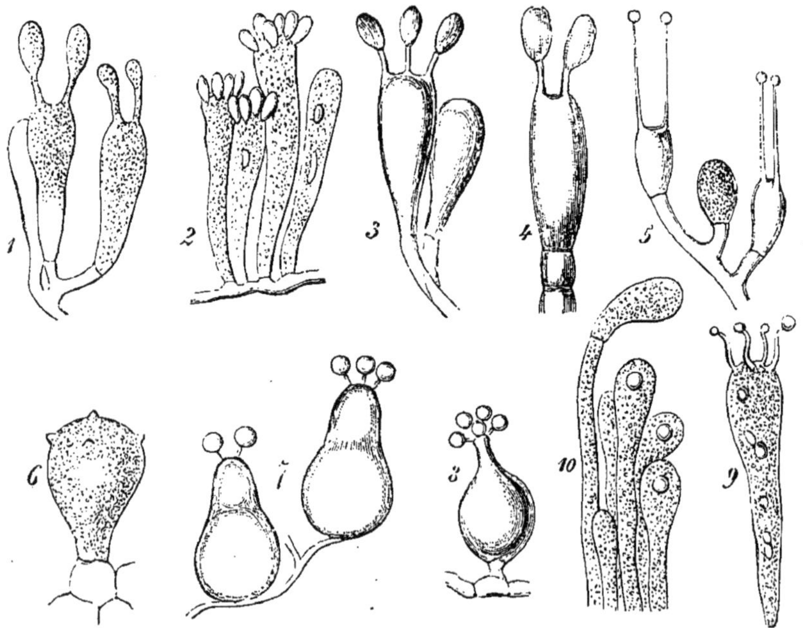

Fig. 429. — Basides de Champignons, portant les spores (de Seynes).

vent les Champignons adultes se reproduisent par des spores, et celles-ci, comme dans les Morilles, les Pezizes, etc., sont contenues dans des sacs; ce qui leur a fait donner le nom de *Thécasporés;* ou bien, comme dans nos Agarics et nos Bolets, etc., les lames qui con-

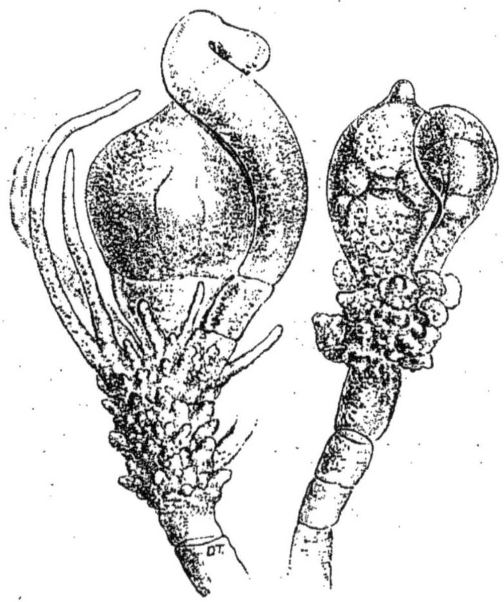

FIG. 430. — *Pezize.* Fécondation (Tulasne).

stituent ce qu'on nomme l'*Hymenium*, portent des phytocystes plus

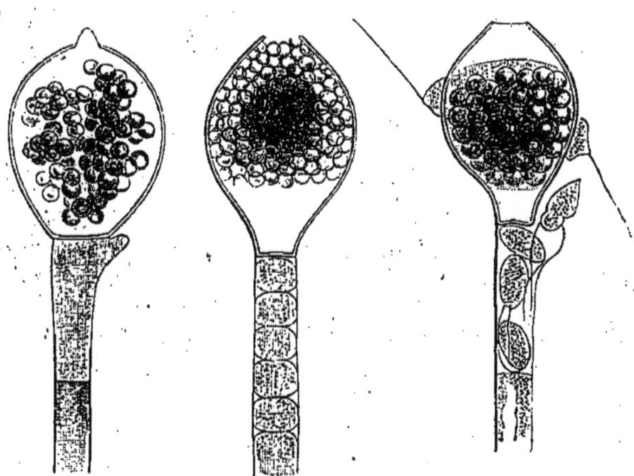

FIG. 431. — *Monoblepharis.* Fécondation (Cornu).

ou moins proéminents qu'on nomme *Basides* (fig. 429), sur lesquels se développent des spores pédicellées, le plus souvent au nombre de quatre, dont le pied se rompt, de façon que les spores devenues libres, vont germer et former l'appareil ordinairement filamenteux qu'on nomme le *Mycelium* des Champignons.

Les Myxomycètes dont nous avons (fig. 367) cité le protoplasma

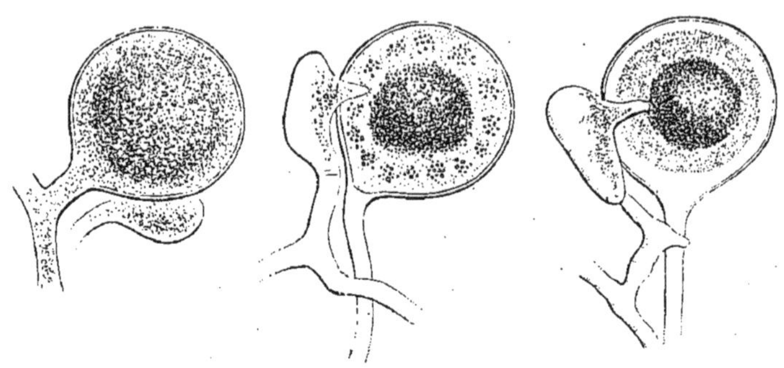

FIG. 432. — *Peronospora*. Fécondation (de Bary).

mobile comme si analogue à celui des Amibiens, etc., ont été rangés parmi les Champignons (après avoir été rapportés au règne animal),

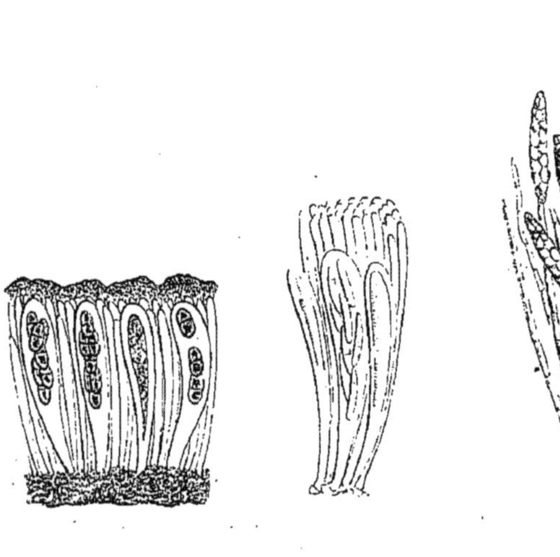

FIG. 433. — *Lichens*. Sporanges ou thèques renfermant les spores, et accompagnés de paraphyses stériles.

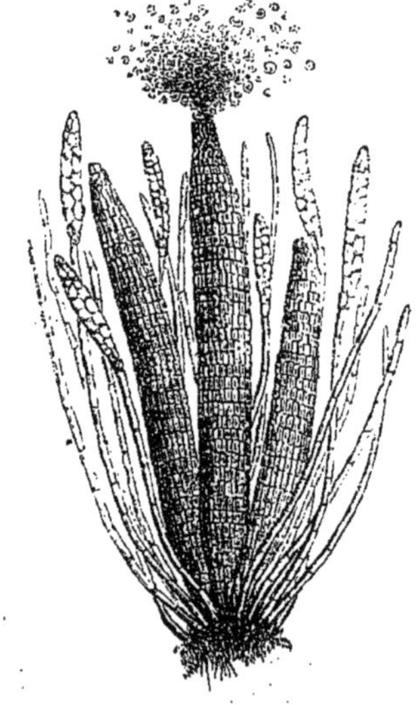

FIG. 434. — Mousse (*Polytric*). Anthérozoïdes sortant des anthéridies accompagnées de paraphyses stériles.

parce qu'on les a vus se reproduire par des spores renfermant des cavités particulières et capables de germer en laissant échapper leur phytoblaste qui se met à ramper et devient une zoospore sans phytocyste, se mouvant à l'aide d'un cil vibratile.

Les Lichens se reproduisent normalement comme des Champignons thécasporés, et leurs sacs, accompagnés de *paraphyses* stériles,

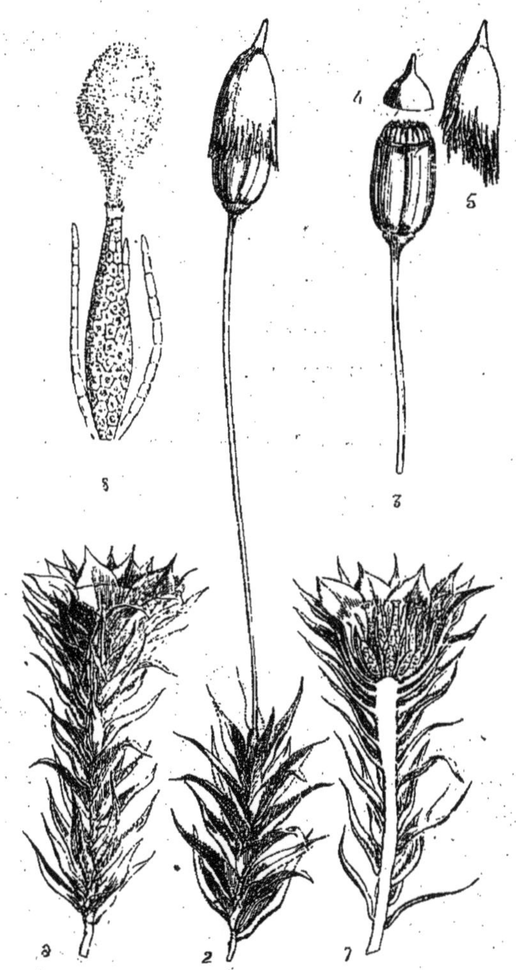

Fig. 435. — Mousse (*Polytric*). Pied mâle, terminé par un involucre de feuilles entourant les organes mâles (6,7). Une anthéridie (8) laissant échapper la masse des anthérozoïdes. Sur les pieds femelles (2, 3, 4, 5), l'urne avec son couvercle et sa coiffe.

s'insèrent sur la concavité de capsules ou de disques nommés *Apothécies* (fig. 433). On a récemment décrit dans ces plantes des organes fécondateurs dont l'existence n'est pas admise par tout le monde.

Les Mousses (fig. 434, 435) possèdent des spores renfermées dans un sac, dit *sporigère*, contenu dans l'urne qu'elles portent sur un pied plus ou moins long, et qui est couverte d'un opercule, lui-même surmonté de la coiffe. Ces spores sont fécondées par le contact d'an-

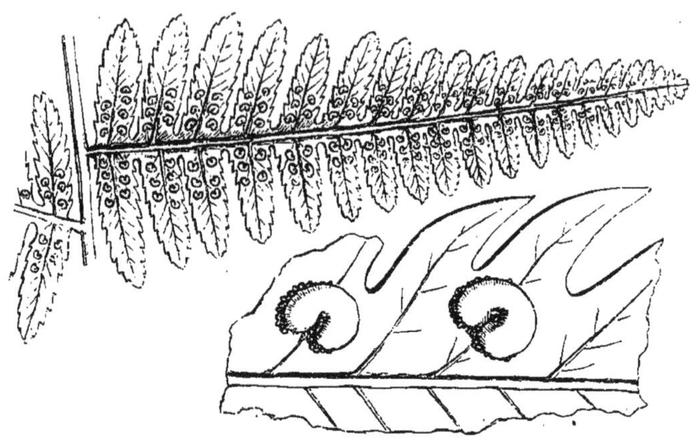

FIG. 436. — *Fougère*. Portion de fronde, chargée de sores à la face inférieure. Fragment d'une pinnule plus grossie, avec deux sores.

thérozoïdes mobiles, d'une forme particulière et pourvus de deux longs cils vibratiles. Ces anthérozoïdes, ou plutôt les phytocystes délicats qui sont leurs cellules-mères, sont contenus dans des sacs

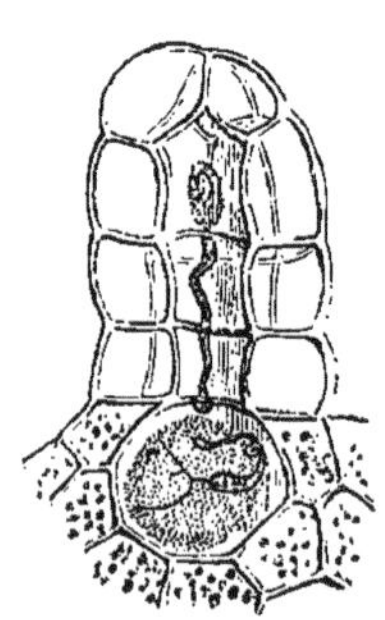

FIG. 437. — *Fougère*. Archégone pénétré par les anthérozoïdes.

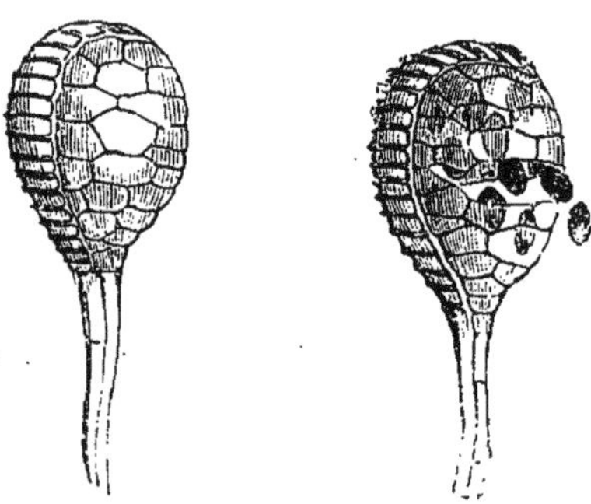

FIG. 438. — *Fougère*. Sporange entier et déhiscent, laissant échapper les spores.

ou *Anthéridies*, où les entoure un liquide mucilagineux, et dont ils doivent sortir pour aller se porter vers l'organe femelle.

Dans les Prêles et dans les Fougères (fig. 436-441), il y a aussi des spores dont nous parlerons tout à l'heure au sujet de ces dernières, mais il existe encore des organes reproducteurs mâles et femelles, remarquables par cette particularité qu'ils sont portés, non par les plantes adultes, mais par ces petites plaques issues des spores et que l'on nomme des *Prothalles* (fig. 439, 440). On sait que les frondes des Fougères adultes portent des sores dont la membrane protectrice recouvre des sacs sporifères contenant les spores et s'ouvrant fina-

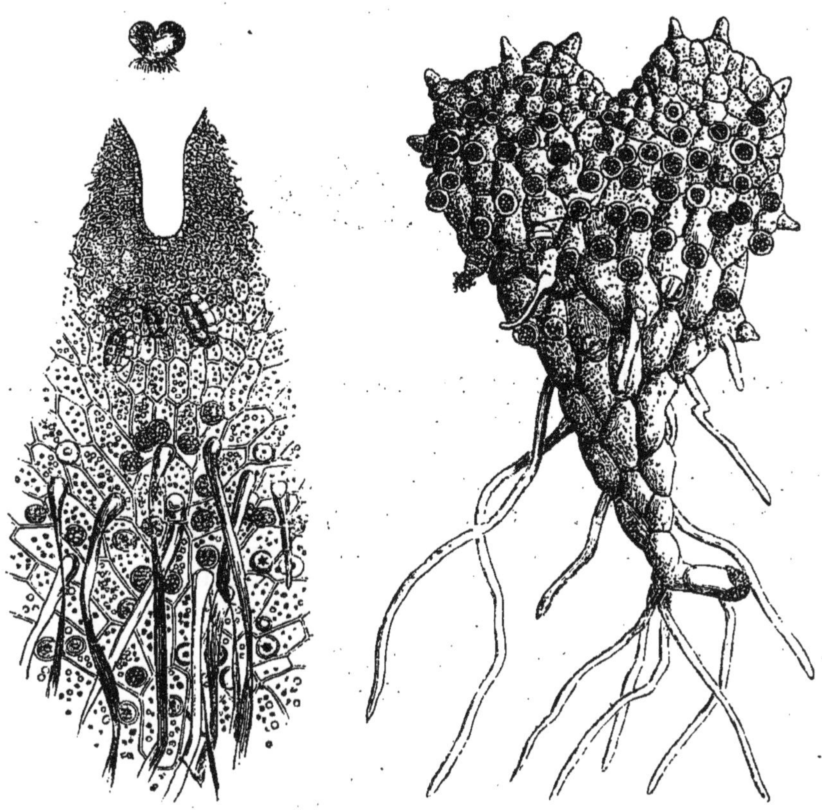

FIG. 439. — *Fougère.* Prothalle de grandeur naturelle, et une portion grossie de sa face inférieure, portant les archégones et, plus bas, les anthéridies.

FIG. 440. — *Fougère.* Prothalle fixé par des rhizoïdes et portant plus haut, sur sa face inférieure, les organes reproducteurs des deux sexes, c'est-à-dire les anthéridies et les archégones.

lement pour les laisser échapper (fig. 438). Ces spores, en germant, deviennent, par simple multiplication de phytocystes, des prothalles qui portent et des anthéridies et des sacs sporifères. Les anthéridies (fig. 441) s'ouvrent, laissent échapper des phytocystes délicats qui contiennent chacun un anthérozoïde. Celui-ci, enroulé en forme de ruban spiralé, atténué à sa partie postérieure et tout chargé en avant de longs cils vibratiles (fig. 4), se meut, entraînant avec lui une vésicule hyaline qu'il entourait d'abord, et se dirige vers les sacs, en général peu nombreux, qui renferment les spores et qui sont des *archégones* (fig. 437). Ces sacs s'ouvrent à l'extérieur par un canal et présentent au fond d'une sorte de puits un phytocyste central. Ce dernier est en contact avec un liquide mucilagineux qui se trouve aussi dans le canal et vient sortir en partie par son orifice extérieur. Les anthérozoïdes, parvenus à l'aide de leurs cils vibratiles jusqu'à ce liquide, pénètrent par son intermédiaire jusqu'au phytocyste

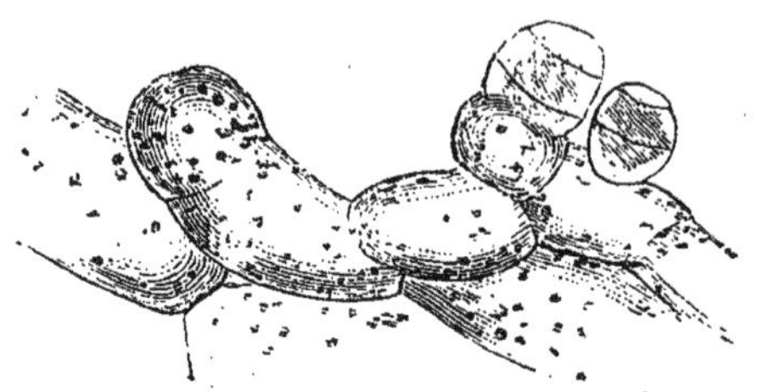

FIG. 441. — *Fougère*. Portion d'un prothalle portant des anthéridies.

central dans lequel ils opèrent la fécondation ; si bien qu'alors une *oospore* s'y produit, entourée bientôt d'une paroi de cellulose, puis apte à germer en multipliant par divisions successives ses phytocystes, de façon à constituer un prothalle (fig. 450).

Par les quelques faits qui précèdent, on voit qu'outre la reproduction *asexuée*, dont la plupart des Cryptogames sont pourvues, il se produit chez elles des phénomènes de fécondation, comparables à ceux des Phanérogames, en ce sens que le contact des anthérozoïdes détermine la fécondité. Il y a même des cas où la pénétration d'une portion de la substance de l'agent fécondant dans l'organe fécondé n'est pas douteuse; ce qui a porté certains auteurs à supposer que cette pénétration doit exister dans tous les végétaux.

GERMINATION

La germination des Cryptogames consiste d'ordinaire en une simple multiplication du phytocyste de la spore. Unique d'abord, il se cloisonne pour constituer ou un mycélium ou un thalle, un prothalle, etc. (fig. 442, 450), et nous savons que la multiplication part d'un point végétatif terminal. Les divisions et la forme de la portion supérieure, aussi bien que la configuration des rhizoïdes qui si fréquemment fixent la jeune plante, ne dépendent que de variations nombreuses daus le nombre et la forme des phytocystes constituants.

Daus la graine normale des Phanérogames, la germination con-

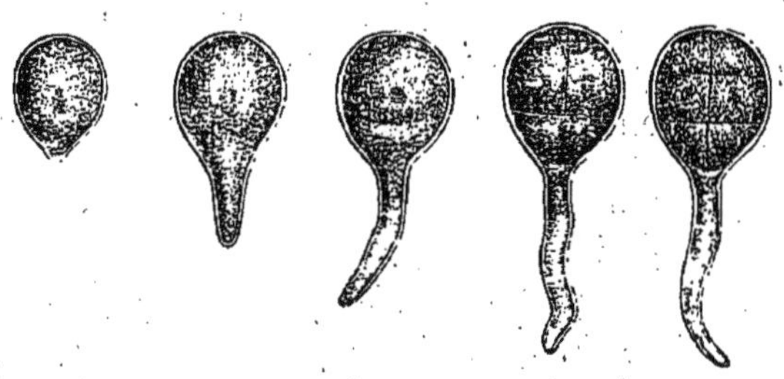

FIG. 442. — *Fucus*. Germination d'une spore.

siste dans l'accroissement d'un embryon qui avait parfait son développement à l'époque de la maturation de la graine, ou un peu avant cette époque, ou, bien plus rarement, longtemps après la maturité des

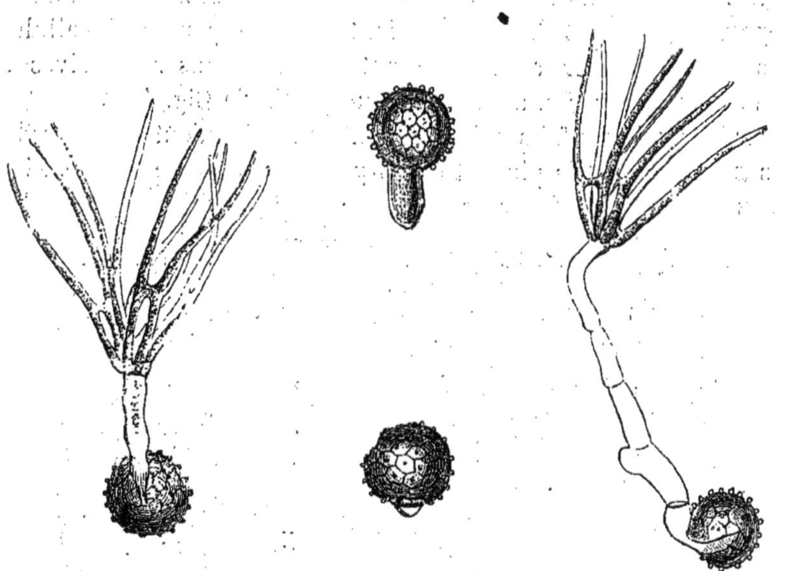

FIG. 443. — *Carie du blé* (*Tilletia Caries*). Spore germant, états successifs.

parties extérieures de la semence, peu de temps enfin quelquefois avant l'époque même de la germination.

La vie de l'embryon, latente dans la graine et demeurant quelquefois telle pendant des années et, dit-on, des siècles, est tout d'un coup réveillée par trois influences extérieures à la graine, qui sont la présence de l'oxygène, l'eau et la température.

I. — Conditions extérieures à la graine.

A. *Oxygène.* — La germination est nulle ou presque nulle dans le vide, les gaz irrespirables, l'eau privée d'air ou d'oxygène. Le chlore

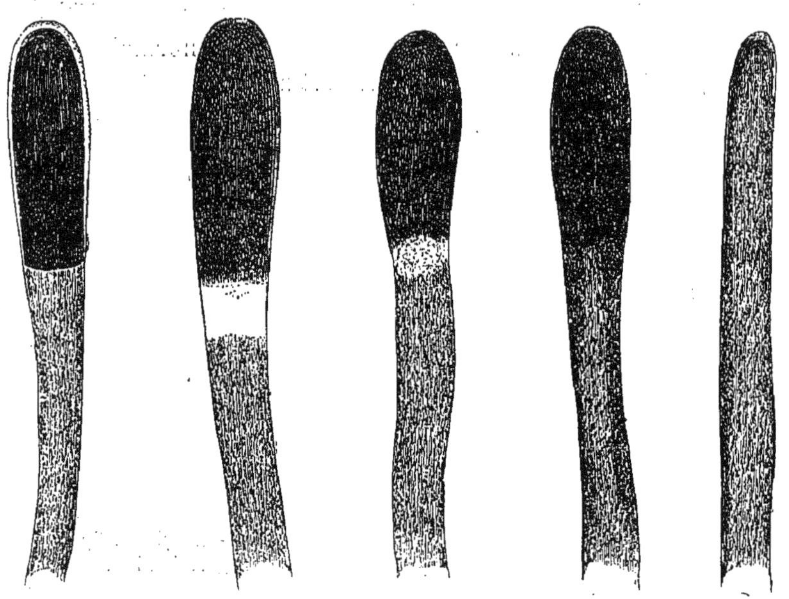

FIG. 444. — *Vaucheria.* Développements successifs de la spore.

uni à l'eau favorise, dit-on, dans certaines limites la végétation, parce

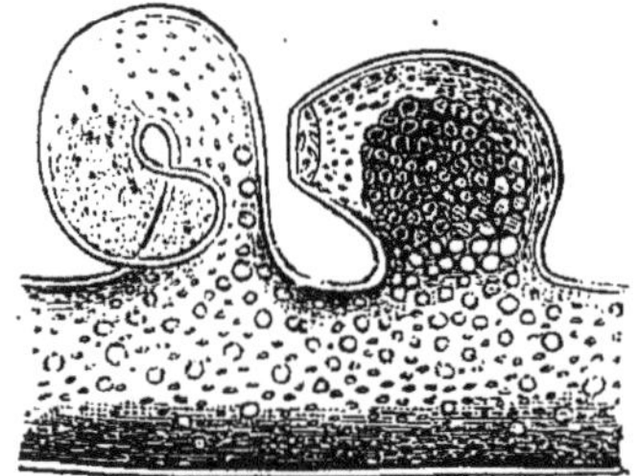

FIG. 445. — *Vaucheria.* Anthéridie (du côté gauche) et sporange avant la fécondation.

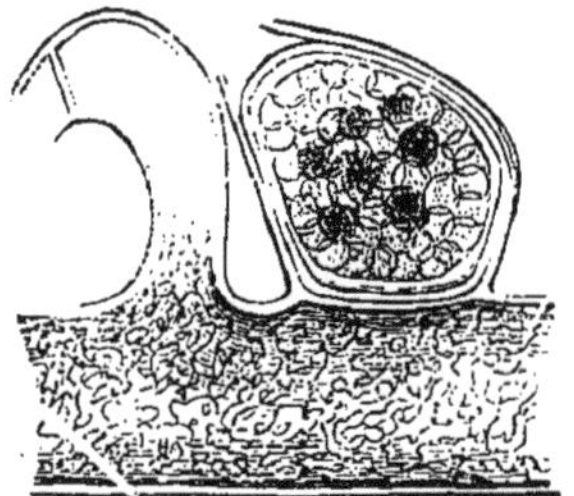

FIG. 446. — *Vaucheria.* Anthéridie (*cornicule*) vidée de ses anthérozoïdes et sporange fécondé.

qu'il forme de l'acide chlorhydrique avec l'hydrogène de l'eau et met en liberté de l'oxygène. L'ozone en quantité modérée peut agir sur les graines en germination à la façon de l'oxygène, mais on sait

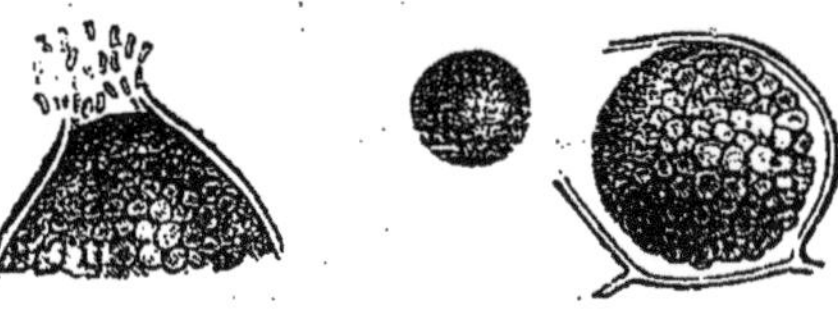

FIG. 447. — *Vaucheria*. Anthérozoïdes et sporange (Pringsheim).

que ce dernier pur ralentit la germination, et l'air normal comprimé ou trop dilaté agit de même. Ainsi M. Bert a récemment fait voir que

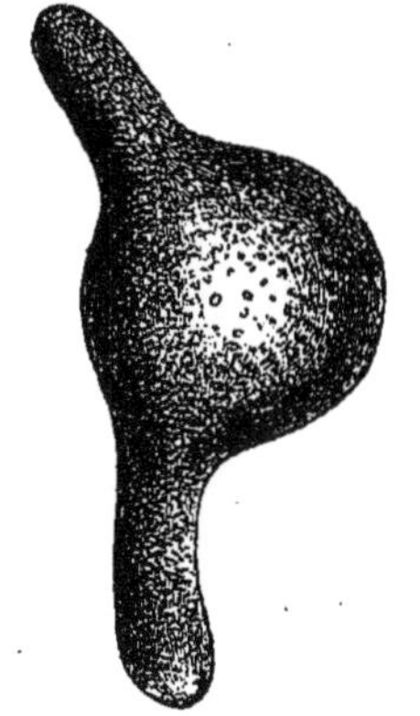

FIG. 448. — *Vaucheria*. Spore germant.

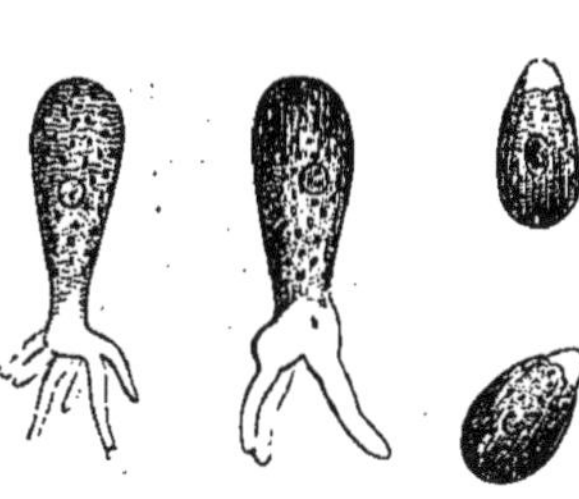

FIG. 449. — *Conferve*. Spore en germination.

si la pression de l'oxygène devient trop forte ou trop faible, relativement à celle qu'il possède dans l'air ordinaire, son absorption

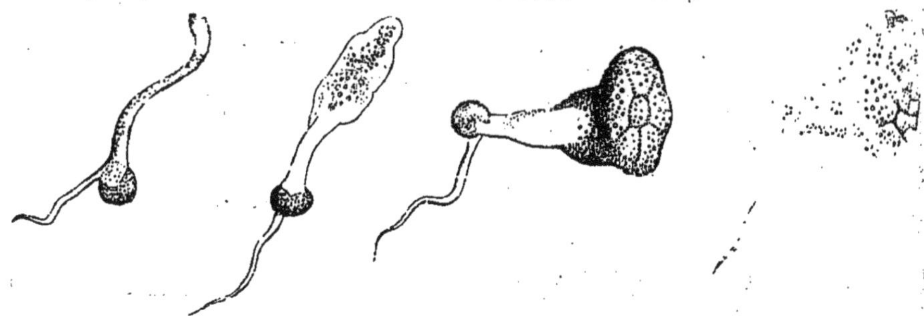

FIG. 450. — Germination d'une Fougère (*Pteris*).

s'opère difficilement, et la germination se fait mal ou ne se fait pas du tout. Les graines trop profondément enfouies ne germent pas, parce qu'elles ne reçoivent pas ou reçoivent imparfaitement l'accès de l'air et de l'oxygène qu'il renferme. Comme dans le fait de la respiration, cet oxygène se combine avec des matériaux hydro-carbonés ; il se produit donc de l'acide carbonique, de la vapeur d'eau, de la chaleur ; et l'on sait que la germination des graines de l'orge en

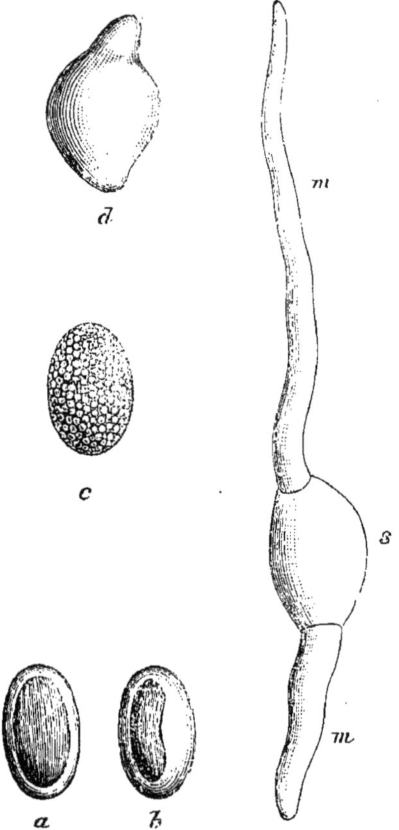

FIG. 451. — *Morille.* Germination d'une spore, dans ses états successifs (de Seynes). *abc*, la spore avant tout allongement, qui commence à se produire en *d*, et se prononce davantage en *s* où se sont déjà formés deux phytocystes tubuleux allongés, représentant le début du mycélium *mm*.

grande quantité, comme il arrive dans la fabrication de la bière, produit un dégagement de gaz asphyxiants et une température élevée.

B. *Eau.* — Les graines ne germent pas, et certaines d'entre elles se conservent intactes même pendant un temps très long, dans un milieu absolument sec. Il ne suffit pas que la graine soit au contact de l'eau pour germer ; il faut que le liquide pénètre les enveloppes, soit en des points indéterminés quand elles sont minces, soit, lorsqu'elles sont épaisses et résistantes, dans les points qui répondent au sommet ou à la base organique. On hâte la germination de certaines graines

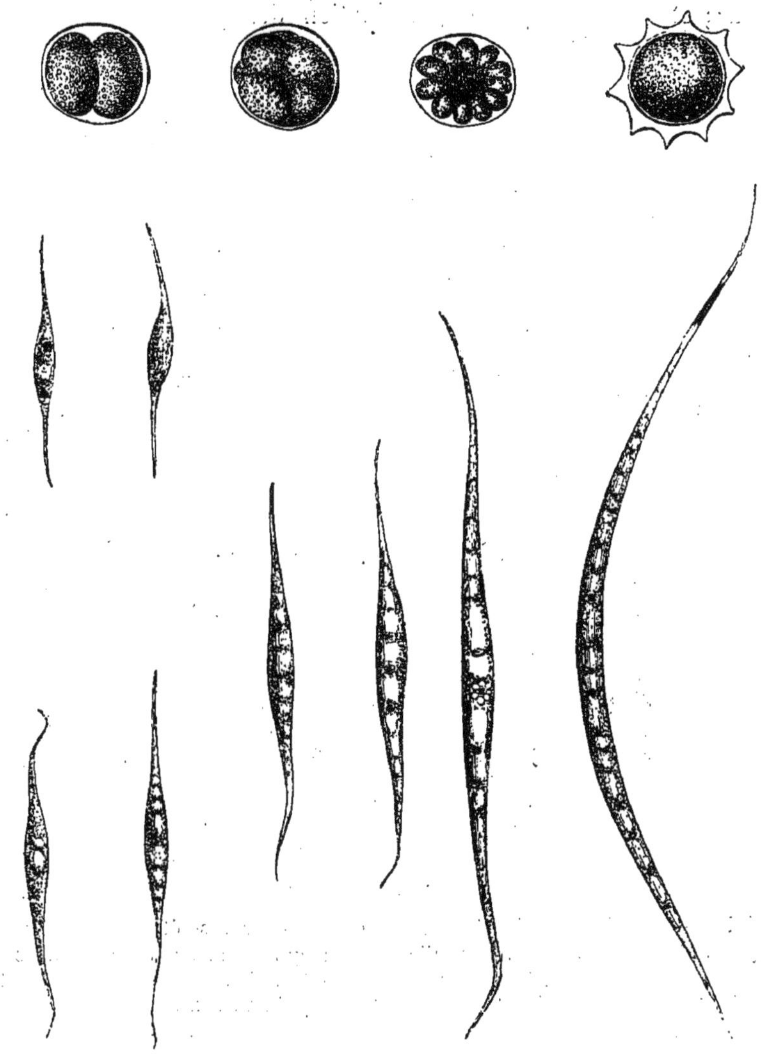

Fig. 452. — *Sphæroplea.* Spores et leur germination.

en permettant à l'eau de les pénétrer par quelque solution de continuité artificielle. L'eau gonfle les graines et fait éclater leurs enveloppes ou les ramollit. Certaines graines incomplètement mûres germent plus vite, probablement parce qu'elles ont conservé plus d'eau dans leurs tissus. Arrivée au contact des phytoblastes, l'eau dissout les principes solubles qu'ils renferment, forme les réservoirs aqueux dont nous avons parlé (p. 7, 9) et fournit une base liquide au véritable suc nourricier du phytoblaste.

C. *Température.* — Il y en a une particulière à chaque graine et qui lui est nécessaire ou plus favorable pour qu'elle germe. Dans l'oxygène et dans l'eau, les graines pourrissent sans germer si la température est insuffisante. Il y a des graines qui germent à 0 degré, si l'eau, tant qu'elle les mouille, ne se solidifie pas. L'eau chauffée à une cinquantaine de degrés tue les graines, mais elles supportent une

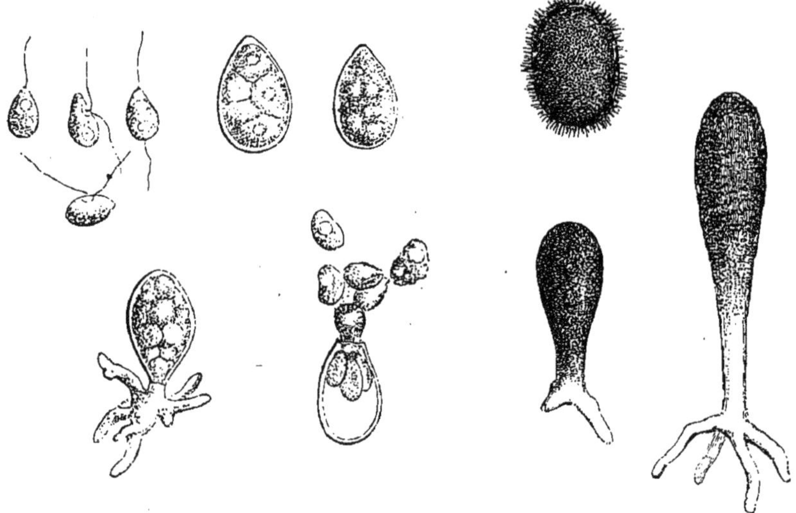

Fig. 453. — *Peronospora*. Zoospores et spores en germination (de Bary).

Fig. 454. — *Vaucheria*. Germination d'une zoospore.

empérature plus élevée dans l'air sec. La plupart des graines des pays tropicaux ne lèvent qu'à une haute température, et celle-ci doit souvent chez nous dépasser celle des serres où vivront ces plantes quand elles seront adultes. Beaucoup de graines tombées sur le sol dans nos pays, à la fin de la belle saison, ne germent qu'au retour de l'été uniquement parce qu'elles ne trouvent pas dans le climat d'hiver une température suffisante.

On a dit que l'obscurité favorisait la germination; d'autres croient qu'au contraire la lumière est en somme plus favorable, et cela parce qu'elle déterminerait les combinaisons chimiques qui caractérisent la respiration et la nutrition.

II. — Conditions intrinsèques à la graine.

Il y a des conditions intrinsèques à la graine pour qu'elle germe. Elle doit être mûre ; mais il y a des cas exceptionnels où elle germe un peu plus vite quand elle n'est pas arrivée à sa maturité complète, au moins dans ses couches extérieures. Il va sans dire qu'elle doit

Fig. 455. — Graines germant dans un vase sans fond, au delà duquel les racines, quoique éclairées par une vive lumière, continuent de descendre dans l'air.

renfermer un embryon, lequel manque dans certaines semences dont les apparences extérieures sont normales. Les graines ne doivent pas non plus être trop vieilles pour germer, surtout si elles n'ont pas été conservées dans un milieu parfaitement sec. Sans parler des blés trouvés dans les hypogées de l'ancienne Égypte, et qu'on dit avoir fait germer de nos jours, ce qui n'est pas absolument certain, des graines de Légumineuses conservées en herbier depuis un ou deux siècles ont levé quand on les a placées dans les conditions favorables. Ce sont surtout les graines riches en fécule qui gardent ainsi longtemps la faculté germinative. Quant à celles qui sont riches en matières grasses, en essences, elles rancissent vite, dit-on, et perdent très rapidement cette faculté. Il y a là beaucoup d'exagération, et les

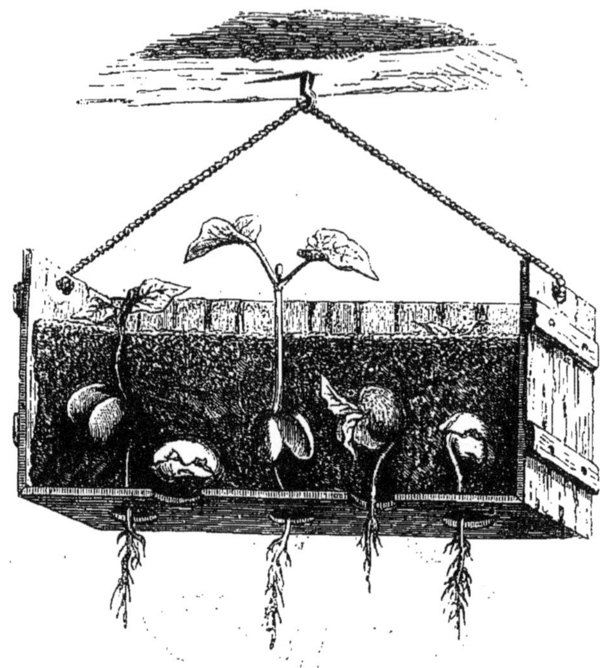

FIG. 456. — *Haricot.* Graines germant dans une caisse suspendue, remplie de terre et percée au fond de trous que traversent les racines pour descendre verticalement dans l'air.

graines huileuses peuvent souvent conserver le pouvoir de germer pendant bien plus longtemps qu'on ne l'a dit.

La germination prochaine de la graine est ordinairement annoncée par son gonflement dont nous connaissons les causes. A partir d'un certain degré de ramollissement et de gonflement, le contenu des graines fait éclater leurs enveloppes; à moins qu'une ouverture ne soit indiquée d'avance pour l'issue de la plantule, comme celle qu'on observe dans un assez grand nombre de Monocotylédones, les Balisiers, par exemple (fig. 465), certaines Commélynées, plusieurs Palmiers, chez lesquels la base de l'embryon soulève en s'allongeant une sorte de couvercle ou de soupape qui se voit à la surface du tégument et qui s'en sépare plus ou moins facilement.

La radicule sort alors la première de la graine et se dirige généra-

FIG. 457, 458. — *Haricot*. Germination. Premiers états.

lement en bas, vers l'intérieur du sol (fig. 458). Il y a peu d'exceptions,

FIG. 459. — *Haricot*. Germination. Développement des premières feuilles caulinaires et des racines secondaires.

et celle du Gui est la plus souvent citée. Plus tard la tigelle se dégage, avec ou avant la gemmule dont elle est surmontée. Cette dernière reste souvent longtemps encore enfermée dans la graine. Quant aux cotylédons, ils demeurent tantôt dans la graine et sous le sol qui l'a reçue, ou bien ils se dégagent et s'épanouissent dans l'air, suivant qu'ils sont *hypogés* ou *épigés*. Dans les Monocotylédones très souvent la base de l'embryon s'allonge beaucoup dès le début, pendant que

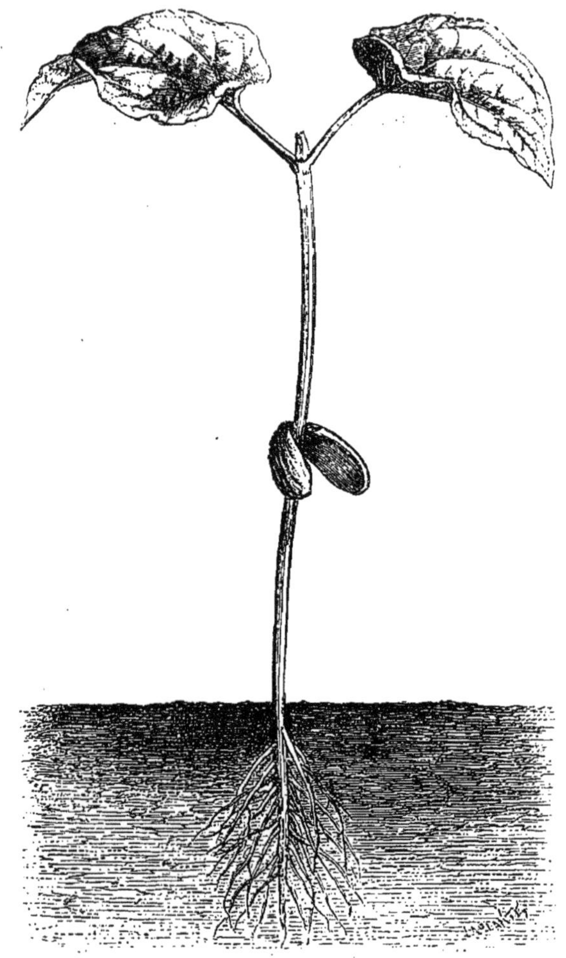

Fig. 460. — *Haricot*. Germination. Dernier état. Les cotylédons se flétrissent.

le cotylédon demeure enfermé dans la graine; puis par une ouverture en forme de fente de la gaîne ou du pétiole du cotylédon, la gemmule peut se dégager et se développer verticalement dans l'atmosphère. Très souvent dans ces plantes la racine principale ne se développe pas ou s'arrête de bonne heure dans son évolution, et les coléorhizes se forment avant l'issue des racines latérales qui les perforent bientôt.

L'albumen ou les cotylédons se vident de plus en plus de leurs réserves alimentaires; ils s'amincissent, se ramollissent; ou bien, exposés à l'air, il se dessèchent et se fendillent. Les cotylédons ou la jeune tige exposés à la lumière commencent à verdir si telle n'était pas d'avance leur couleur, et les phénomènes de la végétation succèdent à ceux de la germination proprement dite (fig. 457-460).

Phénomènes chimiques.—Pendant que l'eau dissout les substances solubles de l'albumen ou de l'embryon, des réactions chimiques,

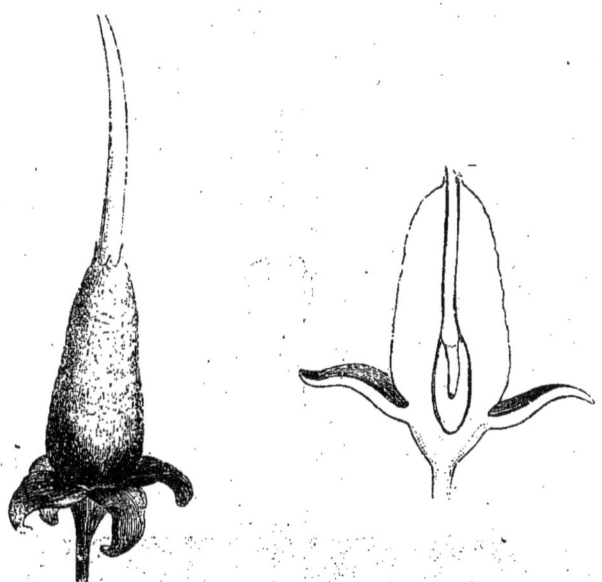

FIG. 461, 462. — *Rhizophora.* Fruit et coupe longitudinale; l'embryon germant dans le fruit.

jusque-là impossibles, se produisent entre les matériaux de la graine et ceux du milieu ambiant, et la plantule se développe en s'alimentant par le fait d'une véritable digestion dont les caractères nous sont déjà connus (p. 219). Dans les graines amylacées, la fécule de l'embryon ou de l'albumen est rendue soluble par la diastase, ainsi que nous l'avons dit, et transformée en matière sucrée soluble et en substances cellulosiques. Les matières grasses sont émulsionnées, rendues absorbables pour être comburées, et les matières albuminoïdes sont elles-mêmes rendues solubles; une partie d'entre elles au moins est aussi transformée en fécule et peut ainsi passer également à l'état de sucre. Aussi, la proportion relative des matières azotées

FIG. 463. — *Rhizophora*. Embryon germant dans les graines, elles-mêmes renfermées dans les fruits encore portés par l'arbre.

diminue-t-elle à cette époque dans le jeune végétal ; et comme ce sont elles qui déterminent la combustion des matériaux carbonés, la proportion de ces derniers va en s'accroissant dans les tissus, ce qui permet à la cellulose de se constituer. Une partie des matériaux azotés passe aussi, croit-on, à l'état d'asparagine. Pendant que l'embryon grandit et que les réserves alimentaires de la graine disparaissent

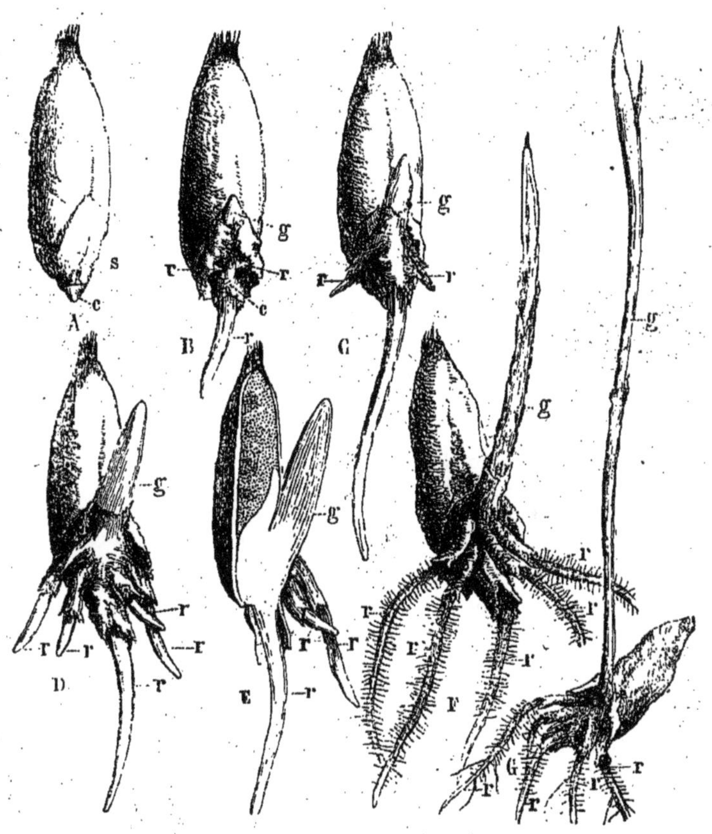

Fig. 464. — *Blé.* Germination à divers états successifs (A-G). *r*, racine coléorhizée. Racines secondaires également entourés d'une coléorhize *cc*. *g*, gemmule surmontant la tigelle.

peu à peu, le résultat final des phénomènes chimiques et de transformations très complexes, est la formation d'acide carbonique et d'eau, et, par conséquent, une production de chaleur qui va très loin dans certains cas. Pour produire ces combustions, non seulement la graine emprunte de l'oxygène à l'atmosphère, mais encore elle perd elle-même une portion de son oxygène. L'hydrogène et l'azote qu'elle contenait diminuent aussi et sont employés évidemment à faire de l'eau et des substances albuminoïdes solubles. Il se produit aussi des acides dont le rôle est vraisemblablement de favoriser l'action de substances analogues à la pepsine pour la digestion des matériaux azotés de la semence.

Dès que la chlorophylle apparaît dans les jeunes plantes, et cette

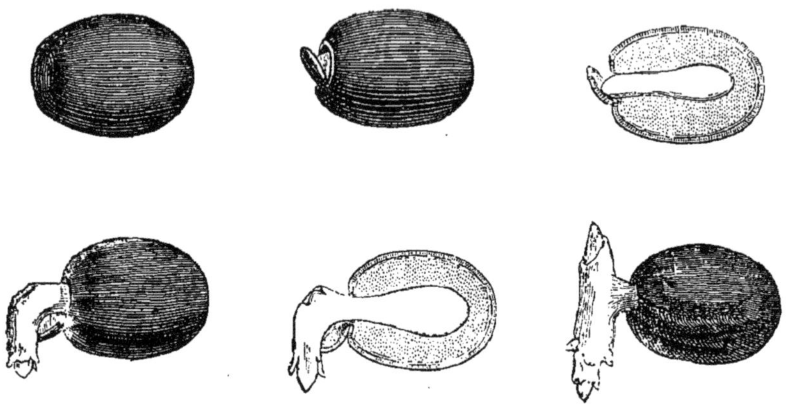

Fig. 465. — *Balisier*. Germination. La graine possède un opercule qui se soulève et laisse sortir la radicule allongée et coléorhizée, pendant que le cotylédon reste enveloppé de l'albumen qui le nourrit et que le point correspondant à la base de la gemmule se dégage en haut pour se développer dans l'air.

apparition peut être très précoce, les phénomènes chimiques de la vie végétative se produisent concurremment avec ceux de la vie germinative. La graine ne se suffisant plus à elle-même, et les matériaux alimentaires, notamment les matériaux carbonés, qu'elle avait amassés pendant sa maturation, n'étant plus en quantité convenable pour fournir à l'édification de la plante, la réduction par les organes chlorophyllés intervient et introduit dans l'organisme végétal de nouveaux matériaux hydrocarbonés pour les combustions vitales ultérieures.

FIN.

TABLE DES MATIÈRES

PREMIÈRE PARTIE

Anatomie végétale

Tissus considérés dans les divers organes (racine, tige, feuilles, androcée, gynécée).

DEUXIÈME PARTIE

Morphologie générale

TROISIÈME PARTIE

Physiologie végétale

FIN DE LA TABLE DES MATIÈRES

PARIS. — IMPRIMERIE EMILE MARTINET, RUE MIGNON, 2

PARIS. — IMPRIMERIE EMILE MARTINET, RUE MIGNON, 2

www.ingramcontent.com/pod-product-compliance
Ingram Content Group UK Ltd.
Pitfield, Milton Keynes, MK11 3LW, UK
UKHW020600230726
13926UKWH00005B/2122

9 782013 248457